Henning Genz

Nichts als das Nichts

Erlebnis Wissenschaft bei WILEY-VCH

J. Audretsch (Hrsg.)
Verschränkte Welt
Faszination der Quanten
2002, ISBN 3-527-40318-3

H. Bolz
GenComics
2001, ISBN 3-527-30420-7

U. Deichmann
Flüchten, Mitmachen, Vergessen
Chemiker und Biochemiker in der NS-Zeit
2001, ISBN 3-527-30264-6

J. Emsley
Fritten, Fett und Faltencreme
Noch mehr Chemie im Alltag
2004, ISBN 3-527-31147-5

J. Emsley
Parfum, Portwein, PVC
Chemie im Alltag
2003, ISBN 3-527-30789-3

J. Emsley
Sonne, Sex und Schokolade
Mehr Chemie im Alltag
2003, ISBN 3-527-30790-7

J. Emsley
Phosphor – ein Element
auf Leben und Tod
2001, ISBN 3-527-30421-5

R. Froböse, G. Froböse
Lust und Liebe – alles nur Chemie?
2004, ISBN 3-527-30823-7

H. Genz
Nichts als das Nichts
Die Physik des Vakuums
2004, ISBN 3-527-40319-1

P. Häußler
Donnerwetter – Physik
2001, ISBN 3-527-40327-2

R. Hoffmann
Sein und Schein
Reflexionen über die Chemie
1997, ISBN 3-527-29418-X

G. Kreysa
Fusionsfieber
1998, ISBN 3-527-29627-1

J. Koolman, H. Moeller, K.-H. Röhm (Hrsg.)
Kaffee, Käse, Karies
Biochemie im Alltag
2003, ISBN 3-527-30792-3

O. Morsch
Licht und Materie
Eine physikalische Beziehungsgeschichte
2003, ISBN 3-527-30627-7

M. Pehnt
Energierevolution Brennstoffzelle?
Perspektiven – Fakten – Anwendungen
2001, ISBN 3-527-30511-4

H.-J. Quadbeck-Seeger, A. Fischer (Hrsg.)
Die Babywindel
und 34 andere Chemiegeschichten
2000, ISBN 3-527-30262-X

D. Raabe
Morde, Macht, Moneten
Metalle zwischen Mythos und Hightech
2001, ISBN 3-527-30419-3

M. Reitz
Gene, Gicht und Gallensteine
Wenn Moleküle krank machen
2001, ISBN 3-527-30313-8

M. Reitz
Auf der Fährte der Zeit
Mit naturwissenschaftlichen Methoden
vergangene Rätsel entschlüsseln
2003, ISBN 3-527-30711-7

R. Renneberg, J. Reich, M. Bofinger
Liebling, Du hast die Katze geklont!
Biotechnologie im Alltag
2004, ISBN 3-527-31075-4

M. Schneider
Teflon, Post-it und Viagra
Große Entdeckungen durch kleine Zufälle
2002, ISBN 3-527-29873-8

E. Unger
Auweia Chemie
2004, ISBN 3-527-31238-2

H. Zankl
Fälscher, Schwindler, Scharlatane
Betrug in Forschung und Wissenschaft
2003, ISBN 3-527-30710-9

Henning Genz

Nichts als das Nichts

Die Physik des Vakuums

WILEY-VCH Verlag GmbH & Co. KGaA

Prof. Dr. Henning Genz
ITTP Universität Karlsruhe
D-76128 Karlsruhe
henning.genz@physik.uni-karlsruhe.de

Bibliografische Information Der Deutschen Bibliothek
Die Deutsche Bibliothek verzeichnet diese Publikation in der Deutschen Nationalbibliografie; detaillierte bibliografische Daten sind im Internet über <http://dnb.ddb.de> abrufbar.

Gedruckt auf säurefreiem Papier.

Umschlaggestaltung: Himmelfarb, Eppelheim, www.himmelfarb.de
Satz: Steingraeber Satztechnik GmbH, Dossenheim
Druck und Bindung: Ebner & Spiegel GmbH, Ulm

ISBN 3-527-40319-1

Inhalt

1 Einleitung

Nothing is real.

Die Beatles in »Strawberry fields forever«

Die Frage nach dem Leeren Raum ist wohl die älteste naturwissenschaftliche Frage, die noch heute die Physik beschäftigt. Ist der Raum mit einer Bühne vergleichbar, auf der Dinge auftreten können, aber nicht müssen? Und kann der Raum, unbeeinflusst von den Dingen, die in ihm auftreten, immer derselbe sein? Die Antwort der Physik auf beide Fragen ist ein klares Nein. Die Quantenmechanik lässt einen im Wortsinn leeren Raum nicht zu, und nach Auskunft der Allgemeinen Relativitätstheorie wird der Raum durch die in ihn eingebrachten Dinge beeinflusst, nämlich gekrümmt. Auf die Dinge wirkt der gekrümmte Raum zurück, indem er ihre Bewegungen beeinflusst. Aber auch der absolute Euklidische Raum Newtons ist kein eigenschaftsloses nichts, weil er Beschleunigen Widerstand entgegensetzt – was ihm von Albert Einstein die Bezeichnung ([21], S. 88) »Äther der Mechanik« eingetragen hat. Dieser Raum wirkt, aber auf ihn kann nicht eingewirkt werden, und das, so ebenfalls Albert Einstein (nach [7], S. 38), »widerstrebt dem wissenschaftlichen Verstande.« Die endgültige Antwort auf die Frage nach der Natur eines Raumes, der so Leer ist, wie mit den Naturgesetzen vereinbar, steht aber noch aus. Denn sie kann nur eine Theorie geben, welche die Quantenmechanik und die Allgemeine Relativitätstheorie vereinigt – und eine solche, sowohl konsistente, als auch experimentell im Detail überprüfte Theorie kennen wir bis heute nicht.

Räume, die so Leer sind, wie das im Einklang mit den Naturgesetzen überhaupt möglich ist, bilden das physikalische Nichts, aber das bedeutet nicht, dass sie im Wortsinn leer sind, sodass es über sie nichts weiter zu berichten gäbe als eben dies –, dass sie leer sind. Wurden alle Atome aus einem Raumbereich entfernt, so ist das, wie wir sagen wollen, »Vakuum der Chemie« erreicht. Dem, dass es tatsächlich erreicht wird, stehen keine prinzipiellen Gründe entgegen. Denn zwischen den Sternen einer Galaxie enthalten makroskopische Raumbereiche kein einziges Atom. Trotzdem sind sie nicht leer: In jeder Sekunde durchfliegen die ganze Galaxie Abermilliarden von Lichtteilchen – Photonen –, Neutrinos und anderen, bekannten und unbekannten Teilchen. Doch weil die atomfreien Zonen von ihnen zumindest im Prinzip abgeschirmt werden können, befinden sich auch Räume ganz ohne Atome und sie durchfliegende Teilchen im Einklang mit den Naturgesetzen.

Bisher also keine Diskrepanz zwischen dem im Wortsinn leeren Raum unserer Vorstellung und einem physikalisch Leeren Raum. Die Diskrepanz zwischen beiden entsteht dadurch, dass die Physik »Dinge zwischen Himmel und Erde« entdeckt hat, die nach heutigem Verständnis allgegenwärtig sein müssen: Fluktuierende Quantenfelder, Higgs-Felder sowie eine Vakuumenergie, deren Natur noch unbekannt ist und die möglicherweise mit der von Albert Einstein unwillig eingeführten, berühmt-berüchtigten »Kosmologischen Konstante« Λ identisch ist.

Ich eile, eine persönliche und höchstökonomische Terminologie einzuführen: Als »leer«, klein geschrieben, bezeichne ich einen Raum, der im Wortsinn »nichts«, ebenfalls klein geschrieben, enthält. Hingegen soll ein Raum mit »Nichts« als Inhalt so »Leer« sein, wie es die Naturgesetze erlauben. Wenn es – bitte auf die Groß- und Kleinschreibung achten! – leeren Raum geben kann, so befindet sich seine Existenz im Einklang mit den Naturgesetzen, und eben deshalb ist er auch Leer. Ist er aber Leer, muss er nicht leer sein. Kein Raum kann leerer sein als leer, es kann – und wird – sich aber herausstellen, dass es keinen leeren Raum geben kann, Leerer Raum also nicht leer ist. Für »nichts« vs. »Nichts« gilt Analoges. Über einen Vortrag am Museum für Gestaltung in Basel, in dem ich diese Terminologie ebenfalls verwendet habe, hat die Baselländische Zeitung mit der Schlagzeile »Nichts ist viel mehr als nichts« berichtet – ungeachtet dessen, dass am Satzanfang sowieso groß geschrieben wird.

Zunächst noch im Einklang mit den Vorstellungen sowohl von einem physikalisch Leeren als auch von einem im Wortsinn leeren Raum, muss ein abgeschirmter Raum ohne Atome nicht so Leer sein, wie es die Naturgesetze erlauben. Denn er enthält die Wärmestrahlung, die seiner Temperatur entspricht, und diese nimmt mit der Temperatur ab. Also ist ein Raum erst dann so Leer, wie es mit den

Naturgesetzen vereinbar ist, wenn er erstens von allen trivialen Inhalten wie Atomen und, durch Abschirmung, Strahlung befreit wurde, und er zweitens so kalt ist wie überhaupt möglich – die nur durch Extrapolation erreichbare Temperatur »absolut Null« von −273 Grad Celsius kalt. Ist damit ein Raum erreicht, der dem leeren Raum unserer Vorstellung gleicht? Keinesfalls. Eine Restmenge Wärmestrahlung, die als elektromagnetische Strahlung in Abhängigkeit von der Temperatur in verschiedenen Formen, auch als Licht, auftritt, verbleibt unabwendbar im Leeren Raum, und ist damit das erste von der Physik entdeckte Objekt, das es auch im Leeren Raum geben muss.

Ein Raum, der so Leer ist wie im Einklang mit den Naturgesetzen möglich, ist also nicht im Wortsinn leer. Der große schottische Physiker und Entdecker der nach ihm benannten Grundgleichungen der Elektrodynamik, James Clerk Maxwell (1831–1879), hat wie wir »Leeren Raum« in einem Resümee als einen definiert, dem alles entnommen wurde, »was ihm entnommen werden kann«. Anders aber als wir, hat Maxwell gedacht, elektromagnetische Wellen wie Licht bedürften zu ihrer Existenz einer mechanischen Trägersubstanz namens Äther, die schwingt, wenn sich die Wellen ausbreiten, und dieser Äther könne aus keinem Raumbereich entfernt werden, sodass ein Raumbereich dann so Leer sei, wie mit den Naturgesetzen vereinbar, wenn er den, und nur den, Äther enthielt.

Während Maxwell dachte, es müsse zwar das Substrat Äther elektromagnetischer Schwingungen, sie selbst aber nicht geben – der Äther sollte im Leeren Raum ruhig daliegen –, wissen wir heute, dass es zwar kein Substrat Äther der Schwingungen gibt, die Schwingungen selbst aber unabwendbar vorhanden sind. Denn um 1900 – genauer: ab dem Beweis der Unmöglichkeit durch das Experiment der Jahre 1881–1887 von Michelson und Morley, dem Äther eine Geschwindigkeit zuzuordnen – hat sich die Weltsicht der Physik grundlegend geändert. Schienen ihr bis dahin mechanische Abläufe zur Implementation des Verhaltens ihrer mathematischen Objekte wie elektromagnetische Wellen unabdingbar zu sein, wurde sie ab dann durch den Fehlschlag des Ätherkonzeptes zunehmend gezwungen, mathematischen Objekten selbständige Existenz zuzusprechen: Eine Welle ist eine Welle ist eine Welle. Und es sind die Wellen selbst, die in jedem Raum unabwendbar auftreten. Wenn Physiker heute vom Äther sprechen (z. B. [78]), meinen sie damit u. a. eben diese Wellen.

Wie bereits erwähnt, müssen wir drei Typen von Objekten im Leeren Raum unterscheiden. Erstens Fluktuationen. Ein Raum mag noch so leer sein, zur Ruhe kommen kann er nicht. Der Leere Raum der Quantenmechanik stimmt insofern zwar netto mit dem leeren Raum unserer Vorstellung überein, aber nicht brutto. Nehmen wir einen armen Schlucker, der weder brutto noch netto etwas besitzt, weil alle seine Konten jederzeit leer sind, und vergleichen wir ihn mit einem Pumpgenie, dessen Konten insgesamt und immer ebenfalls die Bilanzsumme null ergeben, einzeln aber mal hier, mal dort große positive oder negative Beträge aufweisen. Der leere Raum unserer Vorstellung ist leer wie die Konten des armen Schluckers; der Leere Raum der Physik hingegen gleicht den Konten des Pumpgenies.

Als Beispiel für physikalische Effekte dieser Art sollen uns elektrische Ladungen dienen. Wie ein Stück gewöhnlicher Materie nicht deshalb elektrisch neutral ist, weil es weder positive noch negative elektrische Ladungen enthielte, sondern weil es gleich viele von beiden enthält, so auch der netto, aber nicht brutto leere Raum der Physik: In ihm (Abb. 1.1) tauchen gleichzeitig »aus dem Nichts« an derselben Stelle einander kompensierende elektrische Ladungen auf, bewegen sich ein kleines Stück voneinander fort, und vereinigen sich schließlich mit ihrem ursprünglichen, oder einem anderen Partner zu abermals Nichts: Der Leerste, mit den Naturgesetzen vereinbare Raum enthält unvermeidlich fluktuierende, einander

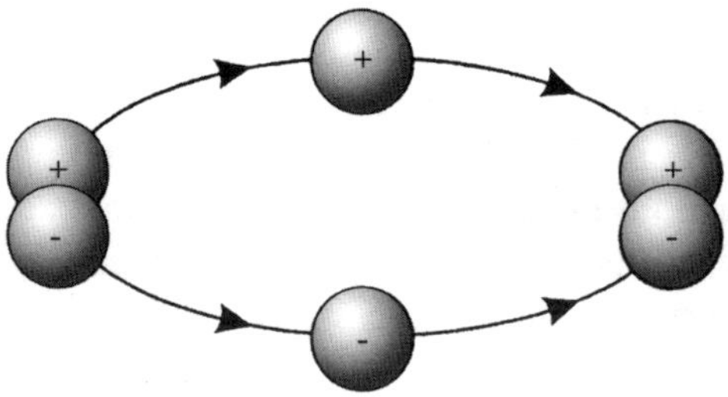

Abbildung 1.1: Elektrisch negativ geladene Teilchen (Elektronen) und deren positiv geladenen Antiteilchen (Positronen) treten in einer Energiefluktuation des Leeren Raumes zugleich an derselben Stelle auf, fliegen ein Stück, kommen wieder zusammen und verschwinden dadurch, dass sie sich gegenseitig vernichten.

kompensierende elektrische Ladungen, die auch »virtuelle« genannt werden, weil sie ohne Energiezufuhr von außen nicht manifest werden können.

Hiervon, und von den Unschärferelationen der Quantenmechanik, die bewirken, dass das so ist, wird weiter unten ausführlich die Rede sein. Der zweite Typ von Objekten, die den Leeren Raum bevölkern, tut das aufgrund einer auf den ersten Blick paradoxen Ursache. Jedes physikalische System, das Energie an andere Systeme abgeben kann, wird genau das tun – Energie abgeben: Es geht in einen »energetisch günstigeren« Zustand über – wie eine gespannte Feder, die sich entspannen kann. Ein Pendel, das ohne Antrieb im lufterfüllten Raum schwingt, gibt seine Bewegungs- und Lageenergie durch Reibung als Wärme an die Luft ab, und kommt – bis auf unvermeidliche Schwankungen – zur Ruhe. Eine Batterie, die eine Lampe leuchten lässt, gibt die in ihr gespeicherte Energie in der Form von Wärme und Licht ab, und Wasser, das gefriert, setzt Kristallisationswärme frei. Das und die Quantenmechanik, worauf noch einzugehen sein wird, ermöglichen es der Physik, jedem physikalischen System Zustände zuzuweisen, in denen seine Energie so gering ist wie überhaupt möglich. Ich verwende bewusst den Plural, weil es Systeme gibt, die mehrere Zustände mit derselben niedrigsten Energie besitzen. Auch hiervon weiter unten. Tatsächlich ist die Energie ein ganz besonderer Saft. Erstens ist sie erhalten – die Summe aller Energien im Universum ist zu allen Zeiten dieselbe[1]. Dies, obwohl sie in verschiedenen Formen auftritt, und sich von einer Form in andere umwandelt und umgewandelt werden kann. Ihre Erhaltung ist zudem eine lokale: Wir können ihren Weg durch den Raum von Ort zu Ort im Laufe der Zeit verfolgen. Es kann, anders gesagt, nicht sein, dass Energie hier auf Erden verschwindet und gleichzeitig auf dem Mond wieder auftaucht. Für unser Thema besonders wichtig sind aber zwei weitere Eigenschaften der Energie. Erstens ist sie eine wohldefinierte Größe für *alle* Systeme, sodass sie ohne Einschränkung, wenn auch unter Formänderung, von jedem System auf jedes andere übergehen kann. Zweitens kann sie Systemen entnommen oder zugeführt werden, ohne dass dadurch das System selbst geändert wird: Geändert wird dadurch nur der Zustand, in dem es sich befindet. Um ein System aus einem *beliebigen* Zustand in einen *beliebigen anderen* zu versetzen, reicht Hinzufügen bzw. Entnahme von Energie übrigens nicht aus; Impuls und Drehimpuls müssen hinzukommen.

Nehmen wir noch einmal ein Pendel, das nun aber reibungsfrei im luftleeren Raum schwingen soll. Ihm kann ich Energie entnehmen, und durch sie ein Gewicht anheben. Hierdurch wird Energie von dem System »Pendel« auf das System »Gewicht« – beide im Schwerefeld der Erde – übertragen. Die Systeme sind dieselben geblieben; nur ihre Zustände wurden geändert. Wenn ich nun aber von außen Masse zur Erde hinzufüge und dadurch alle Gewichte an ihrer Oberfläche vergrößere, verändere ich dadurch die Systeme selbst, nicht nur ihre Zustände. Angewendet auf abgeschirmte Raumbereiche bedeutet dies, dass erst dann von dem System Leerer Raum gesprochen werden kann, wenn einem Bereich alle Atome entnommen wurden. Atome in einem abgeschirmten Raumbereich können ein Gas, eine Flüssigkeit oder einen Festkörper bilden; sie sind damit zwar alle Systeme der Physik, keinesfalls aber Leerer Raum. Erst wenn die Atome – und, durch Abschirmung, die Strahlungen etc. – entfernt wurden, können wir von einem *System Leerer Raum* zu sprechen beginnen. Bis hin zu dem unerreichbaren absoluten Nullpunkt der Temperatur können wir diesem System Energie entnehmen, und durch Extrapolation die Frage zu beantworten suchen, wie ein Raum *bei* dieser Untergrenze möglicher Temperaturen, ausgestattet mit der geringstmöglichen Energie, beschaffen sei. Welche Eigenschaften besäße, so fragen wir, das System Leerer Raum, wenn ihm so viel Energie entnommen wurde wie möglich? Wenn es sich in seinem Zustand niedrigster Energie – genauer: in einem seiner Zustände niedrigster Energie – befände? Übrigens, und wie bereits angedeutet, ermöglicht erst die Quantenmechanik die Festschreibung von Zuständen niedrigster Energie für beliebige Systeme. Gälte sie nicht, würden Systeme existieren, denen beliebig viel Energie entnommen werden kann, die also keinen Zustand besitzen, in dem ihre Energie minimal wäre. Ein Beispiel bildete bereits ein Planetensystem aus einer punktförmigen Sonne und einem punktförmigen Planeten: Würde für ein solches System die Quantenmechanik nicht gelten, könnten Sonne und Planet einander beliebig nahe kommen, wobei das System beliebig viel Energie abgeben und folglich keinen Zustand niedrigster Energie besitzen würde. Jeder Zustand niedrigster Energie eines beliebigen Systems heißt Grundzustand; der Grundzustand des Leeren Raumes wird passend auch als Vakuumzustand bezeichnet.

Der Vakuumzustand des Systems Leerer Raum ist jener Zustand, den es bei dem absoluten Nullpunkt der Temperatur annehmen würde, wenn dieser nur erreicht werden könnte; mögliche Krümmungen des Leeren Raumes beachten wir jetzt nicht. Durch die Theorie können wir diesen Zustand aber kennen, und durch die Extrapolation von Beobachtungen können wir die Theorie überprüfen.

Der auf den ersten Blick paradoxe Grund für das Auftreten gewisser Objekte im Leeren Raum ist nun, dass mit ihnen der Raum energieärmer ist, als er es ohne sie wäre. Das muss ich erläutern. Wenn Wasser gefriert, setzt es Energie als Kristallisationswärme frei, die von der kälteren Umgebung aufgenommen wird. Die Wassermoleküle, die in flüssigem Wasser das ungeordnete Durcheinander der Abb. 1.2a) bilden, nehmen im Eis relativ zueinander die geordneten Positionen der Abb. 1.2b) an. Wie Kugeln, die in Mulden rollen, besitzen die Wassermoleküle nach dem Übergang weniger Lageenergie als vor ihm und bewegen sich deshalb schneller: Lageenergie wurde in Bewegungsenergie umgewandelt, die bei dem Übergang von flüssigem Wasser zu Eis als Wärmeenergie in Erscheinung tritt. Diese muss, damit sich das Eis erhalten kann, abgeführt werden – als, wie bereits gesagt, Kristallisationswärme.

Nun erfordert die schiere Existenz der Wassermoleküle laut Einsteins $E = mc^2$ eine Energie, die unermesslich viel größer ist als jene, die durch das Sichordnen der Moleküle freigesetzt wird. Aber muss das bei allen Objekten so sein? Könnte es nicht Objekte geben, deren Existenz so wenig Energie erforderte, dass insgesamt Energie

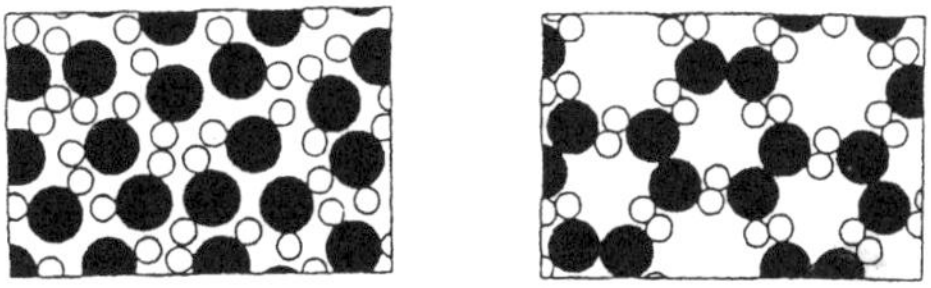

a b

Abbildung 1.2: Innenansicht von a) flüssigem Wasser und b) Eis bei milionenfacher Vergrößerung. Die Moleküle des Wassers H_2O bestehen aus zwei Atomen Wasserstoff H – die kleinen, offenen Kreise – und einem Atom Sauerstoff O – die großen, schwarzen. Die Abbildungen wurden [25] entnommen.

gewonnen würde, wenn sie im Raum auftreten und einen geordneten Zustand annehmen würden – einen, der so energiearm wäre, dass insgesamt durch den Vorgang Energie freigesetzt würde? So ist es selbstverständlich nicht bei Wasser, das zudem zu seinem Auftreten im Leeren Raum dieselbe Menge an Antiwasser erfordern würde, wohl aber bei gewissen Feldern der Elementarteilchenphysik – vornehmlich bei dem Feld des zurzeit meistgesuchten Teilchens, des Higgs-Bosons.

Weniger Energie kann also mehr »Etwas« bewirken. Das aber nur, wenn – wie bei der Bildung von Eis aus flüssigem Wasser – die Temperatur so niedrig ist, dass sie das Sichordnen erlaubt. Je höher die Temperatur, desto rascher, und damit energiereicher, sind die ungeordneten Bewegungen alles Vorhandenen. Erst wenn die Temperatur niedrig genug ist, können sich geordnete Strukturen entgegen den zerstörerischen Stößen behaupten. Diese Strukturen sind – abermals wie beim Wasser – energetisch günstiger als das bei höheren Temperaturen herrschende Durcheinander. Vielleicht haben sich in der Frühgeschichte des Universums verschiedene Higgs-Felder ausgebildet, und bildet sich zurzeit – seit etwa dem halben Weltalter – zudem ein weiteres namens Quintessence[2] aus, aber das eine Higgs-Feld, das in dem Standardmodell der Elementarteilchentheorie einen festen Platz besitzt, ist das der elektroschwachen Symmetriebrechung.

Warum Symmetriebrechung? Weil das Auftreten von Ordnung aus dem Chaos unabwendbar mit einer *Reduktion* von Symmetrie einhergeht. Auch dies muss erläutert werden. Stellen wir uns frisch geworfene Mikadostäbe auf einem runden Tisch vor. Wenn wir den Tisch um irgendeinen Winkel drehen, kann kein flüchtiger Beobachter durch Betrachtung des Stäbchenhaufens herausfinden, um welchen Winkel – und ob überhaupt! – der Tisch gedreht wurde: Der Haufen vor der Drehung ähnelt dem nach ihr wie ein Teller Spaghetti dem anderen. Ganz anders ist es aber, wenn die Stäbe nach dem Spiel geordnet nebeneinander liegen: Symmetrie ist verloren gegangen, Ordnung eingekehrt. Die »anderen« Ordnungen, die nach den Drehungen, hätten sich genauso wie die tatsächliche herausbilden können, haben das aber nicht. So auch die Innenansichten (Abb. 1.2) von Wasser und Eis: Wie auch immer man flüssiges (ebenes) Wasser (Abb. 1.2a)) dreht und wendet, seine Innenansicht bleibt im Mittel dieselbe. Eis aber ist aus Kristallen aufgebaut, und diese zeichnen gewisse Richtungen und Plätze im Raum vor anderen aus (Abb. 1.2b)): Eis ist geordneter als Wasser, aber eben deshalb weniger symmetrisch. Wenn Wasser gefriert, wird seine vollkommene Symmetrie gebrochen, erniedrigt auf die Sechsecksymmetrie und eingeschränkte Verschiebungssymmetrie der Abbildung. Über die Lage und die Ausrichtung des Kristalls hat bei seiner Bildung der Zufall entschieden.

So steht es auch um das Higgs-Feld: Bevor es zu einem realen, geordneten Feld werden konnte, musste der Zufall festlegen, in welche Richtung seine Kristalle – Kristalle nun in dem abstrakten Raum der Teilcheneigenschaften, nicht im gewöhnlichen Raum – zeigen werden. Der Energiegewinn aus Kristallisation resultiert aus dem Übergang von einem symmetrischen, chaotischen Zustand zu einem weniger symmetrischen, geordneten und energetisch günstigeren.

Bisher also zwei Formen von »Etwas« im Leeren Universum. Die eine beruht auf unvermeidlichen Fluktuationen, die andere darauf, dass ein Raum mit »Etwas« im geordneten Zustand energieärmer sein kann, und das nach heutigem Verständnis auch ist, als derselbe Raum ohne es. Auch dieses »Etwas« fluktuiert, verändert dadurch aber nur wenig den Energieunterschied, der auf seiner schieren Existenz im geordneten Zustand beruht. Drittens treten nach Auskunft der Allgemeinen Relativitätstheorie im Raum Krümmungen und Verwerfungen auf, die ihm eine selbstständige Existenz als agierendes und reagierendes »Etwas« verleihen. Raum ist also – erstens und zweitens – keinesfalls mit einer leeren Bühne vergleichbar, auf der Dinge auftreten können, aber nicht müssen. Drittens kann der Raum nicht unabhängig von den Dingen stets derselbe sein.

Ein Raum ohne Objekte, die abwesend sein können – ein Leerer Raum –, kann sowohl flach als auch gekrümmt sein. Die tatsächliche Beschaffenheit des Leeren Universums hängt von seiner Energie ab. Ein Beitrag hierzu, Einsteins Kosmologische Konstante Λ, tritt in den Gleichungen der Allgemeinen Relativitätstheorie als Naturkonstante auf – so, wie die Lichtgeschwindigkeit c eine Naturkonstante ist. Anders aber als c, können wir Λ zumindest bis heute nicht direkt beobachten. Denn beobachtbare Effekte hängen nur von der *Summe* aller Beiträge zur Energie des Leeren Raumes ab. Zu Λ hinzu kommen die Energien der Inhalte des Leeren Raumes, die wir bereits kennen – die der Fluktuationen und Felder. Während nun aber Λ ohne Einschränkung durch die Theorie jeden positiven oder negativen

Wert besitzen kann, liefert die Theorie für die anderen Einzelbeiträge Abschätzungen, die dem Betrage nach um viele, viele, viele ... Größenordnungen über dem experimentell höchstens erlaubten Betrag der Summe liegen. Dass die Addition aller Einzelbeiträge bis auf einen winzigen Rest null ergeben muss, ist das wohl gewaltigste Problem der gegenwärtigen Physik des Kosmos und der Elementarteilchen: Von allen Einzelbeiträgen dürfen in der Summe nur Stellen nach den ersten 100 Stellen übrig bleiben, und das Resultat bestimmen. Keine Berechnung eines Einzelbeitrags kann je ein so genaues Ergebnis liefern. Bis hin zu einer Theorie, welche die *Summe* festlegt – zwar nicht als null, wohl aber, erschwerend, extrem nahe bei null gemessen an den Einzelbeiträgen – wird das Sichaufheben zahlreicher Beiträge zur Gesamtenergie des Leeren Universums unverstanden bleiben. Eine solche Theorie ist aber nicht in Sicht. Sie müsste die Quantenmechanik mit der Allgemeinen Relativitätstheorie vereinen – noch immer eine Jahrhundertaufgabe.

Insgesamt folgen die drei Typen von Beiträgen zu Energie und Krümmung des Leeren Universums aus drei voneinander unabhängigen Theorien der gegenwärtigen Physik. Erstens die Beiträge der Fluktuationen. Sie beruhen – zusätzlich zur Speziellen Relativitätstheorie, die immer einbezogen wird – nur auf der Quantenmechanik. Zweitens die Beiträge von Feldern wie dem Higgs-Feld. Sie folgen aus der klassischen Feldtheorie. Weder die Quantenmechanik noch die Allgemeine Relativitätstheorie sind zum Verständnis ihres Auftretens erforderlich. Wird die Quantenmechanik einbezogen, führt sie zu Fluktuationen dieser Felder und ihrer Teilchen, die sich grundsätzlich aber nicht von den bereits besprochenen unterscheiden: *Alle* Felder und zugehörigen Teilchen, die in den Gleichungen der Physik auftreten, fluktuieren im Leeren Raum. Drittens ist der Raum auch deshalb kein eigenschaftsloses, von den Dingen unabhängiges Nichts, weil für ihn die Gesetze der Allgemeinen Relativitätstheorie gelten. Die Materie – so die Formulierung des amerikanischen theoretischen Physikers John Archibald Wheeler – befiehlt dem Raum, wie er sich zu krümmen hat, und der Raum befiehlt der Materie, wie sie sich bewegen muss. Aber auch abgesehen von den durch die Quantenmechanik erzwungenen und den durch die Feldtheorie ermöglichten Beiträgen zur Energie des Leeren Raumes, kann dieser allein aufgrund der Allgemeinen Relativitätstheorie gekrümmt sein und eine von null verschiedene Energiedichte besitzen. Wie bereits angedeutet, konnte ein zusammenfassendes Verständnis aller Beiträge bisher nicht erreicht werden, weil wir keine konsistente und experimentell im Detail überprüfte vereinigte Theorie von Quantenmechanik und Allgemeiner Relativitätstheorie besitzen.

2 Historisches

An der Geschichte ihrer Wissenschaft interessiert Physiker nur nebenbei, wie sich dieser oder jener geäußert hat. Wirklich wissen wollen sie, welche nützlichen Anregungen die Arbeiten ihrer Vorgänger enthalten.

Diskussionsbemerkung von Jürgen Ehlers in [49]; dort englisch.

Im Abendland haben zuerst die altgriechischen Naturforscher und Philosophen vor Sokrates (469–399 vor Christus), Vorsokratiker, nach dem Leeren gefragt, das sie in ihrer Vorstellung mit dem Gegenteil von Etwas, dem Nichts, in Verbindung gebracht haben. Sie wollten ergründen, wie ein leerer Raum *gedacht* werden kann, und sind zu unterschiedlichen Ergebnissen gekommen. Wir fragen heute, wie Leer ein Raum *im Einklang mit den Naturgesetzen* sein kann. Das Ergebnis der Physik des 20. Jahrhunderts ist, wie bereits gesagt, dass es keinen im Wortsinn leeren Raum geben kann.

Beginnen wir mit Thales von Milet (etwa 625–545 vor Christus), dem ältesten der altgriechischen Philosophen. Für ihn war es selbstverständlich, dass der Raum immer ganz angefüllt, ein Plenum, ist. Angefüllt nämlich mit dem einen Grundstoff, aus dem laut ihm alles gemacht ist, dem Wasser.

Atomisten und Plenisten

Wenn wir die Ideen des Thales an moderne Vorstellungen heranführen wollen, können wir seinen Grundstoff Wasser mit dem Vakuum- oder Grundzustand eines physikalische Systems vergleichen und die verschiedenen Erscheinungsformen des Grundstoffes wie Eis, Dampf und nach Thales überhaupt alles, was existiert, mit den Anregungen des Grundzustandes. Auf jeden Fall bilden die Phasenübergänge des Wassers vom Eis bis zum Dampf ein frühes

Vorbild für die Denkmöglichkeit der Entstehung von Formen durch Umwandlungen eines Grundstoffes – nicht mehr, aber auch nicht weniger. Sieht man von ihrer Realisierung durch das Wasser ab, sollte Thales Idee, dass alle Erscheinungen auf einen einheitlichen Grund zurückgeführt werden können, die Naturforschung bis heute beherrschen. Dieses Ziel zumindest im Prinzip zu erreichen, also die berühmt-berüchtigte Theorie von Allem (die TOE, »Theory Of Everything«) auch nur zu formulieren, ist bis heute ein Traum geblieben – »Der Traum von der Einheit des Universums«, wie es der deutsche Titel von Steven Weinbergs Buch [73] ausdrückt. Neben der Kühnheit des Entwurfs des Thales, dass es eine solche Einheit geben solle, und wie sie beschaffen sei, ist auch bemerkenswert, dass dieser Entwurf zum ersten Mal in der Geistesgeschichte rein physikalisch ist: Zur Erklärung der beobachteten Welt hat Thales statt Geister und Dämonen nur Annahmen über sie selbst herangezogen.

Wiederholt sei, dass für Thales die Welt wie selbstverständlich ein Plenum bildet. Als Selbstverständlichkeit aber sollte diese Vorstellung nicht lange Bestand haben. Bereits der kurz nach Thales Tod geborene Philosoph Parmenides von Elea (etwa 540–480 vor Christus) erörtert, ob es neben dem »Seienden« auch das »Nichtseiende« geben könne – und lehnt das als unmöglich ab. Der Raum hat Parmenides nur nebenbei interessiert, bemerkt aber, dass das Seiende raumerfüllend sei, sodass es keinen leeren Raum geben kann. Für ihn ist die Einsicht, dass der Raum stets angefüllt sein muss, ein Ergebnis des Denkens, also keinesfalls eine Selbstverständlichkeit, die keiner Begründung bedarf.

Vor demselben philosophischen Hintergrund haben sich dann Empedokles (um 433 vor Christus) und Leukipp (um 450–etwa 420 vor Christus) sowie Demokrit (um 460–etwa 370 vor Christus) der Frage nach dem leeren Raum zugewandt. Zu deren Positionen sollten in den Auseinandersetzungen um das Leere jahrtausendelang keine grundsätzlich neuen hinzutreten. Mit Empedokles werden die Plenisten behaupten, dass es, so der Aristoteles-Schüler Theophrast (um 372–etwa 287 vor Christus, zitiert nach [10], S. 222) »überhaupt keinen leeren Raum gäbe«. In des Empedokles eigenen Worten (nach [10], S. 222): »Im All gibt es nirgends einen leeren Raum, noch einen, der übervoll wäre«.

Nahezu gleichzeitig mit Empedokles haben die Atomisten Leukipp und Demokrit ihre der seinen entgegengesetzte These des Atomismus verkündet. Demokrit (nach [10], S. 399): »In Wirklichkeit gibt es nur die Atome und den leeren Raum«.

Zwei Konzepte also, die unterschiedlicher nicht sein könnten. Sie aber fügt die heutige Physik zu einem Gesamtbild zusammen. Dadurch, dass sie beiden verschiedene Gültigkeitsbereiche zuweist – was erstaunlicherweise möglich ist. Der Atomismus ist näherungsweise richtig, wenn es um den Aufbau der Materie geht. Soll es aber um dasjenige gehen, was bleibt, wenn einem Raumbereich alle Atome entnommen wurden, versagt die Vorstellung der Atomisten: Der verbleibende Raum ist nicht im Wortsinn leer, sondern Leer im Sinne der Plenisten, belebt nämlich von den Kreationen der Physik des vergangenen Jahrhunderts: Er ist so Leer, wie es die Naturgesetze erlauben, und das ist nicht im Wortsinn leer.

Einerseits wirkt der Leere Raum dadurch in das Reich der Materie hinein, dass er Spektrallinien verschiebt. Andererseits ist diese Verschiebung so klein, dass sie erst ins Blickfeld rückt, wenn es bei vorgegebenem Gesamtbild des Kosmos aus Atomen und leerem Raum Korrekturen zu berücksichtigen gilt. Dass es solche Korrekturen überhaupt gibt, ist eine Erkenntnis aus der Mitte des vergangenen Jahrhunderts. Tatsächlich hängt kein bis um die vorvergangene Jahrhundertwende beobachtbarer Effekt davon ab, ob der Raum der Atomisten leer oder Leer ist.

Kein nichts, nirgends

Bis zur Wissenschaftlichen Revolution des 16. und 17. Jahrhunderts hat das System des wohl einflussreichsten Denkers aller Zeiten, des altgriechischen Philosophen Aristoteles (384–322 vor Christus), die Naturphilosophie beherrscht. Gekennzeichnet war dieses System vor allem dadurch, dass es keine Erklärungen natürlicher Phänomene zuließ, die auf Alltagserfahrungen beruhenden Intuitionen widersprachen. Dass die Erde ruhe, war wohl die am tiefsten verwurzelte Intuition von denen, die dem System des Aristoteles zugrunde lagen. Den Umsturz dieses Systems hat denn auch der diese Intuition negierende Vorschlag des Nikolaus Kopernikus (1473–1543) in seinem Buch *De Revolutionibus* aus dem Jahre 1543 eingeleitet, dass die Erde als ein Planet unter anderen die Sonne umlaufe und sich drehe. Dass diese Idee es schwer hatte, sich durchzusetzen, lag aber nicht nur an ihrer der Intuition widersprechenden Abstraktheit, sondern auch daran, dass die Kirche das System des Aristoteles in ihre im Wortsinn herrschende Lehre aufgenommen hatte.

Zurück zum leeren Raum. Die Doktrin des Aristoteles, dass es keinen geben könne, hatten Kirche und Inquisition nach allerlei Hin und Her genauso übernommen wie die, dass die Erde den absolut ruhenden Mittelpunkt des Universums bilde. Beide Intuitionen, von denen die der ruhenden Erde tiefer verwurzelt war als die der Unmöglichkeit eines leeren Raumes, waren in einem einzigen theologisch-philosophischen System aufgegangen und unterstützten sich gegenseitig. War nicht leerer Raum nutzlos, sodass durch die Behauptung, dass es ihn gebe, Gott der Erschaffung nutzloser Werke bezichtigt würde? Konnte die Erde im Mittelpunkt des Universums ruhen, wenn sie von einem unendlichen leerem Raum ohne Mittelpunkt umgeben war? Ich will die Argumente des scholastischen, kirchlichen und aristotelischen Systems hier nicht weiter ausspinnen und verweise auf mein Buch [29] *Die Entdeckung des Nichts – Leere und Fülle im Universum*, das sich ausführlich mit ihnen beschäftigt, und aus dem ich einige Passagen übernommen habe.

Horror vacui und der äußere Luftdruck

Ein Abkömmling der intuitiven, philosophisch und theologisch verfestigten Doktrin, dass es keinen leeren Raum geben könne, war bis zur Wissenschaftlichen Revolution die Idee des *horror vacui*, dass nämlich die Natur leeren Raum verabscheue und deshalb seine Entstehung zwar unbedingt, aber mit dem jeweils mildesten möglichen Mittel verhindere. Unabhängig von ihrer Begründung können dieser Idee wissenschaftliche Meriten nicht abgesprochen werden. Physikalische Hypothesen müssen vor allem aufgrund ihrer die Beobachtungen erklärenden Kraft beurteilt werden. Wenn wir nun so die Hypothese von den Atomen und dem leeren Raum mit der vom *horror vacui* vergleichen und uns auf Beobachtungen vor 1644 beschränken, müssen wir zugeben, dass das Erklärungspotenzial des *horror vacui* größer war als das der konkurrierenden Hypothese von dem leeren Raum und den Atomen. Wenn die Natur die Entstehung eines leeren Raumes nicht zulässt, ist das erste Beispiel hierfür selbstverständlich, dass der Trunk im Trinkhalm beim Saugen nach oben

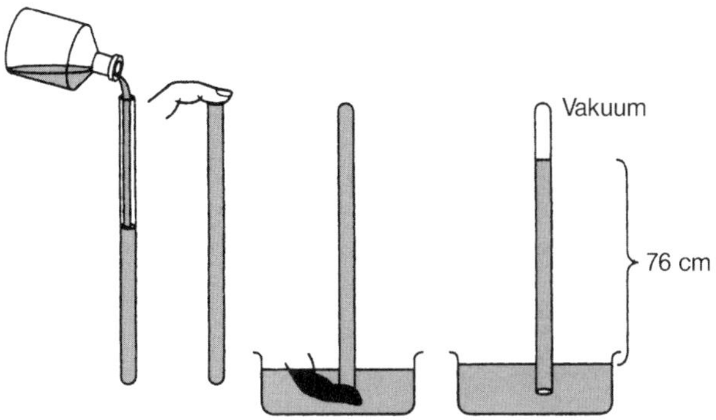

Abbildung 2.1: Das Experiment, durch das Torricelli gezeigt hat, dass es luftleeren Raum geben kann: Eine gut 76 Zentimeter lange Glasröhre wird mit Quecksilber gefüllt, verschlossen umgekehrt und ihre Öffnung in ein Quecksilberbad getaucht. Darauf sinkt die Quecksilbersäule bis zu einer Höhe von etwa 76 Zentimeter herab, sodass sich zwischen dem Quecksilber und dem Glas ein luftleerer Hohlraum bildet, an dem die Säule zu hängen scheint. Sie hängt aber nicht an dem luftleeren Raum, sondern wird von dem äußeren Luftdruck getragen, der auf den Quecksilberspiegel in der Schale lastet. Der Hohlraum muss luftleer sein, weil Luft weder Quecksilber noch Glas zu durchdringen vermag. Selbstverständlich enthält er Quecksilberdämpfe und andere, aus dem Glas und dem Quecksilber stammende Verunreinigungen. Deren Partialdruck lässt die Säule weiter herabsinken, als sie ohne ihn herabsinken würde.

steigt. Die Weltsicht der Atomisten konnte für sich allein, ohne das Wissen um den äußeren Luftdruck, diesen Effekt nicht verständlich machen.

Warum 1644? Dies ist das Jahr des Experimentes, durch das Evangelista Torricelli (1608–1647) auf Anregung Galileo Galileis (1564–1642) zum ersten Mal überzeugend gezeigt hat, dass es luftleeren Raum geben kann (Abb. 2.1). Genauer hat er gezeigt, dass es entweder leeren Raum geben können muss, oder dass sein Auftreten durch eine feine Substanz verhindert werden kann, welche Quecksilber oder Glas zu durchdringen vermag – oder die, so wissen wir heute, allgegenwärtig ist.

Das Experiment Torricellis ist zu dem Versuch äquivalent, Wasser durch einen mehr als zehn Meter langen Trinkhalm anzusaugen. Dass das unmöglich ist, war Galilei bekannt. Denn man wusste, dass

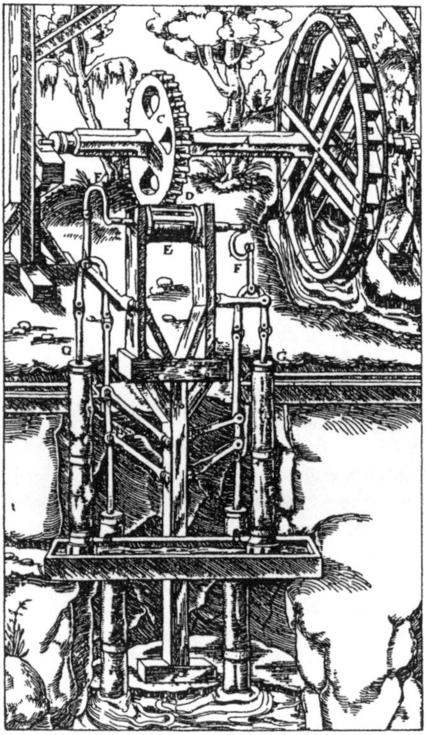

Abbildung 2.2: Ist eine Grube tiefer als etwa 10 Meter, müssen zu deren Entwässerung Saugpumpen hintereinander geschaltet werden.

Gruben, die tiefer sind als zehn Meter, durch eine Saugpumpe nicht entwässert werden können. Dazu war es nötig, mehrere Pumpen hintereinander zu schalten (Abb. 2.2). Dies ließ darauf schließen, dass statt eines unbedingten Prinzips wie das des *horror vacui* eine endliche Kraft die Entstehung leeren Raumes verhindert. Diese Kraft musste das hochsteigende Wasser ausüben, und da war es nur natürlich, zu ihrer Untersuchung im Labor statt des Wassers das spezifisch fast vierzehnmal so schwere Quecksilber zu verwenden. Das Ergebnis des Experimentes, dass die Quecksilbersäule bis zu der Höhe von etwa 76 Zentimeter herabsank, bestätigte quantitativ mit hinreichender Genauigkeit die Überzeugung, dass das Gewicht des Wassers für dessen auf etwa 10 Meter beschränkte Steighöhe in Saugpumpen verantwortlich sei. Denn das Verhältnis 13,16 der beiden Höhen stimmt etwa mit dem Faktor 13,57 überein, um den Quecksilber genau genommen spezifisch schwerer als Wasser ist.

Meriten

Als das Experiment Torricellis in der wissenschaftlichen Welt bekannt wurde, löste es eine Fülle von Untersuchungen aus, die zu der Konstruktion von Luftpumpen durch Otto von Guericke (1602–1686) in Deutschland und Robert Boyle (1627–1691) in England führen sollten. Als wissenschaftliche Hypothese hatte, wie insbesonders Blaise Pascal (1623–1662) in Frankreich zeigen konnte, die Vorstellung des *horror vacui* ausgedient; sie konnte als metaphysischer Ballast abgeworfen werden. Nunmehr wurde der äußere Luftdruck für alle Erscheinungen verantwortlich gemacht, zu deren Erklärung bis dahin der *horror vacui* dienen musste. Mit einer Ausnahme, die sogleich genannt werden soll, zu Recht.

Ich versage es mir unter Hinweis auf mein bereits genanntes Buch [29], die Einsichten, die Torricellis Experiment ermöglichte sowie deren triumphale technische Konsequenzen mit einer Ausnahme hier darzustellen. Die Ausnahme, die einfach gemacht werden muss, ist die spektakuläre Demonstration der Wirkung des Luftdrucks durch Otto von Guericke bei zahlreichen Gelegenheiten und mit bis zu zwanzig Pferden, zehn auf jeder Seite (Abb. 2.3). Beschränkt man sich, wie bereits gesagt, auf Beobachtungen, die bis 1644 gemacht wurden, war das Erklärungspotenzial des *horror vacui*, aufgefasst als wissenschaftliche Hypothese, ungleich größer als das der konkurrierenden Hypothese des Atomismus. Denn die Hypothese des *horror vacui*, dass die Natur die Entstehung eines leeren Raumes zwar unbedingt, aber immer mit dem mildesten aller möglichen Mittel verhindere, ließ nicht nur verstehen, dass der Trunk im Trinkhalm beim Saugen nach oben steigt, sondern auch den verwandten Effekt, dass aus der Klepshydra des Empedokles bei seinem berühmten Experiment (Abb. 2.4) zur Verhinderung eines leeren Raumes das Wasser nicht herausfließt. Saugnäpfe füllen sich mit Blut; ein Blasebalg, der bei geschlossener Tülle geöffnet werden soll, zerbricht, weil sonst ein Vakuum entstünde; und so weiter. Man wusste auch, dass in einem geschlossenen Gefäß gefrierendes Wasser das Gefäß zerbricht und unterstellte, dass Wasser sich beim Gefrieren zusammenzieht,

Abbildung 2.3: Einer von Otto von Guerickes spektakulären Versuchen zur Demonstration der Wirkung des Luftdrucks: Zwei »Magdeburger Halbkugeln« werden zusammengesetzt und luftleer gepumpt. Dies getan, können sie bis zu zwanzig Pferde, zehn auf jeder Seite, nicht auseinander reißen. Lässt man alsdann zwischen die Halbkugeln Luft eintreten, kann sie ein Kind trennen. Natürlich – hätte Guericke die eine Halbkugel an einer Mauer befestigt und vor die andere dieselbe Anzahl Pferde gespannt wie zuvor, also bis zu zehn, wäre auf die Kugeln derselbe Zug ausgeübt worden wie bei seiner Demonstration mit doppelt so vielen Pferden. Ich habe mir sagen lassen, dass er das wusste. Der größeren Wirkung wegen hat er als Showman, der er auch war, möglichst viele Pferde verwendet.

sodass, zerbräche das Gefäß nicht, leerer Raum entstehen würde. Dasselbe sollte nach der neuen Theorie der äußere Luftdruck bewirken. Tatsächlich aber dehnt sich Wasser beim Gefrieren aus und zersprengt dadurch das Gefäß. Warum das so ist, zeigt der Vergleich der Abb. 1.2a) und b): Gleich viele Wassermoleküle beanspruchen im gefrorenen Zustand mehr Raum als im flüssigen.

Die Hypothese des Atomismus konnte, wie ebenfalls bereits gesagt, für sich allein keines dieser Phänomene erklären. Für sie sprach, dass beim Auflösen von Salz in Wasser das Volumen der Flüssigkeit sich nicht merklich ändert, und das konnte nur durch die Unterstellung verstanden werden, dass das Wasser und/oder das Salz Hohlräume enthalten. Das von heute aus gesehen stärkste Argument für

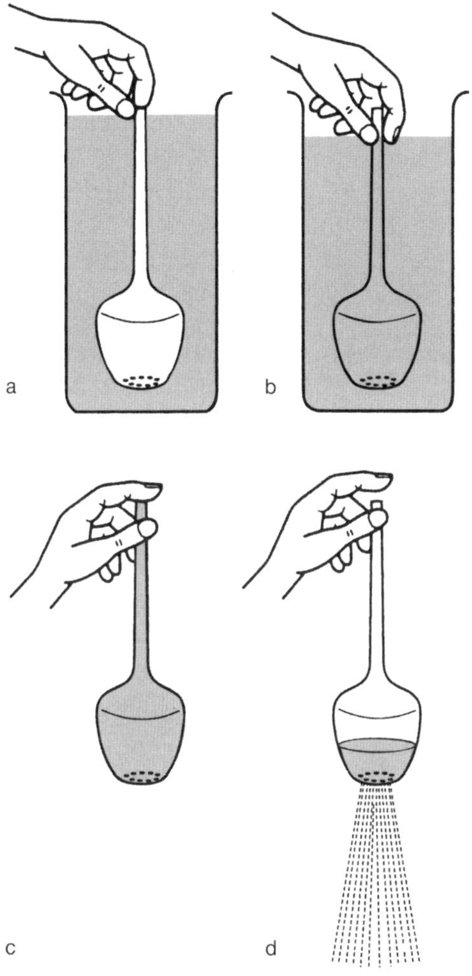

Abbildung 2.4: Das Experiment des Empedokles, eigentlich eine Zufallsbeobachtung. Es zeigt a) und b), dass die Luft eine Substanz ist, die entweichen muss, bevor Wasser in den Wasserheber, die Klepshydra, eindringen kann. Berühmt gemacht hat das Experiment c), dass das Wasser bei zugehaltener Tülle nicht aus der Klepshydra herausfließt. Dies hat die Theorie des *horror vacui* durch die Unterstellung erklärt, dass die Natur es nicht zulässt, dass ein Vakuum entsteht.

einen leeren Raum, dass er Bewegungen ohne Widerstand ermöglicht, wirkte tatsächlich gegen seine Akzeptanz. Denn die Naturphilosophie des Aristoteles erklärte alle Bewegungen gerade durch die

Allgegenwart von Substanzen wie der Luft im irdischen Bereich, und dem fünften Element, Äther oder Quintessenz, im himmlischen.

Der Erscheinungen Flucht wurde nach Ansicht der Atomisten dadurch bewirkt, dass sich die verschieden gestalteten Atome unaufhörlich bewegen und bei Begegnungen umordnen. Unaufhörliche Bewegung vorgegebener Körper aber sei, so die Atomisten, nur im ansonsten leeren Raum möglich. Wie später Isaac Newton (1642–1727) für die Bewegungen seiner Himmelskörper brauchten die Atomisten den leeren Raum für die Bewegungen ihrer Atome. Also musste in beiden Fällen der Schluss lauten, dass es leeren Raum gibt, und dass dieser zudem in der vermeintlich dichten Materie bzw. im Weltraum überreichlich vorhanden ist.

Doch die heutige Physik weiß, dass es keinen im Wortsinn leeren Raum geben kann. Folglich beruhte der Aufschwung der Naturwissenschaften durch die Wissenschaftliche Revolution auch auf dem Beiseitelegen der an sich richtigen, bis zur vorvorigen Jahrhundertwende aber empirisch folgenlosen Idee, dass leerer Raum nicht auftreten kann. Denn was auch immer der Raum letztlich ist, durch ihn mussten sich zur Erklärung der Erfolge von Newtons Theorie die Planeten ungehindert bewegen können. Wollte man ontologische Bilder ohne folgenlosen Ballast auf erfolgreiche wissenschaftliche Theorien gründen, musste es leeren Raum geben können. Dasselbe gilt für die Erfolge der Kinetischen Gastheorie ab Mitte des 19. Jahrhunderts, auf die einzugehen sein wird.

Natürlich war mit Torricellis Beweis, dass luftleerer Raum auftreten kann, die Position der Plenisten nicht untergegangen. Um dieses Resultat in ihr System einzubeziehen, brauchten die philosophischen Bedenkenträger nur die Existenz einer feinen Substanz zu fordern, die allgegenwärtig war und Substanzen wie Glas und Quecksilber durchdrang bzw. durchdringen konnte. Schrieb man dieser feinen Substanz, für die sich der Name Äther einbürgern sollte, keine weitere Eigenschaft als eben die der Existenz zu, genügte das den Philosophen, und war doch wegen seiner experimentellen Folgenlosigkeit unproblematisch. Probleme treten erst auf, wenn der Äther mit Eigenschaften ausgestattet wird, die seine Allgegenwart experimentell überprüfbar machen sollen.

Raum und Bewegung

Die Probleme, die ein leerer Raum dem Denken bereitet, waren mit Newtons Mechanik für die Naturforschung irrelevant geworden, verglichen mit jenen, welche für ihn aus eben jener Mechanik folgen. Hören wir zunächst Newtons Definition des »absoluten Raumes«, in dem er die himmlischen sowie die irdischen Körper ansiedelt ([48], S. 28): »Der absolute Raum seiner Natur nach und ohne Beziehung zu irgend etwas Äußerem, bleibt immer gleichartig und unbeweglich.« Dieser Raum kann Körper enthalten, muss das aber nicht. Enthält er keine, ist er – nach Newtons Auffassung und in unserer Redeweise – sowohl leer als auch Leer. Von den bona fide Körpern unterscheidet sich Newtons Raum vor allem dadurch, dass er unsichtbar ist, seine ([48], Seite 32) »Teile [. . .] nicht in die Sinne fallen.« So weit, so gut. Gäbe es keine Bewegung, auf die wir sogleich eingehen werden, wäre auch dies eine experimentell folgenlose ontologische Vorstellung, die eben wegen ihrer Folgenlosigkeit unproblematisch wäre.

Die Kontroverse Leibniz-Newton

Wie die Scholastik, hat auch der deutsche Philosoph und Mathematiker Gottfried Wilhelm Leibniz (1646–1716) aus theologischen und philosophischen Gründen gedacht, dass es keinen leeren Raum geben könne. Genauer hat er nach Theophrast als Vorbild dem Raum jede selbstständige Existenz abgesprochen. »Vielleicht« so Theophrast ([59], S. 380) »ist der Raum selber keine Realität, sondern ist durch Lage und Ordnung der Körper entsprechend ihrer Natur und Eigenschaften bestimmt [. . .].« Zwar ist der theologisch-philosophische Hintergrund von Leibniz ein ganz anderer als der von Theophrast, der noch dem System seines Lehrers Aristoteles verhaftet war, aber auch für Leibniz ist der Raum am Ende nur ein System von Relationen zwischen Körpern; Bewegung bedeutet Änderung dieser Relationen im Laufe der Zeit, und sonst nichts. Insbesondere unterscheidet Leibniz nicht zwischen – in heutiger, von Newton stammender Sprechweise – geradlinig-gleichförmigen und beschleunigten Bewegungen.

Am prägnantesten, weil polemisch, hat sich Leibniz über seine Vorstellung vom Raum in seinem Briefwechsel mit Samuel Clarke, dem Newton die Feder führte, ausgesprochen ([61]). Wie bei einem mittelalterlichen Ritterduell sind die Duellanten einander unter der Schirmherrschaft einer Herrscherpersönlichkeit – hier der Prinzessin von Wales – gegenübergetreten. Ihr Verdikt an Leibniz kleidet sie ein in einen Bericht über einen Besuch Clarkes bei ihr ([61], S. 244): »Mr. Clarkes Wissen und seine klare Art zu denken haben mich beinahe dazu gebracht, an das Leere zu glauben« und dann in ihrem Brief an Leibniz vom 24. April 1716 »Große Männer sind wie die Frauen, die ihre Liebhaber immer nur mit dem größten Kummer und dem erbittersten Zorn abtreten.« Im Mai desselben Jahres ([61], S. 247) gesteht sie, »dem Leeren etwas zugeneigt zu sein.« Nicht ohne Seufzen, wie es scheint, beginnt Leibniz seinen Brief vom 3. Juli 1716 an die Prinzessin ([61], S. 257) mit den Worten »Sie sind eine befugte Richterin, Majestät [...].«

Leibniz in seinen Briefen an Clarke nennt den Raum immer zusammen mit der Zeit. Beide hält er für etwas rein Relatives ([61], S. 38), nämlich den Ort für eine Ordnung des Nebeneinanderbestehens, so wie die Zeit eine Ordnung der Aufeinanderfolge ist. »Man sagt« schreibt er an Clarke und meint Newton ([61], S. 58), »der Raum hänge nicht von der Lage der Körper ab. Ich antworte hierauf: Es ist wahr, dass er nicht von dieser oder jener Lage der Körper abhängt, sondern dass er die Ordnung ist, die bewirkt, dass die Körper in eine Lage gebracht werden können und durch die sie eine Lage zueinander haben, indem sie gemeinsam existieren, ebenso ist die Zeit die Ordnung hinsichtlich ihrer aufeinander folgenden Lagen. Gäbe es aber keine erschaffenen Dinge, so würden Raum und Zeit nur in Gottes Gedanken existieren.« Und: (S. 86) »Da der Raum an sich ebenso wie die Zeit nur ein Gedankending ist [...].« Und: (S. 102) »Ich sage nicht, dass die Materie und der Raum ein und dasselbe seien. Ich sage nur, dass es dort keinen Raum gibt, wo es keine Materie gibt, und dass der Raum an sich keine absolute Realität ist.« Und: (S. 117) »Gäbe es keine erschaffenen Dinge, so gäbe es weder Zeit noch Ort und folglich auch nicht den tatsächlichen derzeitigen Raum.« Unleugbar, dass sich Leibniz hiermit, in seinem fünften und letzten Brief an Clarke, der Position Newtons annähert. Auf Clarkes Antwort hierauf konnte Leibniz nicht mehr antworten, denn, wie

Clarke in einer Fußnote vermerkt (S. 163) »Der Tod hat Mr. Leibniz daran gehindert, auf dieses letzte Schreiben zu antworten.«

Physik und Metaphysik

Zu den Prinzipien, aus denen Leibniz seine Vorstellung vom Raum ableitet, gehört, dass die wirkliche Welt die beste aller möglichen Welten sei. Als Christ glaubt er auch an die Erschaffung der Welt aus dem Nichts (Abb. 2.5), sodass er Etwas höher achtet als Nichts. Da sich nun aber ([61], S. 61) »die Vollkommenheit der Materie [...] zu der des Leeren [verhält] wie ein Etwas zum Nichts«, kann er folgern, dass es keinen vollkommen leeren Raum geben kann: ([61], S. 60) »Ich behaupte, dass jede Vollkommenheit, die Gott den Dingen verleihen konnte, ohne ihre anderen Vollkommenheiten zu beeinträchtigen, den Dingen auch tatsächlich verliehen worden ist. Stellen wir uns nun einmal einen völlig leeren Raum vor. Dann hätte Gott irgendwelche Materie in ihn hineinsetzen können, ohne alle anderen Dinge in irgendeiner Hinsicht zu beeinträchtigen. Also hat er sie hineingesetzt, also gibt es keinen vollkommen leeren Raum, also ist alles voll.« Die Ergebnisse von Naturforschern wie Torricelli und Guericke hat er zwar zur Kenntnis genommen, sie aber im Sinn der Plenisten seiner Zeit gedeutet. Hier ein Auszug aus einem ärgerlichen Brief, den er am 2. Juni 1716 an die Prinzessin von Wales, wohl oder übel Schiedsrichterin im Streit mit Clarke/Newton, gerichtet hat ([61], S. 248): »Ich fürchte, wir [im Wesentlichen Leibniz und Newton/Clarke] werden über das Leere genauso vergeblich streiten wie über die anderen Dinge. Ich habe nicht genug Zeit, um sie zum Vergnügen zu vergeuden. Es gibt wichtigere Dinge zu tun. Ich glaube nicht, dass es einen Raum ohne Materie gibt. Die Experimente, von denen man sagt, sie erzeugen einen leeren Raum, schließen nur grobe Materie aus, die man aus dem Glasgefäß bei Torricelli durch das Gewicht des Quecksilbers oder bei Guericke durch die Pumpe herausgeholt hat.«

Leibniz leitet ontologische Vorstellungen aus der Metaphysik ab; zu experimentell überprüfbaren Aussagen dringt er nicht vor. Ganz anders Newton. Er beginnt mit physikalischen Tatsachen und denkt, dass er aus ihnen durch induktive Schlüsse Gesetze der Natur ableiten kann. Wir, die wir bei Karl Raimond Popper (1902–1994) in die Lehre gegangen sind, wissen, dass das unmöglich ist. Wir wissen aber

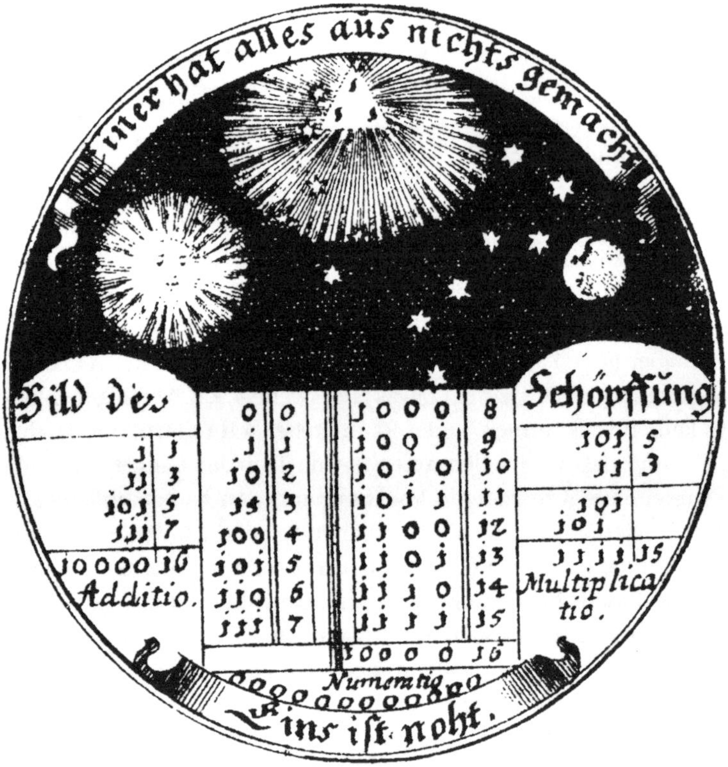

Abbildung 2.5: Titelvignette eines Buches von Leibniz, die das von ihm zuerst beschriebene und verwendete duale Zahlensystem, das nur die Ziffern 0 und 1 kennt, in Beziehung zur Erschaffung der Welt durch Gott aus dem Nichts setzt.

auch, dass ontologische Illustrationen von Naturgesetzen – als solche bezeichne ich, wenn es auf den Unterschied ankommt, unterstellte Gesetze der Natur, an deren Existenz und Gültigkeit wir glauben – für diese selbst keine Bedeutung besitzen: Naturgesetze behaupten logische statt ontologischer Zusammenhänge; sie müssen erstens logisches Verständnis ermöglichen, und zweitens dadurch überprüfbar sein, dass sie experimentell widerlegbare Aussagen implizieren. Hierauf werden wir zurückkommen.

Wenn wir die Denkweise von Leibniz mit der von Newton vergleichen, treffen wir auf einen Unterschied, der für den von Philosophie und Physik mit Einschränkungen typisch ist: Leibniz beginnt als Philosoph mit der Metaphysik und versucht, von ihr zur Physik zu kommen – was ihm in dem hier interessierenden Fall des Raumes und der Bewegung nicht gelingt. Seine metaphysikalischen Ausgangspunkte und mit ihnen auch seine Folgerungen hält er für sicher wahr; was sie nicht sind. Mehr noch, sie sind falsch. Newton als Physiker beginnt mit Beobachtungen und denkt, von ihnen könne er durch sicher richtige induktive Schlüsse erst zu Gesetzen der Physik, dann zur Metaphysik kommen. Das jedenfalls ist sein Ziel; wir wissen, dass es unmöglich ist. Aber, wie Zitate weiter unten zeigen werden, er kennt auch den umgekehrten Weg: von Hypothesen zu experimentell überprüfbaren Folgerungen. Wir wissen heite, dass logisch einwandfrei nur dies möglich ist, und dass Überprüfungen den als metaphysikalisch einzustufenden Hypothesen keine Sicherheit verleihen können; wir müssen mit Widerlegbarkeit zufrieden sein. Den Physiker leiten, oft als unordentliche Privatsache, Beobachtungen hin zur Metaphysik; seine kommunizierbare Arbeit, die eigentliche Physik, besteht dann darin, den Weg rückwärts zu gehen und logisch einwandfrei experimentell widerlegbare Folgerungen aus seinen metaphysikalischen Annahmen, formuliert als Gleichungen, zu ziehen.

Hier kann dies gar zu weite Feld nicht so intensiv beackert werden, wie es ihm zukommt, und ich verweise die interessierte Leserin auf meine Bücher ([28]) »Gedankenexperimente« und ([30]) »Wie die Naturgesetze Wirklichkeit schaffen – Über Physik und Realität«. Im Mittelpunkt von Newtons eigener Wissenschaftstheorie steht sein berühmtes »hypotheses non fingo«, zu deutsch ([48], S. 516): »Hypothesen erdichte ich nicht«. Um dies zu erläutern, lassen wir ihn selbst zu Wort kommen in seiner üblicherweise als »Recensio« zitierten anonymen Besprechung eines Buches aus dem Jahre 1715 ([61], S. 198): »Die Philosophie, die Mr. Newton in seinen ›Prinzipien‹ und in seiner ›Optik‹ betreibt, ist die experimentelle Philosophie und diese hat die Aufgabe, über die Ursachen der Dinge nur insoweit Aussagen zu machen, wie sich diese Ursachen mit Hilfe von Experimenten beweisen lassen. Wir sollten diese Philosophie nicht mit Meinungen belasten, die sich nicht durch die Naturerscheinungen beweisen lassen. In dieser Philosophie haben Hypothesen keinen Platz, es sei denn als Vermutung bzw. Quästionen, die man vorträgt, damit sie mit Hilfe von Experimenten überprüft werden. Aus diesem Grunde unterschied Mr. Newton in seiner ›Optik‹ zwischen den Dingen, die sich durch die Experimente als gesichert herausgestellt haben, und den Dingen, die ungesichert geblieben sind und die er darum am Ende seiner ›Optik‹ in Form von Quästionen vortrug.«

Wohl aufgrund der Erfolge seiner Physik steht Newton der Frage, was es letztlich mit dem Raum auf sich habe, gelassener gegenüber als Leibniz, für den die Einsicht in dessen Natur nicht ein Mittel zum Zweck, sondern selbst ein Zweck ist. Hören wir Clarke in seiner Erwiderung auf das Schreiben Nr. IV von Leibniz: ([61], S. 65) »Unter einem leeren Raum verstehen wir durchaus keinen Raum, der von allem frei ist, sondern nur einen Raum, der von Körpern frei ist. In jedem leeren Raum ist selbstverständlich Gott gegenwärtig und möglicherweise sind auch noch viele andere Substanzen vorhanden, die keine Materie sind, da sie weder fühlbar noch Ziel eines unserer Sinne sind.« Auch dass es einen Äther geben könne, hat Newton also nicht ausgeschlossen.

Dem Vorwurf, den auch Leibniz erhebt, dass Newton mit seiner über den Abstand r zwischen Erde (Masse m) und Sonne (Masse M) durch den Raum wirkenden Kraft der Stärke $F = G \cdot m \cdot M/r^2$, worin G die Gravitationskonstante ist, eine unverständliche Fernkraft eingeführt habe, begegnet Clarke mit dem Hinweis, dass in der Tat eine solche Kraft der Erklärung bedürfe, diese Bedürftigkeit aber nicht besage, dass es die Kraft nicht gebe; Newton ersinne hier keine Hypothese, sondern stelle eine Tatsache fest ([61], S. 161–162): »Dass die Sonne durch den leeren Zwischenraum hindurch die Erde anzieht [...] und dass ferner der Raum zwischen ihnen leer ist, das heißt, in ihm ist nichts vorhanden, was der Bewegung der sich quer hindurchbewegenden Körper einen wahrnehmbaren Widerstand leistet, alles dies ist nur eine Naturerscheinung bzw. eine aus der Erfahrung gewonnene unbestreitbare Tatsache. Dass diese Naturerscheinung nicht [...] ohne eine Ursache, die eine solche Wirkung zu erzeugen vermag [entsteht], ist zweifellos richtig. Darum können die Philosophen nach dieser Ursache suchen und sie ausfindig machen, falls sie dazu in der Lage sind [...]. Wenn sie aber diese Ursache nicht finden können, ist dann die Wirkung selbst, die Naturerscheinung bzw. die aus der Erfahrung gewonnene unbestreitbare Tatsache [...] weniger wahr? [...] Wenn sich ein Körper auf einem Kreis bewegt, ohne auf der Tangente davonzufliegen, gibt es bestimmt etwas, das ihn daran hindert. Nur, wenn es in manchen Fällen nicht mechanisch erklärbar sein sollte oder noch nicht entdeckt sein sollte, was dieses Etwas ist, folgt daraus dann auch schon, dass die Naturerscheinung selbst falsch ist? Das hieße doch wirklich sehr ungewöhnlich zu argumentieren.«

Dass der Raum zwischen Erde und Sonne leer sei, ist für Newton schlicht die einfachste Hypothese im Einklang mit seiner Mechanik. Aber er findet sich hineingestellt in den von den antiken Philosophen überkommenen ontologischen Streit um die Natur des Raumes und muss sich äußern; was er unwillig und streitbar tut. Albert Einstein in einem sehr lesenswerten Vorwort fasst die beiden Positionen, als deren Protagonisten hier Newton und Leibniz herausgestellt wurden, so zusammen ([37], S. XII): »Man kann diese beiden begrifflichen Raum-Auffassungen einander gegenüberstellen als a) Lagerungsqualität der Körperwelt und b) Raum als Behälter aller körperlichen Objekte. Im Fall a) ist Raum ohne körperliches Objekt undenkbar. Im Fall b) kann ein körperliches Objekt nicht anders als im Raum gedacht werden; der Raum erscheint dann als eine gewissermaßen der Körperwelt übergeordnete Realität.«

Absolute und relative Bewegung

Newton ist davon überzeugt, dass der Zustand der Ruhe gegenüber dem absoluten Raum verglichen mit dem einer jeden, auch einer geradlinig-gleichförmigen Bewegung ihm gegenüber ausgezeichnet sei. Er will sozusagen den unsichtbaren Raum sichtbar machen, um dann in guter scholastischer Tradition alle Bewegungen als Relativbewegungen interpretieren zu können. Doch seine Mechanik impliziert, dass zwar Änderungen der Geschwindigkeit beobachtbare Auswirkungen wie Zentrifugalkräfte haben, Geschwindigkeiten selbst, wenn nur konstant, aber nicht, sodass von *allen* konstanten Geschwindigkeiten mit demselben Recht behauptet werden kann, sie seien Geschwindigkeiten gegenüber dem absolut ruhenden Raum. Dass Geschwindigkeiten konstant sind, ist laut Newtons Mechanik dazu äquivalent, dass bei ihnen *keine* Kräfte auftreten, und eben dadurch ist ihre Konstanz beobachtbar. Also kann Newtons Raum nur durch Ernennung eine Geschwindigkeit zugesprochen werden mit der Konsequenz, dass er dem objektiven Weltbild nicht angehören kann. Denn dieses, so der Mathematiker Hermann Weyl (1885–1955) ([77], S. 152) »darf keine Verschiedenheiten zulassen, die nicht in Verschiedenheiten der Wahrnehmung sich kundgeben können.« Zwar nicht auf den Raum, wohl aber auf die Äquivalenzklasse aller Räume mit verschiedenen konstanten Geschwindigkeiten kann also das schmückende Beiwort Realität angewendet werden. Das aber ist nicht die Auffassung Newtons. Er ist davon überzeugt, dass die Ruhe im absoluten Raum vor allen anderen Geschwindigkeiten ihm gegenüber ausgezeichnet ist, und ersinnt Experimente, die den Unterschied erkennbar machen sollen. Hören wir Clarke in seinem Brief Nr. IV an Leibniz ([61], S. 66): »Auch sind die Bewegung und die Ruhe des Universums nicht ein und derselbe Zustand, ebenso wenig wie die Bewegung und die Ruhe eines Schiffes ein und derselbe Zustand sind. Denn ein in der Kabine eingeschlossener Mensch kann solange nicht feststellen, ob sich das Schiff bewegt oder nicht, wie es sich gleichförmig bewegt. Die Bewegung des Schiffes ist, obwohl der Mann sie nicht bemerkt, ein anderer realer Zustand [als die Ruhe], besitzt andere reale Wirkungen [als die Ruhe] und hätte beim plötzlichen Anhalten wieder andere reale Wirkungen, ebenso wäre es bei einer nicht wahrnehmbaren Bewegung des Universums.« Das Rätsel ist, wie Beschleunigungen als Änderungen von Geschwindigkeiten, denen kein objektiver Sinn zukommt, einen objektiven Sinn besitzen können.

Kinetische Gastheorie

Erlaubte Newtons Mechanik die Allgegenwart eines Äthers, wenn er nur so fein war, dass er den Bewegungen der *schweren* Himmelskörper keinen Widerstand entgegensetzte, ließen die Vorstellungen der Kinetischen Gastheorie von Ludwig Boltzmann (1844–1906) in Österreich und James Clerk Maxwell in Schottland nur einen Äther zu, der so fein war, dass er die Bewegungen der *leichten* Atome und Moleküle eines Gases nicht behinderte. Gase, so die Vorstellung der Kinetischen Gastheorie, waren aus kleinen elastischen Körperchen, eben den Molekülen und Atomen, zusammengesetzt, die sich von großen Körpern nur dadurch unterschieden, dass sie klein waren: Für sie sollten dieselben Gesetze von Ausdehnung, Berührung und Stoß gelten wie für ihre großen Vorbilder und zugleich Abkömmlinge. Die Körperchen, so die Vorstellung weiterhin, bewegten sich zwischen Zusammenstößen miteinander oder mit der Wand ihres

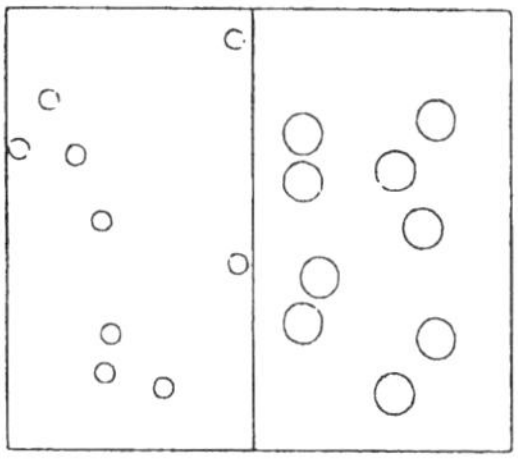

a

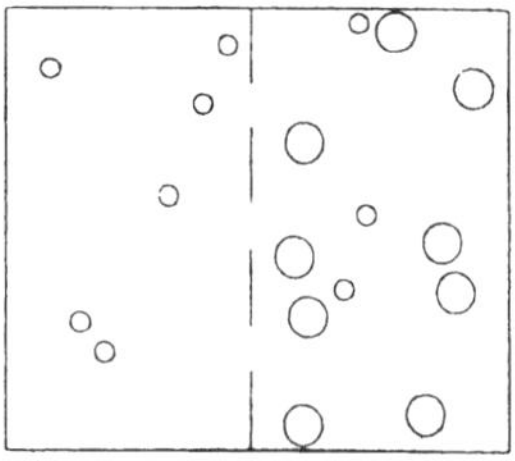

b

Abbildung 2.6: Nach Auskunft der Kinetischen Gastheorie besteht ein Ideales Gas aus Körperchen – hier Kreisen –, die elastisch aneinander und an den Wänden ihres Behälters stoßen, und sich zwischen den Stößen mit konstanter Geschwindigkeit geradeaus bewegen. Die Abbildung zeigt zwei Szenenfotos aus einem computererzeugten Film zur Veranschaulichung der Ursache des Osmotischen Drucks [26]. Die beiden Gase aus großen und kleinen Kreisen sind anfangs a) durch eine Wand voneinander getrennt; Druck und Temperatur sind auf beiden Seiten dieselben. Wird nun die Wand durch die »semipermeable Membran« b) ersetzt, durch deren Löcher nur die kleinen Kreise hindurchtreten können, bildet sich ein Druckunterschied aus.

Behälters ohne Widerstand, also mit konstanter Geschwindigkeit geradeaus.

Diese Vorstellung hat erstaunlich weit geführt. Sie kann den Osmotischen Druck (Abb. 2.6) genauso erklären wie die Tatsache, dass die Temperatur eines Gases beim Zusammendrücken ansteigt. Indem sie die Temperatur mit der mittleren kinetischen Energie der Moleküle über einen positiven Faktor gleichsetzt, kann sie den in weiten Grenzen gültigen Zusammenhang des idealen Gasgesetzes

$$PV = RT \tag{2.1}$$

von Temperatur T, Druck P und Volumen V eines Mols eines Gases, wobei R eine universelle Konstante ist, verständlich machen. Ein Misserfolg aber hat Maxwell Pein bereitet: Dass seine Berechnungen der Spezifischen Wärme von Gasen – wie viel Energie es braucht, das Gas um eine kleine Temperaturdifferenz zu erwärmen – nicht immer mit deren experimentellen Bestimmungen übereinstimmten. Heute kennen wir die Details. Nicht Maxwells Vorstellung vom Aufbau der Gase ist für den Misserfolg verantwortlich, sondern die Theorie, durch die er aus ihr Folgerungen zog – die Mechanik Newtons, die zu bezweifeln zu seiner Zeit unmöglich gewesen wäre, angewendet auf die elementaren Prozesse der Rotationen und Vibrationen von Molekülen. Anders als Newtons Theorie sagt die Quantenmechanik, dass die Gestalt und der Aufbau der Moleküle eines Gases mit abnehmender Temperatur ihren Einfluss auf dessen Spezifische Wärme verlieren. Hiervon mehr weiter unten. Die Maxwell vorliegenden, zum Teil falschen experimentellen Ergebnisse für Gase, deren Moleküle, wie er wusste, *nicht* kugelförmig sein können, widersprachen seinen Berechnungen für derartige Moleküle, stimmten aber mit denen für kugelförmige überein. Ein Dilemma, wie gesagt, das aufzulösen Maxwell keine Chance hatte.

Lichtäther?

Insofern dem Äther nur die philosophische Aufgabe zugeschrieben wurde, die mit leerem Raum verbundenen Denkschwierigkeiten zu erleichtern, mochte er so fein sein wie immer es die ungehinderten Bewegungen von Körpern erforderten, wenn es ihn nur gab. Finale physikalische Schwierigkeiten erwuchsen der Vorstellung vom Äther durch die Erfolge der anderen großen Theorie Maxwells, seiner Elektrodynamik. Maxwell war mit den meisten seiner Zeitgenossen der auf den französischen Philosophen René Descartes (1596–1650) zurückzuführenden Ansicht, dass es möglich sein müsse, alle Naturerscheinungen durch Ausdehnung, Berührung und Stoß materieller Körper zu erklären, die sich von den beobachtbaren großen nur dadurch unterschieden, dass sie eben klein waren. Die Anwendung aber dieser Doktrin auf die Erscheinungen des Lichtes, der Elektrizität und des Magnetismus stieß auf wachsende Schwierigkeiten. Deren Anfangsgründe finden wir bereits bei dem Schweizer

Mathematiker Leonhard Euler (1707–1783), der fest an die Existenz und Allgegenwart eines für die Ausbreitung aller elektrischen und magnetischen Wirkungen sowie des Lichtes verantwortlichen Äthers glaubte ([24], S. 24): »Wir wollen uns vorstellen« schreibt er in einem seiner populärwissenschaftlichen Briefe an die deutsche Prinzessin Markgräfin Friederike Charlotte Ludovika Luise, »die Dichtigkeit der Luft würde so sehr verringert, und ihre Elasticität so sehr vermehrt, dass sie der Dichtigkeit und der Elasticität des Äthers gleich wäre: so würden wir uns alsdann nicht mehr wundern, dass die Geschwindigkeit des Schalls mehrere tausendmal größer würde, als sie jetzt ist« – also der Geschwindigkeit des Lichtes gleichkäme, für dessen Ausbreitung er den Äther so verantwortlich machen will, wie die Luft für die Ausbreitung des Schalles verantwortlich ist. Die Existenz und Allgegenwart einer solchen Substanz hielt er offenbar für möglich, wenn auch für *erstaunlich.* »Wenn man demnach fragt, warum das Licht sich mit einer so ungeheuren Geschwindigkeit bewegt, so antworten wir, dass die Ursache in der äußersten Feinheit des Äthers, zusammen genommen mit seiner erstaunlichen Elasticität liege.«

Die Elektrizität und Magnetismus vereinigende Maxwellsche Theorie sollte ab etwa 1873 die Schwierigkeiten der Äthertheorie bis zur Schmerzgrenze verstärken. Die Gleichungen der Theorie besitzen Lösungen, die sich mit der Geschwindigkeit des Lichtes ausbreitende elektromagnetische Wellen beschreiben, und bald wurde unabweisbar, dass das Licht ein Spezialfall dieser Wellen ist. Elektromagnetische Wellen mit anderen Wellenlängen als denen des Lichtes musste es nach Auskunft der Theorie ebenfalls geben. Diese Vorhersage hat der deutsche Physiker Heinrich Hertz (1857–1894) im Jahre 1887 in Karlsruhe durch Erzeugung und Nachweis der heute als Radiowellen bezeichneten elektromagnetischen Wellen triumphal bestätigt.

Transversale elektromagnetische Wellen

Die Maxwellschen Gleichungen verknüpfen elektrische und magnetische Felder $\vec{E}(\vec{r},t)$ und $\vec{B}(\vec{r},t)$ als Funktionen des Ortes $\vec{r}$ und der Zeit t miteinander und mit elektrischen Ladungs- und Stromdichten im ansonsten leeren Raum, mit dessen Existenz sie sich als

Gleichungen der nicht-quantenmechanischen Physik im Einklang befinden. In Gebieten ohne Ladungen und Ströme lauten sie mit c der Lichtgeschwindigkeit:

$$\operatorname{div} \vec{E}(\vec{r}, t) = 0, \tag{2.2}$$

$$\operatorname{div} \vec{B}(\vec{r}, t) = 0, \tag{2.3}$$

$$c \operatorname{rot} \vec{E}(\vec{r}, t) + \frac{\partial}{\partial t} \vec{B}(\vec{r}, t) = 0, \tag{2.4}$$

$$c \operatorname{rot} \vec{B}(\vec{r}, t) - \frac{\partial}{\partial t} \vec{E}(\vec{r}, t) = 0, \tag{2.5}$$

und beschreiben autonome gekoppelte Schwingungen beider Felder. Um sie zu lösen, leiten wir aus ihnen zunächst zwei entkoppelte partielle Differenzialgleichungen zweiter Ordnung ab. Erstens die Gleichung für $\vec{B}(\vec{r}, t)$. Um sie zu erhalten, differenzieren wir Gl. (2.4) nach t mit

$$c \operatorname{rot} \frac{\partial}{\partial t} \vec{E}(\vec{r}, t) + \frac{\partial^2}{\partial t^2} \vec{B}(\vec{r}, t) = 0$$

als Resultat, worin die Differenzation nach der Zeit mit der nach dem Ort vertauscht wurde. Die Gl. (2.5) ergibt nun:

$$c^2 \operatorname{rot} \operatorname{rot} \vec{B}(\vec{r}, t) + \frac{\partial^2}{\partial t^2} \vec{B}(\vec{r}, t) = 0,$$

und mit Hilfe der Identität rot rot = grad div $- \triangle$ folgt:

$$c^2 (\operatorname{grad} \operatorname{div} - \triangle) \vec{B}(\vec{r}, t) + \frac{\partial^2}{\partial t^2} \vec{B}(\vec{r}, t) = 0,$$

und daraus wg. Gl. (2.3):

$$c^2 \triangle \vec{B}(\vec{r}, t) - \frac{\partial^2}{\partial t^2} \vec{B}(\vec{r}, t) = 0. \tag{2.6}$$

Das ist die angestrebte Gleichung für $\vec{B}(\vec{r}, t)$. Sie besitzt in die Richtung $\vec{k}$ fortschreitende ebene Wellen als Lösungen, die als

$$\vec{B}(\vec{r}, t) = \vec{B}_0 e^{i(\vec{k}\vec{r} - c^2 |\vec{k}| t)} \tag{2.7}$$

geschrieben werden können, worin $\vec{B}_0$ ein konstanter Vektor ist, der wg. Gl. (2.3) auf der Ausbreitungsrichtung $\vec{k}$ der Welle senkrecht steht.

Rechnen wir beides nach. Einsetzen des Lösungsansatzes der Gl. (2.7) in Gl. (2.6) liefert die offensichtlich erfüllte Relation

$$c^2 (i\vec{k})^2 \vec{B}(\vec{r}, t) - (ic|\vec{k}|)^2 \vec{B}(\vec{r}, t) = 0.$$

Dass die Welle transversal ist, das $\vec{B}$-Feld also auf der Ausbreitungsrichtung der Welle senkrecht steht, zeigt abermalige Verwendung der Gl. (2.3):

$$\operatorname{div} \vec{B}(\vec{r}, t) = i\vec{k}\vec{B}(\vec{r}, t) = 0.$$

Dasselbe wie für $\vec{B}$ folgt in vollkommener Analogie für $\vec{E}$ mit demselben $\vec{k}$ und einem konstanten Vektor $\vec{E}_0$, der, wie Gl. (2.4) oder Gl. (2.5) zeigt, auf $\vec{B}_0$ senkrecht steht, sodass $\vec{k}\vec{B}(\vec{r},t) = 0$, $\vec{k}\vec{E}(\vec{r},t) = 0$ und $\vec{E}(\vec{r},t)\vec{B}(\vec{r},t) = 0$ für alle Ausbreitungsrichtungen sowie alle Orte $\vec{r}$ und Zeiten t. Physikalische, selbstverständlich reelle Lösungen ergeben sich aus den komplexen als Real- und Imaginärteile gemäß der Euler-Formel $e^{i\alpha} = \cos\alpha + i\sin\alpha$ für reelle α: Die Maxwellschen Gleichungen sind linear und reell, sodass mit jeder komplexen Lösung auch deren Real- und Imaginärteile Lösungen sind.

Also *war* das Licht eine Welle und bedurfte nach der mechanistischen Auffassung der Zeit einer Trägersubstanz – eben des Äthers. Als »unbegreiflich« bezeichnet Hertz in seinen, wie wir heute sagen würden, Vorlesungen für Hörer aller Fakultäten des Jahres 1884 [35] die bereits Euler bekannte Dichte und zugleich Elastizität des Äthers: Der Äther müsse zweihunderttausendmal dünner als Wasser sein, und dabei doch einem Zusammendrücken den zweihunderttausendfachen Widerstand entgegensetzen. Nicht nur »unbegreiflich«, sondern sogar »widerspruchsvoll« ist für Hertz eine zweite Eigenschaft der Lichtwellen, die zur Zeit Eulers noch unbekannt war: ihre Transversalität.

Die Physik kennt longitudinale und transversale Wellen. Bei longitudinalen Wellen erfolgt die Schwingung parallel zur Ausbreitungsrichtung, bei transversalen senkrecht zu ihr. Dichtewellen wie die Schallwellen sind longitudinale Wellen; bei ihnen wechseln Verdichtung und Verdünnung in Ausbreitungsrichtung einander ab. Damit es sie gebe, reicht es aus, dass das Medium, in dem sie sich ausbreiten, auf Verdichtungen mit Gegendruck reagiert; die Teile des Mediums aber können gegeneinander frei beweglich sein, wie es bei Gasen tatsächlich ist. Schwingungen von Membranen und Seiten sowie Oberflächenwellen von Wasser sind transversale Wellen. Sie kann es nur geben, wenn das Medium Verbiegungen oder Scherungen Widerstand entgegensetzt. Bei den Oberflächenwellen ist die Schwerkraft die rücktreibende Kraft, bei den Saiten und Membranen beruht sie auf deren Festigkeit: Ohne Festigkeit des Mediums oder äußere Kräfte können keine Transversalwellen auftreten.

Dass Lichtwellen transversale Schwingungen sind, hat der französische Physiker Étienne Louis Malus (1775–1811) im Jahre 1808 nachgewiesen. Wie es sein muss, ist die Transversalität eine Konsequenz der Maxwellschen Theorie, und damit ist es auch die Festigkeit ihrer unterstellten Trägersubstanz, des Äthers. »Transversalwellen« so Hertz in seiner Vorlesung auf S. 55 »sind nur in festen elastischen Körpern möglich. Nur in [ihnen] entsteht eine Reaction gegen eine gleitende Versetzung der Teilchen gegeneinander, wie sie in Transversalwellen hervorgerufen werden. [...] Also, der Äther verhält sich wie ein fester Körper und doch eilen die Planeten durch ihn hindurch [...] ohne auch nur einen Widerstand zu erfahren? Und die zarten Kometen desgleichen! Das ist nicht bloß unbegreiflich, [...] es ist widerspruchsvoll.« Mangels einer Trägersubstanz »Äther« der Lichtwellen, die er zunächst für unabdingbar gehalten hatte, weiß Heinrich Hertz auf die Frage, was die Maxwellsche Theorie sei ([34], S. 23; zitiert nach [18], S. 101), »keine kürzere und bestimmtere Antwort als diese: die Maxwellsche Theorie ist das System der Maxwellschen Gleichungen.«

Äther – eine Substanz ohne Geschwindigkeit?

Dass durch kein Experiment, dessen Ablauf der Mechanik Newtons genügt, irgendeine Bewegung mit nach Betrag und Richtung konstanter Geschwindigkeit von irgendeiner anderer derartiger, die hypothetische »Ruhe« eingeschlossen, unterschieden werden kann, gehörte gegen Ende des 19. Jahrhunderts zu dem festen Bestand der Physik. Gab es aber einen Äther, in dem sich die Lichtwellen ausbreiten, musste deren in den Gleichungen Maxwells verankerte Geschwindigkeit c offenbar die Geschwindigkeit sein, mit der sie das dem Äther gegenüber tun – ganz wie sich Schallwellen mit der ihnen eigenen Geschwindigkeit in und relativ zu der Luft bewegen. Folglich musste ein Beobachter durch Messung der Lichtgeschwindigkeit feststellen können, wie schnell er sich gegenüber dem Äther bewegte. Fand er insbesondere c, musste er gegenüber dem Äther ruhen. Im Prinzip musste es für einen Beobachter aber auch möglich sein, sich mit einem Lichtstrahl durch den Äther so zu bewegen, dass dieser von ihm aus gesehen ruht. Früh im Leben hat sich Albert Einstein nach eigener Aussage vorzustellen versucht, wie sich ein relativ zu ihm ruhender Lichtstrahl darbieten würde, und ist zu keinem konsistenten Ergebnis gekommen. Dieser Misserfolg soll ihn noch bei der Entwicklung der Speziellen Relativitätstheorie geleitet haben. Jedenfalls hat die Spezielle Relativitätstheorie mit ihrer Konsequenz, dass die Lichtgeschwindigkeit sowohl von der Geschwindigkeit der Lichtquelle als auch von der des Beobachters unabhängig ist, mit der Vorstellung eines Äthers als Trägersubstanz des Lichtes, die einen bestimmten Zustand als den der Ruhe ihr gegenüber auszeichnet, Schluss gemacht. Vorausgegangen ist der Relativitätstheorie das experimentelle Ergebnis der amerikanischen Physiker Albert Abraham Michelson (1852–1931), Physiknobelpreis des Jahres 1923, und Edward Williams Morley (1838–1923), dass der Äther, wenn ihm überhaupt eine Geschwindigkeit zugeschrieben werden könne, sich mit der Erde bewegen müsse – ein absurdes Ergebnis.

Michelson und Morley haben in ihrem Experiment den Einfluss der Bewegung der Erde auf ihrer Bahn um die Sonne mit etwa dreißig Kilometer pro Sekunde Geschwindigkeit auf die Geschwindigkeit des Lichtes von etwa dreihunderttausend Kilometer pro Sekunde so genau bestimmen können, dass sich dieser Einfluss auf die von ihnen gemessenen Geschwindigkeiten des Lichtes in und entgegen der Bewegungsrichtung der Erde hätte bemerkbar machen müssen, wenn es ihn denn gab. Sie fanden aber, dass es keinen solchen Einfluss gibt: Die Geschwindigkeit des Lichtes erwies sich in alle Richtungen und zu allen Zeiten – auch zu allen Jahreszeiten, in denen die Erde sich um die Sonne in verschiedene Richtungen bewegt – als immer dieselbe, sodass sich ein Äther hätte mit der Erde um die Sonne herum bewegen müssen; absurd, wie bereits gesagt.

Es gingen zwei Parallelen ...

Kein Äther also als materielles Substrat, dem eine Geschwindigkeit zugeschrieben werden könnte. Dass der Raum, in dem wir leben, von den Anforderungen der Euklidischen Geometrie abweichen könne, hat noch der deutsche Philosoph Immanuel Kant (1724–1804) für unmöglich gehalten. Auf seine unser Erkenntnisvermögen einbeziehende Gründe für diese, wie er geschrieben hat, Erkenntnis a priori gehe ich nicht ein. Physikalisch würde das nicht lohnen; unser Raum *kann* gekrümmt sein; ob er das ist, ist eine nur durch den Vergleich von Theorien mit den Ergebnissen von Experimenten entscheidbare Frage. Ist ein Raum gekrümmt, ist in ihm das von dem altgriechischen Mathematiker Euklid (um 300 vor Christus) eingeführte Parallelenaxiom, dass es zu jeder Gerade und jedem Punkt außerhalb ihrer genau eine parallele Gerade gibt, ungültig. Für die Ebene bedeutet Euklids Axiom, dass genau eine Gerade durch den Punkt die vorgegebene Gerade nicht schneidet. Mit dem Ziel der Widerlegung dieser Möglichkeit hat zuerst der italienische Mathematiker Girolamo Saccheri (1667–1733) angenommen, dass es Geraden gibt, die *mehr als eine* parallele besitzen. Aus dieser Annahme ergab sich zwar eine Fülle von für das normale Denken merkwürdigen Ergebnissen – die Winkelsumme im Dreieck war *kleiner* als die aus der Schulmathematik bekannten 180 Grad und hing außerdem von der Größe des Dreiecks ab –, aber einen internen mathematischen Widerspruch konnte Saccheri aus seiner Annahme nicht ableiten.

Die Gültigkeit des Parallelenaxioms in der wirklichen Welt ist stärkeren Zweifeln ausgesetzt als die der anderen Axiome Euklids, weil es als einziges eine Annahme über die Verhältnisse in beliebig großen Entfernungen[3] macht. Wie weit auch immer man zwei Geraden verfolgt und gefunden hat, dass sie sich nicht schneiden, unmöglich ist nicht, dass sie das in abermals größerer Entfernung doch noch tun. Trotz dieser Zweifel an der Gültigkeit des Parallelenaxioms wurde bis hin zu den Mathematikern Carl Friedrich Gauß (1777–1855), Nikolai Ivanovich Lobachewski (1792–1856) und Janos Bolyai (1802–1860) die Geometrie Euklids als die einzig konsistente angesehen und getrachtet, sie aus einsichtigeren oder grundlegenderen Annahmen abzuleiten. Während Kant Kant dachte, ihre Gültigkeit a priori erwiesen zu haben, war das Bemühen von Mathematikern wie Saccheri darauf gerichtet gewesen, das Parallelenaxiom und mit ihm die gesamte Euklidische Geometrie aus einsichtigeren Axiomen abzuleiten – am besten aus den anderen Axiomen Euklids. Das Misslingen dieser Bemühungen hat schließlich bei Gauß, Lobachewski und Bolyai zu der Einsicht geführt, dass auch ein System geometrischer Axiome widerspruchsfrei sein kann, das statt des Parallelenaxioms ein diesem widersprechendes Axiom enthält –, dass es nämlich zu jeder Gerade und jedem Punkt außerhalb ihrer entweder *keine* oder *mehrere* parallele Geraden gibt. Aus diesen Ansätzen sind die »nicht-euklidischen« Geometrien der heutigen Mathematik und Physik entstanden, für die wir einige Realisationen anführen werden.

Euklid als Physiker

Wenn Geometrien widerspruchsfrei denkbar sind, die von der euklidischen abweichen, muss gefragt werden, wie die Geometrie unserer Welt beschaffen ist. Carl Friedrich Gauß hat diese Frage wohl als Erster gestellt, und experimentell zu beantworten versucht – so wird zumindest gesagt. Um möglichen Abweichungen der wirklichen Geometrie von der euklidischen auf die Spur zu kommen, hat Gauß angenommen, dass Lichtstrahlen als Darsteller von Geraden dienen können. Weicht nun die Geometrie des Raumes, in dem wir leben, von der euklidischen ab, so kann sich das dadurch kundtun, dass die Winkelsumme im Dreieck nicht mit den 180 Grad aller Dreiecke Euklids übereinstimmt. Die Sage geht, dass Gauß die Gipfel dreier Berge des Harzes – Harzberger Brocken, Hoher Hagen und Inselberg – als Ecken eines Dreiecks zur Erprobung der Möglichkeit einer von der euklidischen abweichenden Geometrie ausgewählt habe. Er habe nämlich, so die Sage, experimentell die drei Winkel ermitteln lassen, welche die Blickrichtungen von jeweils einem Gipfel zu den beiden anderen einschließen. Weil deren Summe innerhalb der Messgenauigkeit 180 Grad betrug, konnte Gauß der Erwartung nicht widersprechen, dass unser Raum euklidisch sei und dass Lichtstrahlen als Darsteller von Geraden dienen können.

Ob Gauß dieses Experiment tatsächlich durchgeführt hat oder ob es ein Gedankenexperiment geblieben ist, weiß ich nicht zu sagen. Hat er es durchgeführt, dann mit dem beschriebenen Resultat. Wir wissen heute nämlich, dass der Raum, in dem wir leben, in Erdnähe zwar gekrümmt ist, aber *so* gekrümmt, dass Gauß mit seinen Instrumenten bei einem *so* kleinen Dreieck eine Krümmung hätte feststellen können, ist er nicht.

Die Mathematik nicht-Euklidischer Räume so weit ausgebaut, dass Albert Einstein sie in seiner Allgemeinen Relativitätstheorie verwenden konnte, hat dann der deutsche Mathematiker Bernhard Riemann (1826–1866). Wie Gauß, hat Riemann die Frage gestellt, wie wohl der Raum beschaffen sei, in dem wir leben. In seiner Schrift [56] von 1867 »Über die Hypothesen, welche der Geometrie zugrunde liegen« geht er auf den Raum im Großen, der bei Einstein eine Hauptrolle spielen wird, nur kurz ein; sein Interesse gilt der Geometrie im Kleinen. Dass die Welt im Großen euklidisch sei, folgert er aus »den astronomischen Messungen«. Sie zeigen nämlich, »dass [das Krümmungsmass] nicht von null verschieden sein kann; jedenfalls müsste sein reciprocer Werth eine Fläche sein, gegen welche das unseren Teleskopen zugängliche Gebiet verschwinden müsste.« Und er fährt fort: »Nun scheinen aber die empirischen Begriffe, in welchen die räumlichen Massbestimmungen gegründet sind, der Begriff des festen Körpers und des Lichtstrahls, im Unendlichkleinen ihre Gültigkeit zu verlieren; es ist also sehr wohl denkbar, dass die Massverhältnisse des Raumes im Unendlichkleinen der Voraussetzungen der Geometrie nicht gemäss sind, und dies würde man in der That annehmen müssen, sobald sich dadurch die Erscheinungen auf einfachere Weise erklären lassen. [...] Die Frage über die Gültigkeit der Voraussetzungen der Geometrie im Unendlichkleinen hängt zusammen mit der Frage nach den inneren Grunde der Massverhältnisse des Raumes. [...] Es muss also entweder das dem Raum zugrunde liegende Wirkliche eine discrete Mannigfaltigkeit bilden, oder der Grund der Massverhältnisse ausserhalb, in darauf wirkenden bindenden Kräften, gesucht werden. [...] Es führt dies hinüber in das Gebiet einer andern Wissenschaft, in das Gebiet der Physik [...].« Erstaunliche Sätze, die Diskussionen über die Natur des Raumes der letzten Jahrzehnte vorwegnehmen.

Hohlräume

Wenn wir Leukipps und Demokrits Atome als Ansammlungen von Massen im ansonsten Leeren Raum interpretieren, hat ihre Auffassung vom Aufbau der Materie noch heute Bestand. Denn die – sozusagen – Materie der Materie füllt nur einen winzigen Bruchteil des Raumes aus, den sie einzunehmen scheint.

Raumerfüllung bei Gasen

Beginnen wir mit einem Gas. Uns kommt es nur auf Größenordnungen an, und deshalb genügt es, einen leicht hypothetischen Fall zu diskutieren, der es uns ermöglicht, mit Zahlenwerten der Schulphysik auszukommen: Der Bohrsche Radius eines Wasserstoffatoms – dessen Radius im Grundzustand – beträgt $0{,}6 \cdot 10^{-10}$ Meter und $6 \cdot 10^{23}$ Moleküle eines Gases nehmen etwa $22 \cdot 10^{-3}$

Kubikmeter ein, sodass jedem Wasserstoffatom eines zweiatomigen Wasserstoffgases ungefähr das 20fache seines eigenen Volumens in dem Gas als »leerer« Raum zur Verfügung steht. Den ganzen Raum scheint das Gas nur deshalb einzunehmen, weil seine Atome ungeordnet hin- und herflitzen und dadurch Druck auf die Wände des Behälters ausüben. Ergänzt um quantitative Details, bilden Gase also eine Realisation der Vorstellungen der antiken Atomisten.

Das Innere der Atome

Doch auch die Atome erfüllen den Raum, den sie einzunehmen scheinen, nur zu einem winzigen Bruchteil. Die Atome einer kompakten Probe grenzen zwar mit ihren Atomhüllen aneinander. Die Teilchen der Hüllen aber sind Elektronen, und diese sind so klein, dass bisher nicht gesagt werden kann, ob sie überhaupt eine Ausdehnung besitzen: Sie sind höchstens 10^{-18} Meter groß, können also Punktteilchen sein. Die Kerne der Atome, in denen nahezu ihre ganze Masse versammelt ist, sind um etwa den Faktor 10^5 kleiner als die Atomhüllen – auf die Raumerfüllung umgerechnet ergibt dies den noch imposanteren Faktor 10^{15}, um den die Atomkerne kleiner sind als die Atome insgesamt. Sind nun wenigstens die Kerne so massiv erfüllt, wie es scheint? Nein. Die Protonen und Neutronen der Kerne – ihre Abmessungen stimmen ungenau genommen mit denen der Kerne überein – mögen noch so eng gepackt sein, wichtig ist am Ende nur, dass auch ihre massiven Bestandteile, die Quarks, Teilchen sind, für deren Abmessungen wir, wie für die der Elektronen, nur Obergrenzen kennen, die verglichen mit dem Radius des Kerns winzig sind: Wie die Elektronen sind auch die Quarks höchstens 10^{-18} Meter groß und können Punktteilchen sein. Wahrlich, die in der Materie versteckten Elektronen und Quarks, Träger auch aller elektrischen Ladungen, nehmen nur einen unerkennbar kleinen Bruchteil ihres Volumens ein. Sieht man nur auf sie, ist die massive Materie zumindest nahezu leer. Ihre Ausdehnung verdankt sie nicht den massiven Teilchen, sondern deren Feldern – die Atomhülle den elektromagnetischen, die Elementarteilchen und letztlich die Kerne den gluonischen. Obwohl die Gluonen, könnten sie einzeln auftreten, masselos wären, stammt ein großer Beitrag der Massen der Protonen und Neutronen von ihren Feldern und deren Wechselwirkungen mit den Quarks.

Die Quantenmechanik fügt zu dieser im Wesentlichen klassischen Betrachtung den Aspekt hinzu, dass zwar nicht die Quarks und Elektronen selbst, wohl aber ihre Wellenfunktionen die Protonen und Neutronen sowie die Atomhüllen anfüllen[4]. Die Vorstellung, dass die Quarks und Elektronen in Analogie zu den Atomen oder Molekülen eines idealen Gases in ihren Bereichen umherflitzten und dadurch den Raum effektiv erfüllten, wäre ganz falsch. Falsch wäre auch die Vorstellung, dass die elektrischen Ladungen der Elektronen und Quarks mit deren Wellenfunktionen im Raum verteilt sind; diese Ladungen können von denen von Punktteilchen bisher nicht unterschieden werden. Anders steht es um die Farbladungen der Quarks und Gluonen: Da die Gluonen, anders als die Photonen, selbst Träger der Ladungen sind, an denen sie angreifen, können sich Farbladungen im Raum verteilen.

Viel Platz also zwischen den einzelnen Materieflecken der Materie. Warum ist diese dann aber nicht für jede Sorte von Strahlung durchlässig, oder aber undurchlässig? Warum kann man zwar durch Glas, nicht aber durch Granit hindurchsehen, wenn doch beide gleichermaßen nur kleine Flecken von Materie enthalten? Das ist deshalb so, weil nicht die Materie der Bewegung von Strahlen oder Teilchen Widerstand leistet, sondern das tun deren Felder. Die elektrischen Felder der Kerne lenken, wie zuerst ein von dem in Neuseeland geborenen britischem Physiker Ernest Rutherfords (1871–1937), Nobelpreis für Chemie 1908, angeregtes Experiment gezeigt hat, geladene Strahlen ab, und die quantenmechanischen Felder der Elektronen von Substanzen können Energie und Impuls mancher elektromagnetischer Strahlen absorbieren, die anderer aber nicht, sodass nur gewisse Substanzen durchsichtig sind. Wenn auch komplizierter, ist das wie bei den Elektronen einzelner Atome: Aufgrund der Quantenmechanik können diese nur gewisse »gequantelte« Energien besitzen, sodass sie nur Wellen mit Frequenzen aussenden oder absorbieren können, deren Energien mit den *Unterschieden* ihrer Energieniveaus übereinstimmen. Analoges gilt für die elektromagnetische Strahlung, die durch Ansammlungen von Atomen absorbiert oder nicht absorbiert werden kann.

Das Rutherford-Experiment von Geiger und Marsden

Die Experimente, die uns Auskunft über die Größe der Elementarteilchen und der Atomkerne – also über deren Raumerfüllung – geben, sind ausnahmslos Modifikationen des historischen Streuexperimentes von Rutherford, seinem jungen Assistenten Hans Geiger (1883–1970; mit Rutherford 1908 Erfinder des nach ihm benannten Zählrohrs, das die Ladung $Z = 2$ von α-Teilchen zu messen gestattete) und dem Jüngsten im Bunde, Ernest Marsden (1889–1970) aus dem Jahre 1909 (Abb. 2.7): Bei dem Beschuss einer Goldfolie mit α-Teilchen aus einer radioaktiven Quelle werden die meisten α-Teilchen nahezu unabgelenkt durchgelassen. Denn sie kommen keinem Goldkern so nahe, dass dessen elektrisches Feld sie merklich ablenken könnte. (Die Elektronen beeinflussen die Streuung nahezu nicht, weil sie von den viel schwereren α-Teilchen hinweggefegt werden.) Wenn aber ein α-Teilchen einem Kern nahe genug kommt, kann es von dessen Feld so stark abgelenkt werden, dass es umkehrt und seiner Quelle entgegenfliegt. Doch das geschieht wegen des großen Abstandes der Goldkerne voneinander nur sehr selten. Rutherford in seiner Berechnung des »Wirkungsquerschnittes« der Streuung konnte denn auch die Goldfolie durch ein einziges Streuzentrum mit der elektrischen Ladung des Goldkerns ersetzen. Dieses Zentrum steht für den Kern, dem das jeweilige α-Teilchen am nächsten gekommen ist, und der es demnach am stärksten abgelenkt hat. Unter einer Reihe von Annahmen, zu denen gehört, dass das streuende Teilchen – der Goldkern – verglichen mit dem gestreuten – dem α-Teilchen – so schwer ist, dass praktisch kein Rückstoß auftritt, und dass die Teilchen einander nicht so nahe kommen, dass ihre eventuelle Struktur die Streuung beeinflusst, konnte Rutherford die Abhängigkeit des Bruchteils dN gestreuter Teilchen pro Raumwinkel $d\Omega$ von dem Streuwinkel θ berechnen. Das Ergebnis ist zu $1/(\sin(\theta/2))^4$ proportional, wobei das Unendlichwerden des Ausdrucks in Vorwärtsrichtung (i. e. $\theta = 0$) von der Vernachlässigung von Abschirmungseffekten herrührt und physikalisch gut verstanden ist. Wir sehen also, dass das Ergebnis von großen Werten in der Nähe der Vorwärtsrichtung auf den minimalen Wert 1 in Rückwärtsrichtung (i. e. $\theta = \pi$) zwar stark, aber nicht auf null, abfällt: Rückwärtsstreuung *tritt* auf. In Rutherfords eigenen Worten: »Es war genauso unglaublich, wie wenn ein 15-Zoll-Geschoss, auf ein Stück

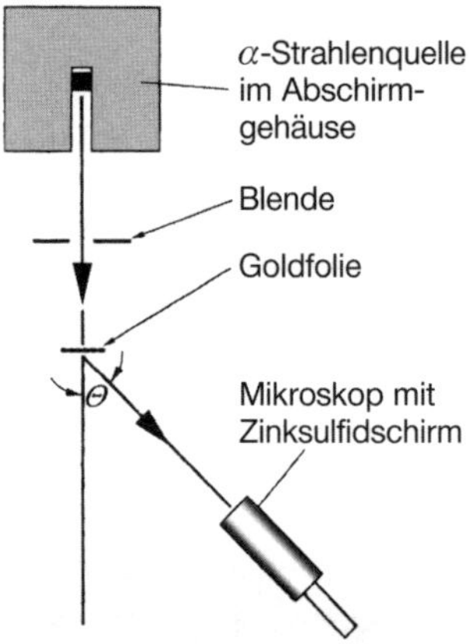

Abbildung 2.7: Schemazeichnung der Anordnung des Experimentes von Geiger und Marsden zur Messung der Winkel θ, um die aus der Quelle stammende α-Strahlen bei Durchtritt durch eine Goldfolie abgelenkt werden. Elektrisch geladene Teilchen, die auf den Zinksulfidschirm auftreffen, verursachen einen im Mikroskop sichtbaren Lichtblitz. Um Streuungen der α-Teilchen an Luft zu vermeiden, waren Strahlquelle, Blende, Folie und Zinksulfidschirm in einem luftleer gepumpten Gefäß untergebracht. Wie mühsam und langwierig das Experiment für Geiger und wohl insbesondere Marsden gewesen sein muss, zeigt die Tatsache, dass sie um mehr als 90 Grad abgelenkte Teilchen sicher nachgewiesen haben, von denen eins auf zwanzigtausend andere kommt. Der von Geiger und Rutherford 1908 entwickelte Geiger-Zähler arbeitete wohl noch nicht so zuverlässig, dass er ihnen die Arbeit hätte abnehmen können.

Seidenpapier geschossen, zurückgekommen wäre und den Schützen getroffen hätte.«

Wie konnte es sein, dass die meisten α-Teilchen um Winkel wie 0,9 Grad abgelenkt wurden, aber eins von 20000 um mehr als 90 Grad? Wieder in Rutherfords Worten: »Mir war klar, dass eine Streuung, die auf einer Abfolge kleiner Ablenkungen beruhte, nur mit einer verschwindend kleinen Wahrscheinlichkeit dazu führen konnte, dass ein Teilchen rückwärts gestreut würde.« Aber genau dies hatten Geiger und Marsden zu Rutherfords Überraschung beobachtet! Wie unwahrscheinlich es ist, dass kleinste Streuwinkel mit zufälliger Richtung einerseits zusammen 0,9 Grad als häufigsten Streuwinkel ergeben, andererseits aber eine Streuung um mehr als 90 Grad ermöglichen, hat Steven Weinberg in seinem Buch [75] zu $3 \cdot 10^{-2174}$

berechnet – eine Zahl so nahe an null, dass sie eine Ablenkung von 20000 Ablenkungen als kumulierten Effekt nicht erlaubt. Übrigens war die Goldfolie des Experiments mit $4 \cdot 10^{-5}$ cm etwa 10000 Atomlagen dick – eine Zahl, die Rutherford zumindest angenähert kannte.

Wenn nicht alle Streuwinkel durch Mehrfachstreuungen erklärt werden können, warum dann nicht durch jeweils eine einzige Streuung? So schlicht mag Rutherford einmal gedacht haben – wir wissen es nicht –, doch diese Idee hat es ihm ermöglicht, sein Planetenmodell des Atoms mit dem Kern als Sonne und den Elektronen als Planeten zu erdenken, das auf die beobachteten Ablenkungen führte. Hinweggesetzt hat er sich dabei um eine Anzahl von Schwierigkeiten, die ihm unüberwindlich erscheinen mussten, und die erst die Quantenmechanik aufheben sollte: Warum sind Atome stabil und in weiten Grenzen immer dieselben, wenn ihren Elektronen doch ein Kontinuum von Energien und Bahnen zugänglich ist? Und vor allem: Warum strahlen die Elektronen nicht bei ihrer beschleunigten Bewegung um den Kern, verlieren Energie und stürzen ab?

Einfachstreuung also, und Streuung von elektrischen Ladungen an elektrischen Ladungen als einfachste Möglichkeit. Klar war damit, dass die Streuzentren in der Goldfolie massiver sein müssen als ein α-Teilchen. Sei nämlich dessen Masse m_α, seine Geschwindigkeit vor dem Stoß v_α, nach ihm v'_α und genauso für die Streuzentren in der Folie: m_{Gold}, $v_{Gold} = 0$ und v'_{Gold}. Hiermit lautet der Impulssatz für Bewegungen und zentrale Stöße in die ursprüngliche Bewegungsrichtung des α-Teilchens:

$$m_\alpha \cdot v_\alpha = m_\alpha \cdot v'_\alpha + m_{Gold} \cdot v'_{Gold}. \tag{2.8}$$

Da das α-Teilchen bei den in Rede stehenden Stößen seine Bewegungsrichtung umkehrt, gilt $v'_\alpha < 0$ und damit:

$$m_\alpha \cdot v_\alpha < m_{Gold} \cdot v'_{Gold}. \tag{2.9}$$

Analog impliziert der Energiesatz für die Teilchen, deren potenzielle Energie vor und nach dem Stoß null ist:

$$\frac{m_\alpha}{2}(v_\alpha)^2 > \frac{m_{Gold}}{2}(v'_{Gold})^2. \tag{2.10}$$

Indem wir die Ungleichung in Gl. (2.9) als $(v'_{Gold})^2 > (m_\alpha/m_{Gold})^2(v_\alpha)^2$ schreiben, gewinnen wir $(m_\alpha/2)(v_\alpha)^2 > (m_{Gold}/2)(m_\alpha/m_{Gold})^2(v_\alpha)^2$, sodass $m_{Gold} > m_\alpha$: Die Masse der

Streuzentren in der Goldfolie ist größer als die der α-Teilchen. Elektronen sind, wie Rutherford wusste, um Größenordnungen leichter als α-Teilchen, konnten also für deren Rückwärtsstreuung keinesfalls verantwortlich sein.

Unabhängig von allen Einzelheiten war klar, dass nur gewaltige elektrische Kräfte die Umkehr der Bewegungsrichtung eines energiereichen α-Teilchens bewirken konnten. Geiger und Marsden hatten Rückwärtsstreuung bereits 1909 beobachtet, aber ihre Deutung musste bis 1911 warten: »Eines Tages« so Geiger (nach [75]; dort englisch) »im Frühjahr 1911 kam Rutherford in bester Laune in mein Zimmer und sagte, er wisse nun, wie die Atome aussehen und wie die große Ablenkung der α-Strahlen zu erklären sei.«

Zur Illustration wollen wir mit Rutherford[5] berechnen, wie nah ein α-Teilchen einem ruhenden, praktisch unendlich schweren Streuzentrum mit der elektrischen Ladung $Z \cdot e$, worin e die Elementarladung ist, gekommen sein muss, wenn sich die Richtung seiner Bewegung umgekehrt hat. Rutherford kannte sowohl die Geschwindigkeit $2 \cdot 10^7$ Meter pro Sekunde der α-Teilchen seines Experimentes als auch das Verhältnis $m_\alpha / q_\alpha = 2 \cdot 10^{-8}$ Kilogramm pro Coulomb von Masse m_α zu Ladung q_α der α-Teilchen. Dies und die Elementarladung $e = 1{,}6 \cdot 10^{-19}$ Coulomb reicht aus, um die kürzeste Entfernung l des α-Teilchens aus der Coulomb-Kraft

$$K_{Coulomb} = (k_e \cdot q_\alpha \cdot Z \cdot e)/l^2 \qquad (2.11)$$

zu berechnen, die zwei Teilchen mit Ladungen q_α und $Z \cdot e$ in der Entfernung l aufeinander ausüben. Hier ist k_e eine universelle Konstante mit dem Zahlenwert $k_e = 9 \cdot 10^9$ Newton Meter-Quadrat pro Coulomb-Quadrat.

Wenn ein Teilchen mit der Masse m_α die Richtung seiner Bewegung in dem Zentralfeld einer fest im Raum stehenden elektrischen Ladung umgekehrt hat, ist es in dem Abstand seiner kürzesten Entfernung l vom Streuzentrum zur Ruhe gekommen. Dann ist die kinetische Energie

$$E_{kin.} = (m_\alpha/2)(v_\alpha)^2, \qquad (2.12)$$

die es anfangs in unendlicher Entfernung vom Streuzentrum bei praktisch verschwindender potenzieller Energie besessen hatte, ganz in potenzielle Energie

$$E_{pot.} = (k_e \cdot q_\alpha \cdot Z \cdot e)/l \qquad (2.13)$$

im Coulomb-Feld des Streuzentrums umgewandelt worden, sodass

$$(m_\alpha/2)(v_\alpha)^2 = (k_e \cdot q_\alpha \cdot Z \cdot e)/l \qquad (2.14)$$

und damit

$$l = (2 \cdot k_e \cdot Z \cdot e)/(m_\alpha/q_\alpha \cdot (v_\alpha)^2). \qquad (2.15)$$

Einsetzen der Zahlenwerte ergibt $l = Z \cdot 3{,}6 \cdot 10^{-16}$ Meter, und damit selbst bei $Z = 100$ (die Kernladung von Gold ist tatsächlich $Z = 79$) weniger als 10^{-13} Meter als kürzeste Entfernung des α-Teilchens vom Streuzentrum. Da die Geschwindigkeit des α-Teilchens nur 10 % der Lichtgeschwindigkeit betrug, haben wir wie Rutherford zu Recht nichtrelativistisch gerechnet.

Um mindestens etwa drei Größenordnungen kleiner als der Rutherford bekannte Durchmesser der Atome waren folglich die elektrisch geladenen massiven Streuzentren in der Goldfolie. Das Volumen der Atome war um mindestens den Faktor 10^9 größer als das der Kerne und glich für die α-Teilchen des Experimentes einem Raum, der bis auf das in ihm wirkende elektrische Feld leer war, ihre Bewegung anderweitig also nicht beeinflusste. Die richtigen, heute bekannten Zahlen, sind übrigens noch dramatischer: Das Volumen eines Atomkerns ist um etwa den Faktor 10^{15} kleiner als das des Atoms insgesamt, also seiner Atomhülle.

Rutherfords Einsicht, dass die Ergebnisse von Geiger und Marsden auf der Streuung eines α-Teilchens an jeweils einem elektrisch geladenen Streuzentrum beruhen mussten, das mindestens so schwer wie ein α-Teilchen war und viel kleiner als ein Atom, fügte sich zwanglos ein in dasjenige, was man aus anderen Quellen über die Atome wusste: Erstens mussten sie zusätzlich zu den Elektronen positive Ladungen enthalten, welche die negativen Ladungen der Elektronen kompensieren. Zweitens musste es in den Atomen Objekte geben, deren Masse bis auf die kleinen Massen der Elektronen die Masse des ganzem Atoms ausmachen. Zusammengefasst war das Ergebnis Rutherfords Planetenmodell des Atoms mit seinen grundsätzlichen Schwierigkeiten, die wir genannt haben und die erst die Quantenmechanik kurieren konnte.

Wir haben ebenfalls erwähnt, dass Rutherford aus seiner Vorstellung vom Atom die Häufigkeiten des Auftretens von Winkeln in bestimmten Bereichen in Übereinstimmung mit dem Experiment berechnen konnte. Es war dieser quantitative Erfolg, der unabweisbar machte, dass das Planetenmodell des Atoms »richtig« war – wenn auch, wie wir heute wissen, ein Gutteil des Erfolges auf dem Zufall beruhte, dass die Quantenmechanik für, und nur für, das elektrische Coulomb-Potenzial dasselbe ergibt wie Rutherfords Rechnung, welche die Quantenmechanik selbstverständlich nicht berücksichtigen konnte.

Das Rutherford-Experiment von Geiger und Marsden ist der Prototyp einer langen Reihe von Experimenten, denen allen gemeinsam ist, dass sie durch immer energiereichere Strahlen zu immer elementareren Objekten vordringen und erst durch sie abgelenkt werden. So haben Elektronen oder andere Teilchen – wir werden zur Vereinfachung nur von Elektronen sprechen –, die mit großen Energien auf Substanzen geschossen und deren Ablenkungen vermessen wurden, genauso Auskunft gegeben über die Abmessungen der Quarks, an denen allein bei hinreichend hohen Energien die Streuung erfolgt. Denn die Kräfte, die die Quarks in den Kernteilchen Proton und Neutron zusammenhalten, sind irrelevant verglichen mit denen, die ein mit großer Energie auf einen Kern aufprallendes Elektron auf diesen und seine Bestandteile Protonen und Neutronen ausübt.

Experimentell bedeutet das, dass auch sehr energiereiche Elektronen gelegentlich um große Winkel abgelenkt werden. Es ist, als ob ein blinder Schütze auf einen Zaun aus Stahlstangen feuert. Zumeist wird sein Schuss keine der Stangen treffen und geradeaus weiterfliegen. Wenn er aber eine trifft, wird die Kugel um einen großen Winkel abgelenkt. So zeigt die »tiefinelastische« Streuung – auch sie eine Modifikation des Rutherford-Geiger-Marsden-Experimentes bei großen Energien – von Elektronen an Atomen, dass deren Kerne abermals kleinere Teilchen enthalten; eben die Quarks. Man sagt, dass bei großen Energien der Elektronen die »Samenkörner« (sprich Quarks) in der »Traube« (sprich Proton oder Neutron) sichtbar werden. Quarks können als Resultate derartiger Experimente, und wie bereits festgestellt, höchstens 10^{-18} Meter groß sein, sodass das Atom mit seinen 10^{-10} Meter Durchmesser mindestens um den Faktor 10^8 größer ist als seine elektrisch geladenen massiven Bestandteile. Das Volumen eines Atoms ist also mindestens um den Faktor 10^{24} größer als das Volumen, welches diese Bestandteile einnehmen.

Soweit die Ausmaße der Elementarteilchen bei der Erprobung ihrer Abmessungen durch elektromagnetische Kräfte. Die (formal unendliche) Reichweite dieser Kräfte spielt bei diesen Untersuchungen nur eine untergeordnete Rolle, weil deren Stärken als Funktion des Abstandes bekannt sind, und deshalb aus den Ergebnissen, die bisher ja nur Obergrenzen für Abmessungen liefern, herausgerechnet werden können. Anders steht es um die Kräfte der Starken und der Schwachen Wechselwirkungen. Ihre Reichweiten sind endlich, und bevor zum Beispiel bei der Streuung eines Protons an einem Proton die Starke Kraft beginnen kann, den Prozess zu beeinflussen, muss die Abstoßung des Protons durch die elektromagnetische Kraft überwunden werden. Weil die Schwache Kraft eine extrem kleine Reichweite besitzt, kommen Neutrinos, die von allen Kräften nur die Schwache Kraft spüren, den Elementarteilchen eines Atoms bei niedrigen Energien[6] nur sehr selten so nahe, dass diese von ihnen abgelenkt – oder in ionisierende Teilchen umgewandelt – werden. So durchdringen uns in jeder Sekunde etwa 10^{14} Neutrinos von der Sonne, ohne dass wir davon irgendetwas spüren. Auf weitere Details will ich nicht eingehen. Zusammenfassend wissen wir, dass nur ein winziger Bruchteil der massiven Materie mit massiven Elementarteilchen angefüllt ist.

3 Irdisches

Die Schöpfung hat sich so breit gemacht,
da ist nichts leer, alles voll Gewimmels.

(Georg Büchner in »Dantons Tod«.)

Quantenmechanik und Relativität haben ab etwa 1905 einen grundsätzlichen Wandel unserer Auffassung vom Raum bewirkt. Sieht man einmal von der rätselhaften Fähigkeit des Newtonschen Raumes ab, Beschleunigungen Widerstand entgegenzusetzen – eine Fähigkeit, die ihm der österreichische Physiker und Philosoph Ernst Mach (1838–1916) zudem absprechen wollte, indem er die Materieverteilung im Universum für den Widerstand verantwortlich machte –, so war der Raum seit Newton für die Physik bis zu Relativität und Quantenmechanik ein passiver Behälter, in den die Systeme eingebracht waren, für welche die Gesetze der Physik gelten. Der Raum war kein *Gegenstand* der Physik, trat in ihren Gesetzen nicht auf. In Abwandlung des von John Archibald Wheeler oft zitierten Graffiti, Zeit sei Gottes Weg zu verhindern, dass alles zugleich geschieht, kann der Raum der Physik bis etwa 1905 erschöpfend dadurch beschrieben werden, dass Gott durch ihn verhindere, dass sich alles an derselben Stelle ereignet. Diese Auffassung sollte sich als mit Relativität und Quantenmechanik unvereinbar erweisen. Durch sie wurde der Raum zu einem System erhoben, für das nicht-triviale physikalische Gesetze gelten. Grundzustände heißen, wie bereits gesagt, jene Zustände eines physikalischen Systems, in denen seine Energie so gering wie möglich ist. Leerer Raum ist, so gesehen, einfach der Grundzustand des Raumes, sein Vakuumzustand. Dieser kann Träger von Anregungen wie elektromagnetischen Wellen oder selbst angeregt sein – wie er es ist, wenn ihn von beschleunigten Massen ausgesandte Gravitationswellen durchziehen. Im Folgenden soll dargestellt werden, was es für den Raum bedeutet, dass für ihn, wie für andere Systeme auch, die Gesetze der Physik gelten. Weil alle physikalischen Systeme im Raum angesiedelt sind, wirken sie auf ihn ein und – so Einstein – muss er auf sie zurückwirken. Die Gesetze, die für in den Raum eingebrachte Systeme gelten, müssen diese Wechselwirkung einbeziehen, die Physik des aktiven Mitspielers Raum also berücksichtigen.

Hohlraumstrahlung und Nullpunktsunruhe

Die Energie dE der pro Volumen dV und Frequenzbereich $d\nu$ bei der Temperatur T in einem Raumbereich enthaltenen Strahlung beschreibt Plancks Formel

$$\rho(\nu, T) = \frac{dE}{d\nu dV} = \frac{8\pi\nu^2}{c^3} U(\nu, T). \tag{3.1}$$

Hierin steht c für die Lichtgeschwindigkeit und $U(\nu, T)$ für den – wie wir heute wissen – Erwartungswert

$$U(\nu, T) = \left(1/2 + \frac{1}{e^{h\nu/kT} - 1}\right) h\nu,$$

der Energie eines Harmonischen Oszillators mit der Frequenz ν im Thermischen Gleichgewicht bei der Temperatur T. In der Formel bedeutet h die Plancksche Konstante und k Boltzmanns Umrechnungsfaktor von Energie in Temperatur. Als Erwartungswert $U(\nu, 0)$ der Energie eines Harmonischen Oszillators bei der Temperatur $T = 0$ erhalten wir dessen Nullpunktsenergie $h\nu/2$ – wie es sein muss. Auf die Bedeutung der Nullpunktsenergie – dass sie keinesfalls nur Ausdruck einer ungeschickten Wahl des Nullpunktes der Energie ist – wird eingegangen werden. Fürs Erste ernennen wir $U = 0$ zu diesem Nullpunkt und erhalten

$$\rho(\nu, 0) = \frac{4h\pi\nu^3}{c^3}$$

als Grenzwert der Energie der in einem Raumbereich enthaltenen elektromagnetischen Strahlung pro Volumen dV und pro Frequenzbereich $d\nu$ beim Übergang von endlichen Temperaturen zur Temperatur absolut null.

Hohlraumstrahlung

In einem Hohlraum, dessen Wände eine bestimmte Temperatur T besitzen, strahlen diese einander Wärmeenergie zu, sodass der Hohlraum von Wärmestrahlung erfüllt ist. »Wärmestrahlung« ist hier nur ein anderer Name für elektromagnetische Strahlung mit irgendwelchen Frequenzen zwischen null und unendlich. Die zahlreichen Versuche, das Spektrum dieser Strahlung durch die nichtquantenmechanische Physik zu verstehen, übergehen wir.

Der wichtigste von der klassischen Elektrodynamik abweichende Schritt Plancks bei der Herleitung seiner Formel ist die Annahme, dass ein Harmonischer Oszillator der Kreisfrequenz $\omega = 2\pi\nu$ nur gewisse »gequantelte« Energien besitzen kann. Die in einen Kasten eingeschlossenen elektromagnetischen Wellen der Wärmestrahlung bilden solche Oszillatoren mit verschiedenen Frequenzen, deren Anzahl pro Frequenzeinheit aus Überlegungen folgt, die von der Quantenmechanik unabhängig sind.

Die richtige Formel für diese Energien ist $E_n = h\nu(n + 1/2) = \hbar\omega(n + 1/2)$ mit $n = 0, 1, 2, \ldots$ sowie $\omega = 2\pi\nu$ und $\hbar = h/2\pi$. Sie enthält die »Nullpunktsenergie« $E_0 = \hbar\omega/2$ des Harmonischen Oszillators im Zustand niedrigster Energie. Planck in seiner Ableitung von 1900 hat effektiv dieselbe Formel, aber ohne Nullpunktsenergie verwendet. Wie bereits gesagt, steht das $U(\nu, T)$ der Planckschen Formel für den Erwartungswert der Energie eines Harmonischen Oszillators im Kontakt mit einem Wärmebad der Temperatur T. Aufgrund des Boltzmann-Faktors $e^{-E/kT}$ besitzt der Prozentsatz

$$\frac{e^{-E_n/kT}}{\sum_{m=0}^{\infty} e^{-E_m/kT}}$$

der Oszillatoren mit Frequenz ν im Thermischen Gleichgewicht die Energie E_n – und selbstverständlich keiner eine andere. Der Erwartungswert der Energie des Oszillators ist also

$$U(\nu, T) = \frac{\sum_{m=0}^{\infty} E_n e^{-E_n/kT}}{\sum_{m=0}^{\infty} e^{-E_m/kT}}.$$

Eine kleine Rechnung liefert

$$U(\nu, T) = \left(1/2 + \frac{1}{e^{h\nu/kT} - 1}\right) h\nu.$$

Diese, wie wir heute wissen, korrekte Formel unterscheidet sich von der Plancks nur durch den von der Nullpunktsenergie des Oszillators herrührenden Term $h\nu/2 = \hbar\omega/2$.

Eben dieses Resultat liefert auch die Beobachtung durch Extrapolation, wenn die Temperatur eines Hohlraumes in Richtung der Temperatur absolut null mehr und mehr abgesenkt wird. Aufgrund der komplizierten Ableitung der Formel könnte die Leserin nun denken, dass die Proportionalität von ρ zu gerade der dritten Potenz von ν ein zufälliges Ergebnis sei. Keineswegs: Diese Potenz folgt bereits aus der Forderung, dass die Energiedichte ρ des Raumes als Funktion der Frequenz bei $T = 0$ von der Geschwindigkeit der Beobachterin unabhängig sei. Die Energiedichte soll, anders gesagt, Lorentz-invariant sein. Genau wenn sie das ist, kann ein Beobachter, der sich mit konstanter Geschwindigkeit gegenüber dem Leeren Raum bewegt, auf keine Art und Weise feststellen, wie groß diese Geschwindigkeit ist. Insofern gleicht dann der Leere Raum der Quantenmechanik und der Speziellen Relativitätstheorie dem bona fide leeren Raum der Newtonschen Mechanik – eine Forderung, die Albert Einstein bei seiner Auffindung und Ableitung der Speziellen Relativitätstheorie geleitet hat (z. B. [28], S. 82). Hingegen *kann* ein Beobachter, der sich innerhalb einer Planckschen Strahlung mit $T \neq 0$ mit konstanter Geschwindigkeit bewegt, diese Geschwindigkeit ermitteln. Deshalb nämlich, weil sowohl die von vorne als auch die von hinten eintreffende Strahlung eine Doppler-Verschiebung erleiden – die von vorne kommende wird blau-, die von hinten kommende rotverschoben. Bemerkenswert ist, dass auch die dopplerverschobene Strahlung eine Planksche Strahlung ist, allerdings zu einer anderen Temperatur als die unverschobene: Die Blauverschiebung hat dieselbe Wirkung wie eine Erhöhung der Temperatur, die Rotverschiebung dieselbe wie eine Erniedrigung. Die Leserin kennt vermutlich die Auswirkungen dieses Effektes auf die auf der Erde eintreffende Kosmische Hintergrundstrahlung von $2{,}7\ ^0K$: Ihre Temperaturverteilung ist nicht isotrop, sondern spiegelt als Dipol die Bewegung der Erde durch die Strahlung wieder.

Zur Planckschen Strahlung bei $T = 0$ zurückkehrend sei bemerkt, dass, so der Davies-Unruh-Effekt, ein ihr gegenüber gleichmäßig beschleunigter Beobachter in eine Strahlung mit einer zur Beschleunigung proportionalen Temperatur eingebettet ist (z. B. [62], [44] und [16]), sodass der Beobachter von der Temperatur, die er misst, ablesen kann, mit welcher Beschleunigung er sich bewegt. Das ist wie in der Newtonschen Mechanik insofern sich beschleunigte Bewegungen im leeren Raum durch die sie begleitenden Fliehkräfte bemerkbar machen, aber die Geschwindigkeiten geradlinig-gleichförmiger Bewegungen unbeobachtbar sind.

Für die Rest- oder Nullpunktsstrahlung in einem Hohlraum gibt es auch experimentelle Beweise. Zum Beispiel kann die van der Waals Anziehung[7] von Atomen auf sie zurückgeführt werden. Ein zweiter experimenteller Beweis ist der Casimir-Effekt; von ihm weiter unten. Die elektromagnetische Nullpunktsstrahlung erzwingt auch die Existenz von geladenen Teilchen im Vakuum, nämlich von Teilchen-Antiteilchen-Paaren, die insgesamt die Ladung null tragen. Ihnen kann durch Energiezufuhr zu realer Existenz verholfen werden.

Alles voll Gewimmels

Sieht man von Raumkrümmungen ab, beruht unser heutiges Wissen von dem Raum, der so Leer ist wie mit den Naturgesetzen vereinbar, letztlich auf zwei der drei ganz großen physikalischen Theorien des letzten Jahrhunderts, der Speziellen Relativitätstheorie und der Quantenmechanik. Die Quantenmechanik für sich allein liefert die Unschärferelationen als die wohl wichtigsten Ingredienzen unseres Wissens um den Leeren Raum, die Spezielle Relativitätstheorie die Äquivalenz $E = mc^2$ von Energie und Masse, und aus beiden zusammen folgt das Theorem von der Antimaterie: Dass es nämlich zu jedem Teilchen ein Antiteilchen gibt. Ein Teilchen und sein Antiteilchen sind entgegengesetzt-gleich geladen, sodass sie zusammen genommen genau die Eigenschaften des leeren Raumes besitzen können – die Energie allerdings ausgenommen. Da aber nach Auskunft der Unschärferelation zwischen Energie und Zeit die Energie fluktuiert, können Teilchen-Antiteilchen-Paare für kurze Zeiten aus dem Raum auftauchen und wieder in ihm verschwinden (Abb. 1.1 weiter oben). Analoges gilt für die notwendigen Schwankungen des Impulses in begrenzten Gebieten. Damit auch der Impuls zusammen mit der Energie schwanken kann, muss es »etwas« als deren Träger geben – seien es nun Paare massiver Elektronen und Positronen oder masselose Photonen und Felder. Bereits deshalb kann es keinen im Wortsinn leeren Raum geben. Weil, wie erwähnt, die Temperatur T, die ein Beobachter misst, der sich beschleunigt gegenüber der Vakuumstrahlung bei $T = 0$ bewegt, mit der Beschleunigung wächst, muss dasselbe für die Teilchenzahl gelten, die ja im Thermischen Gleichgewicht bei höherer Temperatur größer ist als bei kleinerer. Dass dieser Aspekt des Davies-Unruh-Effektes real ist, zeigen auch explizite Rechnungen für Felder, deren Teilchen eine von null verschiedene Masse besitzen. Für die Teilcheninterpretation der Quantenfeldtheorie bedeutet dieses Resultat eine ernsthafte Schwierigkeit: Ein im Leeren Raum gleichmäßig beschleunigter Beobachter ist eingebettet in ein Thermisches Bad realer Teilchen, deren Anzahl von der Beschleunigung abhängt.

In dem leersten Raum, den die Physik kennt, tummeln sich also nicht nur elektromagnetische Strahlen, sondern auch virtuelle Teilchen zusammen mit ihren Antiteilchen. Die Verbindungen zwischen diesen Objekten werden durch Feynman-Graphen wie den der Abb. 3.1 hergestellt: Ein Photon verschwindet, und statt seiner entstehen ein Elektron und ein Positron. Den umgekehrten Prozess kennt die Physik genauso wie diesen. Hinzukommen dessen Verallgemeinerung auf Gluonen statt der Photonen und auf Quarks und Antiquarks statt der Elektronen und Positronen.

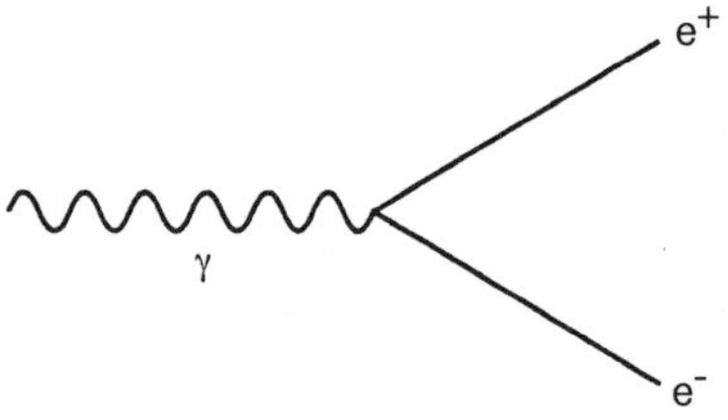

Abbildung 3.1: Feynman-Diagramm des Übergangs von einem Photon zu einem Elektron-Positron-Paar

Unschärferelationen

Ich komme auf die Unschärferelationen und ihre Konsequenzen für den Raum, der so Leer ist wie mit den Naturgesetzen vereinbar, zurück und beginne meine Erläuterung mit einem Pendel als Beispiel. Ein Pendel der klassischen – soll heißen: nichtquantenmechanischen – Physik hängt in seinem Zustand niedrigster Energie senkrecht herab: Es ruht in seiner Ruhelage (Abb. 3.2), sodass sowohl die potenzielle als auch die kinetische Energie des Pendels so klein sind wie überhaupt möglich. Geschwindigkeit und Ort des Pen-

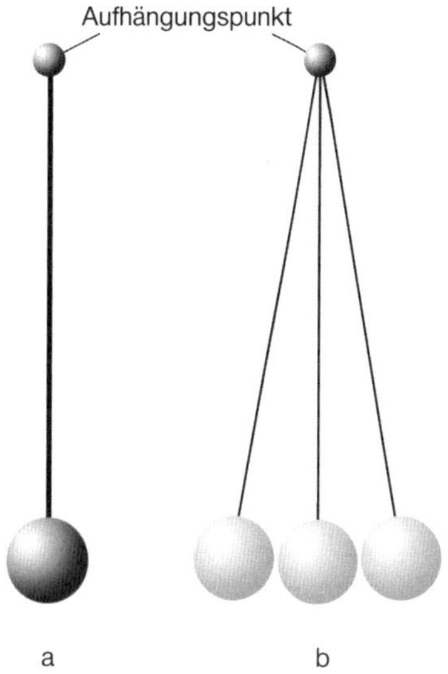

Abbildung 3.2: Jedes Pendel besitzt laut Klassischer Mechanik eine Ruhelage. In ihr hängt es a) bewegungslos senkrecht herunter, Auslenkung und Geschwindigkeit sind beide genau als null festgelegt. Die Unschärferelation der Quantenmechanik sagt, dass das Pendel keinen derartigen Zustand annehmen kann; im Zustand niedrigster Energie zittert es, klassisch beschrieben, um seine Ruhelage herum b).

dels sind – quantenmechanisch: wären – in diesem Zustand genau festgelegt und bekannt; null und null bei geeigneter Wahl des Koordinatensystems. Das aber lässt die Unschärferelation der Quantenmechanik nicht zu. Wenn von einem Teilchen der Quantenmechanik gesagt werden kann, wo es bei einer Ortsmessung gefunden würde, kann über das Resultat einer Geschwindigkeitsmessung überhaupt nichts gesagt werden. Umgekehrt gilt dasselbe: Kann man wissen, welches Ergebnis die Messung der Geschwindigkeit eines Teilchens haben würde, ist Vorherwissen über das Ergebnis einer Ortsmessung ausgeschlossen.

Deshalb, aufgrund der Quantenmechanik, kann kein Pendel seinen klassischen Zustand niedrigster Energie annehmen. Unbestimmtheit des Ortes und der Geschwindigkeit gehen bei dem Pendel der Quantenmechanik in seinem Zustand niedrigster Energie einen Kompromiss derart ein, dass weder die Lage- noch die Bewegungsenergie in ihm minimal sind, wohl aber die Gesamtenergie, also die quantenmechanisch gebildete Summe beider: Es gibt erstens keinen Zustand des Pendels, in dem *sowohl* seine kinetische *als auch* seine potenzielle Energie so klein wären, wie es für jede dieser Energien *für sich allein* möglich ist. Zweitens und darüber hinaus besitzt das Pendel keinen Zustand, in dem die Summe beider Einzelenergien so klein wäre wie in anderen Zuständen jede für sich allein. Die aus [28], S. 72 übernommene Rechnung zeigt, dass bei *Voraussetzung* der Unschärferelation zwischen Ort und Impuls $\hbar\omega/2$ die kleinstmögliche Energie ist, die ein Pendel oder ein Harmonischer Oszillator, die ja für die Theorie bei kleinen Ausschlägen identisch sind, mit der Eigenfrequenz ω besitzen kann.

Hierin liegt der Schlüssel zum Verständnis der »Nullpunktsenergie« $\hbar\omega/2$ eines Harmonischen Oszillators mit der Kreisfrequenz ω. Sie können wir nicht dadurch loswerden, dass wir den Nullpunkt der Energie neu definieren. Denn »Nullpunktsenergie« ist nur eine verkürzte Sprechweise dafür, dass das Minimum sowohl der kinetischen als auch der potenziellen Energie des Pendels dasselbe ist, und zwar – durch Ernennung – null. Das Minimum aber der minimal möglichen Gesamtenergie des Pendels, liegt um eben die Nullpunktsenergie über dem gemeinsamen Minimum null der beiden Einzelbeiträge. Anschaulich gesprochen, besitzt das Pendel in dem Zustand, in dem seine potenzielle Energie null ist, seine Auslenkung also verschwindet, einen so großen Impuls, dass seine kinetische Energie und mit ihr die Gesamtenergie größer ist als die Nullpunktsenergie – nämlich unendlich. Klassisch interpretiert, schwingt es in diesem Zustand durch die Ruhelage hindurch. Der Geschwindigkeit aber, mit der es das tut, kann kein Zahlenwert und keinesfalls ein Maximum zugeordnet werden – das eben bewirkt die Quantenmechanik. Klar ist, dass es in dem Zustand mit minimaler kinetischer Energie in vollkommener Analogie zum Obigen keine bestimmte, sondern eine beliebig große Auslenkung besitzt (wobei ich vom Pendel zum Harmonischen Oszillator übergegangen bin). Die Leserin, die sich an ihre Vorlesung über Quantenmechanik erinnert, wird mir darin zustimmen, dass alle Zustände eines Harmonischen Oszillators als Anregungen seines Zustandes niedrigster Energie, seines Vakuumzustandes, beschrieben werden können. Gewonnen werden diese Anregungen durch die Anwendung von Erzeugungsoperatoren auf den Vakuumzustand.

Folglich zittert, klassisch gesehen, das Pendel der Quantenmechanik im Zustand niedrigster Energie ständig um seine senkrechte Ruhelage herum. Befindet es sich in einem Zustand, in dem es weniger zittert, also eine geringere Bewegungsenergie besitzt, sind ihm zugleich größere Auslenkungen zugänglich – so große nämlich, dass der Zuwachs an Lageenergie trotz der geringeren Bewegungsenergie auf eine größere Gesamtenergie führt. Das Umgekehrte gilt auch: Einschränkung der Auslenkung auf Werte näher an der klassischen Ruhelage führt auf vermehrtes Zittern und vergrößerte Gesamtenergie. Dass die Gesamtenergie so klein wie möglich ist, bedeutet also auch einen Kompromiss für die simultane Genauigkeit von Ort und Geschwindigkeit: Beide können zusammen und gleichzeitig nicht genauer festgelegt sein, als sie es im Zustand niedrigster Energie des Pendels sind.

Im Zustand niedrigster Energie eines Pendels besitzen also weder sein Ort noch seine Geschwindigkeit einen bestimmten Wert – sowohl Ort als auch Geschwindigkeit schwanken um den Mittelwert null. Dasselbe gilt für alle Zustände, die das Pendel annehmen kann, aber hier interessiert nur der Grundzustand. Formeln werden nachgeliefert. Allerdings nicht für das Pendel, sondern für den Harmonischen Oszillator, der ja, wie bereits gesagt, bei den hier interessierenden Energien mit dem Pendel identisch, formal aber wesentlich einfacher ist. Tatsächlich kann bei kleinen Energien der Harmonische Oszillator Modell für alle physikalischen Systeme stehen, die eine stabile Ruhelage besitzen.

Kleine Schwingungen

Die potenzielle Energie $U(q)$ eines Massepunktes in einer Dimension als Funktion der Ortsvariablen q, der bereits ohne Berücksichtigung der Quantenmechanik eine stabile Ruhelage besitzt wie der Harmonische Oszillator und das Pendel, nicht aber wie das Elektron im Wasserstoffatom, kann als Funktion von q um die Ruhelage herum in eine Potenzreihe

$$U(q) = U(0) + qU'(0) + q^2U''(0) + \dots \qquad (3.2)$$

entwickelt werden, wobei wir angenommen haben, dass sich die Ruhelage bei $q = 0$ befindet. Zur Vereinfachung der Formel können wir den Nullpunkt der Energie so wählen, dass $U(0) = 0$. Damit der Massepunkt bei $q = 0$ eine Ruhelage besitzt, darf dort keine Kraft auf ihn einwirken, sodass $U'(0) = 0$. Indem wir $U''(0) \neq 0$ annehmen, können wir für kleine q die Summe mit dem zu q^2 proportionalen Term abbrechen,

$$U(q) \approx q^2 U''(0), \tag{3.3}$$

sodass sich unter den obigen Voraussetzungen jedes System in hinreichender Nähe zu seiner Ruhelage wie ein Harmonischer Oszillator verhält. Das Potenzial eines Pendels als Funktion des Auslenkungswinkels ϕ aus der senkrechten Ruhelage $\phi = 0$ ist, wie leicht gezeigt werden kann, bei der Wahl $U(0) = 0$ zu $(1 - \cos\phi)$ proportional, sodass bei kleinen Auslenkungen $\phi \approx 0$ für das Pendel (der Proportionalitätsfaktor wurde α genannt)

$$U = \alpha(1 - \cos\phi) \approx \alpha(1 - 1 + \phi^2) = \alpha\phi^2 \tag{3.4}$$

gilt – das Potenzial eines Harmonischen Oszillators, wie es sein muss. Kommt es nur auf den Energieunterschied des Grundzustandes eines System gegenüber seinem ersten angeregten Zustand an, kann der Harmonische Oszillator auch für Atome Modell stehen. Das wird für unsere Diskussion der van der Waals-Wechselwirkungen wichtig sein.

Nun zur Abschätzung der Grundzustandsenergie des Harmonischen Oszillators aus der Unschärferelation. Die Gesamtenergie H des Oszillators ist die Summe seiner kinetischen $T = \frac{1}{2m}p^2$ und potenziellen $U = \frac{m\omega^2}{2}q^2$ Energien. Die Unschärferelation besagt, dass p und q zumindest so schwanken müssen, dass für ihre Schwankungsquadrate $(\triangle p)^2$ und $(\triangle q)^2$ die Ungleichung

$$(\triangle p)^2(\triangle q)^2 \geq (\hbar/2)^2 \tag{3.5}$$

erfüllt ist. Jetzt geht es um die kleinstmöglichen Schwankungen um die Nullpunkte $p = 0$ und $q = 0$ von Impuls und Ort. Die sie charakterisierenden Schwankungsquadrate, die Quadrate der »Varianzen« σ und $\tilde{\sigma}$ ihrer Verteilungen (Gl. (6.3) und Gl. (6.4)), ergeben sich aus den Erwartungswerten von q, p, q^2 und p^2 im Grundzustand zu

$$(\triangle q)^2 = \sigma^2 = \left\langle (q - \langle q \rangle_0)^2 \right\rangle_0 \tag{3.6}$$

und

$$(\triangle p)^2 = \tilde{\sigma}^2 = \left\langle (p - \langle p \rangle_0)^2 \right\rangle_0, \tag{3.7}$$

worin der Erwartungswert eines hermiteschen Operators Ω – sein Mittelwert bei Messungen – im Grundzustand mit $\langle \Omega \rangle_0$ bezeichnet wurde. Nun verschwindet im Grundzustand sowohl der Erwartungswert $\langle q \rangle_0$ von q als auch der von p, sodass die Schwankungsquadrate von q und p mit den Mittelwerten von q^2 und p^2 identisch sind:

$$(\triangle q)^2 = \langle q^2 \rangle_0 \tag{3.8}$$

und

$$(\triangle p)^2 = \langle p^2 \rangle_0. \tag{3.9}$$

Folglich können in die Erwartungswerte

$$\left\langle U \right\rangle_0 = \frac{m\omega^2}{2} \left\langle q^2 \right\rangle_0 \tag{3.10}$$

und

$$\left\langle T \right\rangle_0 = \frac{1}{2m} \left\langle p^2 \right\rangle_0 \tag{3.11}$$

von U und T für die Erwartungswerte $\left\langle q^2 \right\rangle_0$ und $\left\langle p^2 \right\rangle_0$ auch die Schwankungsquadrate $(\triangle q)^2$ und $(\triangle p)^2$ eingetragen werden. Wir ziehen es umgekehrt vor, die Unschärferelation Gl. (3.5) für die minimal möglichen simultanen Schwankungsquadrate als Gleichung

$$\left\langle p^2 \right\rangle_0 \left\langle q^2 \right\rangle_0 = (\hbar/2)^2 \tag{3.12}$$

für die Erwartungswerte von p^2 und q^2 zu schreiben. Nun ist es ein Schülerspiel, mit dieser Gleichung als Bedingung den minimalen Erwartungswert von $H = T + U$ durch Differenzieren zu bestimmen. Zunächst lösen wir dazu die Gl. (3.12) nach $\left\langle q^2 \right\rangle_0$ auf und tragen das Ergebnis in H ein:

$$H = \frac{1}{2m} \left\langle p^2 \right\rangle_0 + \frac{m\omega^2}{2} (\frac{\hbar}{2})^2 \frac{1}{\left\langle p^2 \right\rangle_0}. \tag{3.13}$$

Differenzieren nach $\left\langle p^2 \right\rangle_0$, Nullsetzen des Differenzialquotienten, Bestimmen des $\left\langle p^2 \right\rangle_0$, für das H minimal ist, und schließlich Einsetzen des Resultates liefert

$$E_{min} = \left\langle H \right\rangle_0 = \hbar\omega/2 \tag{3.14}$$

als kleinstmöglichen Erwartungswert E_{min} der Energie des Oszillators. Die zugehörigen Erwartungswerte von U und T ergibt eine kleine Rechnung als

$$\left\langle U \right\rangle_0 = \left\langle T \right\rangle_0 = E_{min}/2. \tag{3.15}$$

Auch U und T sind Schwankungen unterworfen. Ihre mittleren Schwankungsquadrate hängen zusätzlich zu den Erwartungswerten von q^2 und p^2 von denen von q^4 und p^4 ab. Sie können aus der Grundzustandswellenfunktion des Harmonischen Oszillators nach dem Vorbild des Mathematischen Anhangs berechnet werden. Bemerkenswert ist, dass $H = T + U$ nicht schwankt. Aus dem Gesagten folgt das nicht; der im Einklang mit der Unschärferelation kleinstmögliche Erwartungswert eines Operators muss nicht mit einem seiner Eigenwerte übereinstimmen. Kleiner als sein kleinster Erwartungswert kann der Eigenwert eines positiven Operators zwar nicht sein, aber nichts spricht dagegen, dass er größer ist. Wie auch immer

– der kleinstmögliche Erwartungswert der Energie eines Harmonischen Oszillators im Einklang mit der Unschärferelation stimmt mit dessen Grundzustandsenergie $E_0 = \hbar\omega/2$ laut Quantenmechanik überein. Die Schwankungen von U und T sind im Grundzustand des Oszillators mit der Energiefunktion H offenbar so korreliert, dass in der Summe $H = T + U$ keine Schwankung auftritt.

Rechnerisch sind, hier wie überall, die Verhältnisse bei Harmonischen Oszillatoren am einfachsten. Mit dem Ort und der Geschwindigkeit schwanken stets auch seine potenzielle und kinetische Energie. Wenn wir nach Schwankungen der Gesamtenergie fragen, lautet die erste Antwort selbstverständlich, dass diese in den Eigenzuständen der Energie nicht schwankt, sondern feste Werte besitzt. Beim Harmonischen Oszillator sind sie $E_n = \hbar\omega(n + 1/2)$. Hierin ist n eine ganze Zahl mit $n = 0$ im Grundzustand, und es wurde wie üblich $\hbar = h/2\pi$ sowie $\omega = 2\pi\nu$ definiert. Für die Systeme aber, für die uns der Harmonische Oszillator als Modell dienen soll, gilt eine wichtige Voraussetzung des Theorems von der festen Gesamtenergie in gewissen Zuständen nicht. Die nämlich, dass sich der Oszillator sozusagen von Ewigkeit zu Ewigkeit ohne Kontakt mit der Außenwelt in dem Zustand mit der festen Energie E_n befunden hat, befindet und befinden wird. Ist das nicht so, sondern steht der Oszillator in Kontakt mit einer Außenwelt, an die er Energie abgeben und aus der er Energie aufnehmen kann, so wird seine »Energie« etwa so fluktuieren, wie es die potenzielle und kinetische Energie des isolierten Oszillators tun. Um dies zu erläutern, wollen wir die Außenwelt stark vereinfachend durch einen zweiten Harmonischen Oszillator simulieren, der mit dem ersten in Kontakt steht. Die Energie des Gesamtsystems ist dann die (quantenmechanische) Summe der Energien der beiden Subsysteme – in enger Analogie zu der Gesamtenergie des einzelnen Oszillators, die selbst eine Summe aus potenzieller und kinetischer Energie ist. Zustände des Gesamtsystems aus zwei gekoppelten Oszillatoren, in denen einer von ihnen eine feste, zeitlich konstante Energie besäße, gibt es nicht. An ihre Stelle treten jene Zustände, in denen die Energie des Gesamtsystems feste Werte besitzt. In ihnen wechselt die Energie in – klassisch gesprochen – Schwebungen zwischen den beiden Oszillatoren hin und her.

Selbstverständlich kann die Energie E eines beliebigen Systems nur durch Kontakte zur Außenwelt experimentell ermittelt werden.

Für sie gilt die Unschärferelation

$$\Delta E \cdot \Delta t \geq \hbar$$

zwischen Energie und Zeit, in der ΔE für die durch eine Energiemessung erreichbare Genauigkeit steht, die nicht länger als die Zeitspanne Δt dauert. Unser Thema in diesem Abschnitt ist der Leere Raum der Physik, und von ihm wissen wir, dass er von den Nullpunktsschwankungen des elektromagnetischen Feldes erfüllt ist. Jede von deren unendlich vielen Frequenzen steht für einen Harmonischen Oszillator mit eben dieser Frequenz, und jeder von ihnen stünde ungekoppelt für sich allein, wenn es nicht die Möglichkeiten der Übergänge in elektrisch geladene Teilchen-Antiteilchen-Paare der Abb. 3.1 gäbe. Denn direkt – ohne die Vermittlung elektrischer Ladungen – kann elektromagnetische Strahlung (anders als gluonische!) mit ihresgleichen nicht wechselwirken. Gibt es aber elektromagnetische Strahlung, so muss auch deren Wechselwirkung mit geladenen Teilchen berücksichtigt werden, sodass der Operator der Gesamtenergie, dessen Eigenzustände als einzige zeitlich konstant sein können, schlussendlich wohl die ganze Welt umfassen muss. Jedenfalls umfassen muss er die geladenen Teilchen, und so kommt es, dass kein endlicher Raumbereich für eine endliche Zeit eine genau bestimmte Energie besitzen kann. Der Außenraum vollführt sozusagen in jedem endlichen Teilbereich Messungen von Energie und Impuls, deren Ergebnisse zwar im allgemeinen Rauschen untergehen, die trotzdem (oder gerade deshalb!) nicht rückgängig gemacht werden können. Nicht nur die Ergebnisse der Vermessungen quantenmechanischer Systeme durch klassische Apparate unterliegen also den von den Unschärferelationen auferlegten Beschränkungen, sondern – vor allem und eigentlich – die quantenmechanischen Systeme selbst. Folglich können wir schließen, dass in Raumbereichen der Größe Δq unabwendbar Schwankungen des Impulses der Größe Δp auftreten, die der Unschärferelation

$$\Delta p \cdot \Delta q \geq \hbar$$

zwischen einer Ortskoordinate q und der ihr entsprechenden Impulskomponente p genügen. Analoges gilt aufgrund der bereits angeschriebenen Unschärferelation zwischen Energie und Zeit für die Schwankungen der Energie des Leeren Raumes und deren Dauer. Die – sozusagen – Logik der Unschärferelationen ist, dass in kleinen

Bereichen von Raum und Zeit Schwankungen der von ihnen geforderten Größenordnung auftreten *müssen*. Größere *können* selbstverständlich im Einklang mit den Unschärferelationen auftreten, sind aber mit zunehmender Größe mehr und mehr unwahrscheinlich. Im Lichte dieser Bemerkung muss auch der Spruch verstanden werden, das Vakuum verleihe Energie – viel für kurze, wenig für lange Zeit. Hier geht es um die Energie, die das Vakuum aufgrund der Unschärferelation verleihen *muss*, aber nicht um die, die es im Einklang mit ihr verleihen *kann*. Das Vakuum *könnte* wesentlich mehr verleihen, als die Unschärferelation zwischen Energie und Zeit erzwingt, aber das ist sehr unwahrscheinlich, sodass wir die Unschärferelation zwischen Energie und Zeit zu

$$\Delta E \cdot \Delta t \approx \hbar$$

verschärfen können: In Zeitspannen Δt schwankt die Energie in einem Raum, der so Leer ist wie mit den Naturgesetzen vereinbar, um $\Delta E \approx \hbar/\Delta t$.

Wie die Energie in kurzen Zeiten erhebliche Schwankungen aufweisen muss, so der Impuls in kleinen Raumbereichen. Folglich können wir die Unschärferelation zwischen Impuls und Ort zu

$$\Delta p \cdot \Delta q \approx \hbar$$

oder $\Delta p \approx \hbar/\Delta q$ verschärfen.

Aber nicht alle Quantenzahlen unterliegen Schwankungen; die elektrische Ladung zum Beispiel nicht. Anders als für Energie und Impuls gilt für sie deshalb keine Unschärferelation, weil ihr Operator Q nicht nur wie die Operatoren der beiden anderen erhaltenen Größen mit dem Hamilton-Operator vertauscht, sondern sogar mit allen Operatoren, die Observable repräsentieren; zum Beispiel mit den Operatoren für Energie, Ort und Impuls. Wenn mit dem Operator einer Observablen die Operatoren *aller* Observablen vertauschen, kann für die Verteilung von dessen Eigenwerten keine Unschärferelation gelten, weil er ja zusammen mit allen Observablen wohlbestimmte Werte besitzen kann.

Denn Unschärferelationen betreffen immer die Verteilungen der Eigenwerte von miteinander nicht kommutierenden Operatoren in Zuständen des jeweils betrachteten Systems. Für die elektrische Ladung, aber nicht nur für sie, gilt eine »Überauswahlregel« – der Zustand eines jeden realisierbaren Systems ist ein Eigenzustand des

Abbildung 3.3: Die Ladungsfluktuationen der Abb. 1.1 weiter oben treten unabhängig voneinander überall auf. Das physikalische Vakuum ist daher mit »virtuellen« Ladungen angefüllt, denen nur Energie fehlt, die sie nicht wieder hergeben müssen, um zu realen Ladungen zu werden. Das Vakuum selbst verleiht aufgrund der Unschärferelation zwischen Energie und Zeit Energie – viel für kurze, wenig für lange Zeit. Daher treten Teilchen-Antiteilchen-Paare massereicher elektrisch geladener Teilchen wie Müonen oder gar Tau-Leptonen seltener und für kürzere Zeiten auf als die des masseärmsten geladenen Teilchens, des Elektrons.

Ladungsoperators zu einem gewissen Eigenwert. Deshalb können geladene Teilchen nur zusammen mit ihren Antiteilchen in Fluktuationen auftreten. Diesen Aspekt hat bereits die Abb. 1.1 dargestellt. Die Abb. 3.3 zeigt einiges von dem, was im Prinzip außerdem noch in dem Leeren Raum für kurze Zeitspannen auftreten kann. Je größer die Energie, die für die schiere Existenz von Objekten aufzubringen ist, desto kürzer ist die Dauer von Fluktuationen, in denen diese auftreten. Die leichtesten elektrisch geladenen Teilchen, die Elektronen, treten zusammen mit ihren Antiteilchen also häufiger auf als die schwereren wie die μ-Leptonen, die Protonen oder gar die τ-Leptonen. Je mehr Masse ein Teilchen besitzt, desto weniger Energie steht ihm in einer Fluktuation von vorgegebener Dauer als Energie oberhalb der seiner Masse entsprechenden Energie als kinetische Energie zur Verfügung. Umgerechnet auf die Geschwindigkeit der

Teilchen in der Fluktuation, die abermals mit der Masse abnimmt, und dann auf die Größe des Raumbereiches, den sie durch ihre Existenz vor der gegenseitigen Wiedervernichtung beeinflussen können, ergibt sich eine starke Abnahme mit steigender Masse der auftretenden Teilchen. Folglich spielen bei der Berechnung von Vakuumeffekten die Elektron-Positron-Paare eine herausragende Rolle.

Nun ist die Zeit, anders als der Ort, in der Quantenmechanik keine Beobachtungsgröße, sodass die Unschärferelation zwischen ihr und der Energie nicht Modell für andere Unschärferelationen stehen kann. Denn indem sie den Parameter Zeit mit der Beobachtungsgröße Energie in Beziehung setzt, ist sie – sozusagen – eine Unschärferelation zwischen ungleichen Partnern. Anders als die Unschärferelation zwischen Ort und Impuls, die zwei Beobachtungsgrößen miteinander verbindet und deshalb leicht zu interpretieren ist, war denn auch die Energie-Zeit-Unschärferelation Gegenstand zahlreicher Publikationen. Hier ist nicht der Ort, darauf im Detail einzugehen. Eine ausführliche Diskussion findet der interessierte Leser in [52].

Schwankungen beruhen auf Unschärferelationen, und diese wiederum darauf, dass die schwankende Größe nicht gleichzeitig mit einer zweiten, ihr durch die Unschärferelation zugeordneten, einen bestimmten Wert besitzen kann – entweder der Ort oder der Impuls sind unscharf; zumeist sind es beide. Eine solche zweite Größe gibt es für die elektrische Ladung nicht, sie kann gleichzeitig mit jeder beliebigen Beobachtungsgröße einen bestimmten Wert besitzen (und in allen realisierbaren Zuständen muss sie das sogar; Stichwort Überauswahlregeln). Die elektrische Ladung ist also nicht nur, wie der Impuls, zeitlich konstant, sondern zudem gibt es keine Größe – wie den Ort für den Impuls –, durch deren Beschränkungen ihr Schwankungen auferzwungen würden. Folglich ändern Fluktuationen im Leeren Raum der Quantenmechanik und Speziellen Relativitätstheorie die elektrische Gesamtladung nicht. Ergänzend sei gesagt, dass es keinen Parameter gibt, der außerhalb des Formalismus stünde und für die Ladung die Rolle spielen könnte, welche die Zeit für die Energie spielt.

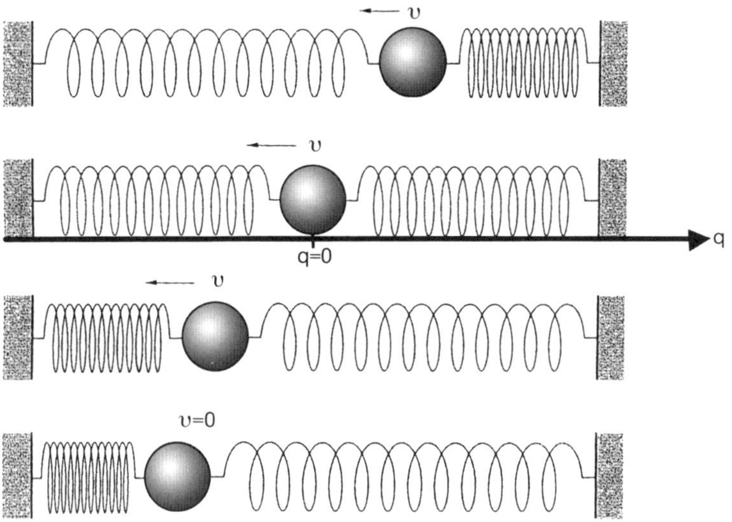

Abbildung 3.4: Schwingungen eines Harmonischen Oszillators: Eine zwischen zwei gleichen Federn eingespannte Kugel mit der Masse m schwingt mit wechselnden Geschwindigkeiten v hin und her. Ihre Auslenkung q wird von der Ruhelage $q = 0$ aus nach rechts positiv, nach links negativ gerechnet. Wenn der Oszillator so wenig schwingt, wie es ihm aufgrund der Unschärferelation zwischen Ort und Impuls möglich ist – in seinem Grundzustand –, ist seine Energie nicht null, sondern $E^{(0)} = \hbar\omega/2$, worin $\omega = 2\pi\nu$ die seiner Frequenz ν entsprechende Kreisfrequenz ist.

Harmonische Oszillatoren

Ist $q(t)$ die Auslenkung (Abb. 3.4) der Masse m eines harmonischen Oszillators aus der Ruhelage und $v = \dot{q}(t) \equiv \frac{d}{dt}q(t)$ seine Geschwindigkeit als Funktion der Zeit t, so ist seine potenzielle Energie

$$U = (m\omega^2/2)q^2. \tag{3.16}$$

Hierin steht $\omega = 2\pi\nu$ für die Kreisfrequenz des Oszillators mit der Frequenz ν. Mit der Harmonischen Oszillatoren angepassten Definition des Impulses p als $p = m\dot{q}$ kann die kinetische Energie

$$T = \frac{m}{2}\dot{q}^2 \tag{3.17}$$

auch als

$$T = \frac{p^2}{2m} \tag{3.18}$$

geschrieben werden.

In der Quantenmechanik stehen p und q für hermitesche Operatoren mit dem Kommutator

$$[q, p] \equiv qp - pq = i\hbar. \tag{3.19}$$

Offensichtlich sind die (uneigentlichen) Eigenzustände von p auch Eigenzustände von T, und für den Oszillator in Ruhe nimmt T seinen kleinsten, überhaupt möglichen Eigenwert null an. Dasselbe gilt für q statt p und U statt T. Hingegen sind mit $n = 0, 1, 2, \ldots$ die Eigenwerte

$$E_n = \hbar\omega(n + 1/2) \tag{3.20}$$

der Gesamtenergie

$$\begin{aligned} H = T + U &= \frac{m}{2}\dot{q}^2 + (m\omega^2/2)q^2 \\ &= \frac{p^2}{2m} + (m\omega^2/2)q^2 \end{aligned} \tag{3.21}$$

durch $\hbar\omega/2$ nach unten beschränkt, also um diesen Betrag größer als die individuellen Minimalwerte 0 von T und U. Klassisch kann das nicht so sein. Denn jeder Harmonische Oszillator der klassischen, nicht-quantenmechanischen Physik besitzt stets einen bestimmten Ort – hier durch q dargestellt – zusammen mit einem bestimmten Impuls – hier p. Im durch $(q = 0, p = 0)$ zu kennzeichnenden klassischen Zustand niedrigster Energie besitzt *jede der drei* Funktionen T, U und H denselben niedrigsten Wert null. Diesen Wert kann nach Auskunft der Quantenmechanik zwar jeder der beiden Operatoren T und U für sich allein annehmen; beide zugleich aber können das nicht, und die Gesamtenergie H als quantenmechanische Summe zweier nicht kommutierender Operatoren besitzt ihren eigenen Zustand niedrigster Energie, der um $\hbar\omega/2$ über dem Minimalwert der Einzelbeiträge von T und U zu H liegt.

Hier wirkt sich aus, dass die Kommutatoren $[H, T]$, $[H, U]$ und $[T, U]$ der Operatoren H, T und U von null verschieden sind, es also kein vollständiges System von Zuständen gibt, in dem irgend zwei von ihnen bestimmte Werte besitzen. Tatsächlich gibt es keinen einzigen Zustand, in dem T zusammen mit U, oder T zusammen mit H oder U zusammen mit H »scharf« wäre. Den physikalischen Grund hierfür, die Unschärferelation und die aus ihr folgenden Schwankungen von p und q, haben wir erwähnt. Der Leere Raum, der, wie bei der Ableitung von Plancks Strahlungsformel unterstellt, als Ensemble Harmonischer Oszillatoren aufgefasst werden kann, ist folglich angefüllt mit schwankenden Feldern, die weder eine feste kinetische noch eine feste potenzielle Energie besitzen: Weder T, noch U ist zeitlich konstant; nur ihre Summe $H = T + U$ ist es. Folglich kann bereits aufgrund der Heisenbergschen Bewegungsgleichung

$\frac{d}{dt}X = \frac{i}{\hbar}[H, X]$ für nicht explizit von der Zeit t abhängende Operatoren X weder der Kommutator von T, noch der von U mit H verschwinden.

Bemerkenswert an der Gl. (3.20) für die Energieeigenwerte des Harmonischen Oszillators ist erstens, dass seine Energie im Grundzustand, seinem Zustand niedrigster Energie, mit $n = 0$ nicht null ist, sondern einen positiven Wert besitzt, die Nullpunktsenergie $\frac{\hbar\omega}{2}$. Dieser hängt zweitens von ω ab und besitzt drittens einen Wert, der um den Faktor $\frac{1}{2}$ kleiner ist als die Energiedifferenz zweier benachbarter Niveaus mit $n+1$ und n.

Den Grundzustand des Oszillators bezeichnen wir mit $|0\rangle$, sodass

$$H|0\rangle = \frac{\hbar\omega}{2}|0\rangle \qquad (3.22)$$

oder, äquivalent,

$$(H - \frac{\hbar\omega}{2})|0\rangle = 0. \qquad (3.23)$$

Wenn wir von der Allgemeinen Relativitätstheorie, die einen (noch unbekannten) Nullpunkt der Energie auszeichnet, absehen, können wir dann nicht den Energieoperator durch Neuwahl des Energienullpunktes als $H - \frac{\hbar\omega}{2}$ neu definieren und dadurch die Nullpunktsenergie loswerden? Tatsächlich würde diese triviale Neuwahl, wie sie ja muss, physikalisch nichts ändern, die Formeln aber komplizieren. Komplizierter würden die Formeln dadurch, dass die von H abzuziehende Nullpunktsenergie von ω abhängt, also nicht für alle Oszillatoren gleich gewählt werden kann. Am Casimir-Effekt als Beispiel wird sich zeigen, dass Unterschiede der physikalischen Eigenschaften von Oszillatoren mit verschiedenen Frequenzen ν_1 und ν_2 nur verstanden werden können, wenn sie in ihren Grundzuständen verschiedene Energien besitzen. Für das qualitative Verständnis, das wir anstreben, reicht aus, *dass* die Energien von Oszillatoren mit verschiedenen Frequenzen im Grundzustand verschieden sind, ob nun $\hbar(\omega_2 - \omega_1)/2$ mit dem Faktor $\frac{1}{2}$ oder ohne ihn.

Die früheste quantitative Analyse, die den Faktor $\frac{1}{2}$ erforderte, beruhte 1924, noch vor Heisenbergs theoretischer Ableitung der Nullpunktsenergie des Oszillators von 1925, auf einem Vergleich der Frequenzen der Schwingungen zweier Moleküle von BO, die sich nur dadurch unterschieden, dass die Isotope ihrer B-Kerne verschieden waren: B^{10} gegenüber B^{11} ([44], S. 31). Die Analyse ist kompliziert, da aus den die Frequenzen bestimmenden Energiedifferenzen $E_m - E_n$ für jedes der Moleküle der in der Nullpunktsenergie lineare Term herausfällt, die Effekte der unterschiedlichen Nullpunktsenergien also erst in nichtlinearen Korrekturtermen auftreten. Trotzdem – der Autor Robert Sanderson Mulliken (1896–1986, Chemienobelpreis 1966) der Originalarbeit von 1924 konnte schließen, die wahren Werte der Schwingungsquantenzahlen seien nicht n und m, sondern um $\frac{1}{2}$ größer.

Selbstverständlich ist der Grundzustand $|0>$ des Oszillators von der Verschiebung des Nullpunktes der Energie unabhängig – als Eigenzustand von H zum niedrigsten Eigenwert $\hbar\omega/2$ ist er auch Eigenzustand des modifizierten H zu dessen niedrigsten Eigenwert null, der sich durch die Umrechnung ergibt. Daher bleibt es von ihr unabhängig dabei, dass der Oszillator in seinem Grundzustand – wie übrigens auch in jedem anderen Eigenzustand der Energie – weder einen bestimmten Wert von T noch einen von U besitzt. Auch in seinem Grundzustand liegt der Oszillator nicht einfach da, sondern besitzt ein Spektrum von Auslenkungen und Geschwindigkeiten, die von den Gleichungen Gl. (6.1) und Gl. (6.2) der mathematischen Anhänge abgelesen werden können: Zwar die Nullpunktsenergie, nicht aber die Nullpunktsunruhe eines Oszillators kann wegtransformiert werden. Genauer besitzen zwar die Operatoren p und q im Grundzustand den Erwartungswert null, aber die Erwartungswerte ihrer Quadrate – also T und U und zugleich ihre Schwankungsquadrate – sind von null verschieden.

Es sind unabwendbar fluktuierende Felder, die im Leeren Raum als Oszillatoren auftreten. Einem einzelnen Oszillator lässt sich nur durch seine Auslenkung eine Ortsvariable zuordnen, aber zusammen fluktuieren die Oszillatoren des Leeren Raumes, die wir als elektromagnetische Anregungen eines Hohlraumes kennen gelernt haben, so, dass jedem Ort unendlich viele, voneinander unabhängige Oszillatoren mit verschiedenen Frequenzen zukommen. Die Mathematik findet die interessierte Leserin in dem Mathematischen Anhang über Schwingende Saiten. Wenn ein Oszillator zwei Variable q und p mit den Kommutatoren der Gl. (3.19) besitzt, so besitzen N Oszillatoren $2N$ Variable q_k und p_k mit k ganzzahlig von 1 bis N und den Kommutatoren

$$[q_k, p_k] = i\hbar. \tag{3.24}$$

Dass die Oszillatoren unabhängig voneinander mit der Frequenz ν_k schwingen können, bedeutet erstens, dass alle Operatoren mit verschiedenen Indizes kommutieren, also

$$[q_k, p_l] = [q_k, q_l] = [p_k, p_l] = 0 \tag{3.25}$$

für $k \neq l$, und zweitens, dass der Energieoperator H wie oben zwei Anteile T und U besitzt, die als Summen

$$T = \frac{1}{2} \sum_k \alpha_k p_k^2 \tag{3.26}$$

und

$$U = \frac{1}{2} \sum_k \beta_k q_k^2 \tag{3.27}$$

geschrieben werden können mit, wie oben,

$$H = T + U. \tag{3.28}$$

Von den Koeffizienten α_k und β_k wollen wir der Allgemeinheit zuliebe nur verlangen, dass sie positiv sind. Die Schwingungsfrequenz des jeweiligen Oszillators ist $\nu_k = \omega^{(k)}/2\pi$ mit $\omega^{(k)} =$

$(\alpha_k \beta_k)^{\frac{1}{2}}$. Die möglichen Energiewerte $E_{n_k}^{(k)}$ der einzelnen Oszillatoren können als

$$E_{n_k}^{(k)} = \hbar\omega^{(k)}(n_k + 1/2) \tag{3.29}$$

geschrieben werden mit n_k ganzzahlig positiv oder null. Die Gesamtenergie der Oszillatoren ist die Summe über k der Energien $E_{n_k}^{(k)}$ der einzelnen Oszillatoren. Der Zustand niedrigster Energie $|0\rangle$ ist nun derjenige, in dem alle n_k verschwinden,

$$H|0\rangle = E^{(0)}|0\rangle, \tag{3.30}$$

worin wir die Nullpunktsenergie $\frac{1}{2}\sum_k \omega^{(k)}$ des Systems von unabhängigen Oszillatoren durch $E^{(0)}$ abgekürzt haben.

Die physikalischen Systeme, deren quantenmechanische Beschreibungen in diese Form gebracht werden können, sind zahlreich. Zu ihnen gehören, neben der Saite des mathematischen Anhangs, Kristalle mit ihren Schwingungen sowie die Quantenfeldtheorie von Teilchen mit ganzzahligem Spin, auch null, den Bosonen, ohne Wechselwirkung. Auf Teilchen mit halbzahligem Spin, Fermionen, ohne Wechselwirkung kann der Formalismus durch eine einfache, aber folgenreiche Vorschrift verallgemeinert werden: Man ersetze die Kommutatoren der Gl. (3.24) und Gl. (3.25) durch »Antikommutatoren«: aus $[q,p] \equiv qp - pq = i\hbar$ wird $\{q,p\} \equiv qp + pq = i\hbar$ und so weiter. Darauf gehen wir nicht weiter ein.

Auch der Leere Raum der Elektrodynamik ohne elektrische Ladungen und Ströme kann als Ansammlung quantenmechanischer Harmonischer Oszillatoren interpretiert werden. Die in seinem Grundzustand fluktuierenden elektrischen und magnetischen Felder $\vec{E}(\vec{r},t)$ und $\vec{B}(\vec{r},t)$ befinden sich, als Oszillatoren aufgefasst, in ihrem quantenmechanischen Grundzustand und treten als Hohlraumstrahlung bei der Temperatur absolut null auf. Wie allgemein die p und q besitzen auch die Felder $\vec{E}(\vec{r},t)$ und $\vec{B}(\vec{r},t)$ im Grundzustand den Erwartungswert null, aber die Erwartungswerte ihrer Quadrate $\vec{E}(\vec{r},t)^2$ und $\vec{B}(\vec{r},t)^2$ sind von null verschieden. Die aus der Elektrodynamik bekannte Energie H der Felder

$$H = A \int d^3x (\vec{E}(\vec{r},t)^2 + \vec{B}(\vec{r},t)^2), \tag{3.31}$$

worin A ein hier nicht interessierender Proportionalitätsfaktor ist, kann quantenmechanisch als $H = T + U$ mit den T und U der Gl. (3.26) und Gl. (3.27) geschrieben werden. Das oben über die T, U und H Gesagte kann daher ohne Einschränkung auf den Leeren Raum der Quantenelektrodynamik übertragen werden – mit den bereits beschriebenen Konsequenzen für die Felder und ihre Fluktuationen.

Zu den Systemen, deren quantenmechanische Beschreibung in die Form von N unabhängig voneinander schwingenden Oszillatoren mit ihren q_k und p_k gebracht werden kann, gehören auch durch

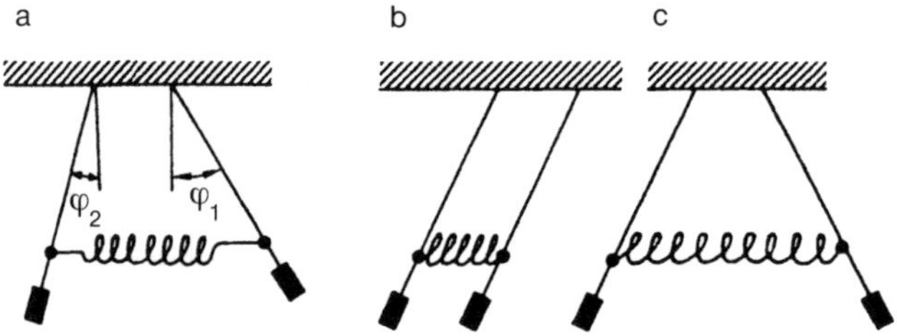

Abbildung 3.5: Zwei gekoppelte identische Pendel schwingen im Allgemeinen nicht mit einer bestimmten Periode (a). Periodische Schwingungen mit kleiner Amplitude können sie als Harmonische Oszillatoren miteinander (b), mit der Eigenfrequenz ω der ungekoppelten Pendel) oder gegeneinander (c), mit der höheren Frequenz ω') ausführen. Das Gesamtsystem befindet sich in seinem Grundzustand mit der Energie $E^{(0)} = (\hbar/2)(\omega + \omega')$, wenn beide Schwingungsformen so wenig wie möglich, d. h. mit Quantenzahlen $n = 0$ und $n' = 0$, angeregt sind. Zur Vereinfachung der Sprechweise, und wenn klar ist, was gemeint ist, bezeichnen wir Kreisfrequenzen ω gelegentlich als Frequenzen.

besonders einfache Wechselwirkungen aneinander gekoppelte Oszillatoren. Das wohl prominenteste Beispiel bilden zwei durch eine Feder gekoppelte Pendel, die so kleine Schwingungen ausführen, dass sie sich näherungsweise wie zwei gekoppelte Harmonische Oszillatoren verhalten (Abb. 3.5).

Als Variable q_k mit $k = 1, 2$ zur Beschreibung der Bewegungen der Pendel bei so kleinen Auslenkungen, dass sie sich wie zwei gekoppelte Harmonische Oszillatoren mit der Masse m und Frequenz ω eines jeden verhalten, wählen wir $q_k = l\phi_k$, worin l für die Länge der Pendelstangen steht. Die zugehörigen p_k sind $p_k = m\dot{q}_k$, sodass die Gesamtenergie des Systems als

$$H = \sum_k \left(\frac{1}{2m} p_k^2 + \frac{m}{2} \omega^2 q_k^2 \right) + \frac{1}{2} D (q_1 - q_2)^2 \qquad (3.32)$$

geschrieben werden kann. Der Zusammenhang der – wie die Leserin sich leicht überlegen kann, positiven – Kopplungskonstante D mit der Federkonstante der Verbindung der beiden Pendel interessiert hier nicht. Zu Koordinaten, die unabhängig voneinander mit Frequenzen ω und ω' schwingen können, gehen wir durch die Definitionen

$$Q_1 = (q_1 - q_2)/\sqrt{2} \text{ und } Q_2 = (q_1 + q_2)/\sqrt{2} \qquad (3.33)$$

über. Die zugehörigen Impulse P_k sind

$$P_1 = (p_1 - p_2)/\sqrt{2} \text{ und } P_2 = (p_1 + p_2)/\sqrt{2}. \qquad (3.34)$$

Die Wahl des Koeffizienten $1/\sqrt{2}$ in Gl. (3.33) garantiert, dass die Q_k, P_k (hier nur $k = 1, 2$) nach Übergang zur Quantenmechanik dieselben Kommutatoren besitzen wie die q_k, p_k. Ausgedrückt durch Q_k und P_k heißt die Gesamtenergie

$$H = \sum_k \left(\frac{1}{2m} P_k^2\right) + \frac{m}{2}\left(\omega^2 Q_1^2 + (\omega^2 + \frac{2D}{m})Q_2^2\right), \tag{3.35}$$

sodass die Frequenzen, mit denen die Koordinaten Q_k unabhängig voneinander periodisch schwingen können, sich als ω für Q_1 und $\omega' = (\omega^2 + \frac{2D}{m})^{\frac{1}{2}}$ für Q_2 ergeben.

Zur Quantenmechanik gehen wir über, indem wir den unabhängigen Q_k und P_k die Kommutatoren der q_k und p_k in Gl. (3.24) und Gl. (3.25) auferlegen. Die Energieeigenwerte des Systems sind damit

$$E^{(n,n')} = \hbar((n + 1/2)\omega + (n' + 1/2)\omega'), \tag{3.36}$$

sodass sich als Grundzustandsenergie

$$E^{(0)} \equiv E^{(0,0)} = \frac{\hbar}{2}(\omega + \omega') \tag{3.37}$$

ergibt. Zusammengefasst können die Koordinaten Q_k unabhängig voneinander so schwingen wie die zweier ungekoppelter Harmonischer Oszillatoren mit der gemeinsamen Masse m und den Frequenzen ω und ω'. Die (klassische) anschauliche Bedeutung im Sinne der Abb. 3.5 dieser Schwingungen mit ihren frei wählbaren Amplituden ergibt sich durch Auflösen der Gl. (3.33) nach den q_k. Die quantenmechanische Beschreibung des Gesamtsystems folgt genauso aus den quantenmechanischen Beschreibungen der beiden unabhängigen Oszillatoren. Insbesondere sind die möglichen Energien des Gesamtsystems mit der Summe der möglichen Energien dieser Oszillatoren identisch, sodass in dessen Grundzustand jede der beiden Schwingungsformen mit ihrer Minimalenergie $\hbar\omega/2$ bzw. $\hbar\omega'/2$ angeregt ist.

Schwingende Saiten und elektromagnetische Wellen

Es ist leicht, die Konsequenzen der Unschärferelation auf beidseitig eingespannte Saiten zu übertragen. Wie das Pendel, besitzt auch die Saite nach Auskunft der nicht-quantenmechanischen Physik eine Ruhelage: die gerade Verbindung der Einspannungspunkte. Aber anders als beim Pendel kann die Schwerkraft bei der Saite vernachlässigt werden; ihre Lageenergie ist reine Spannungsenergie.

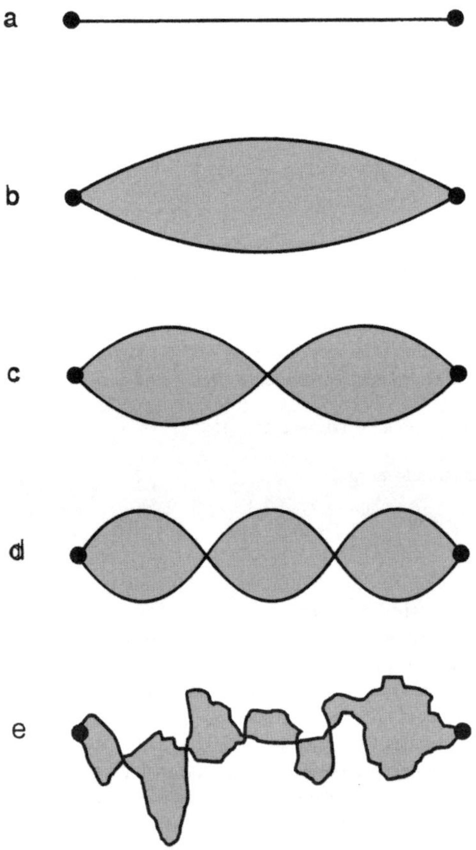

Abbildung 3.6: Die eingespannte Saite kann nach Auskunft der Klassischen Physik in der ausgestreckten Stellung a) ruhen oder mit unendlich vielen Frequenzen und zugeordneten Wellenlängen schwingen. Die drei Schwingungsformen mit den niedrigsten Frequenzen sind die Grundschwingung b) ohne Schwingungsknoten und die ersten beiden Oberschwingungen mit einem Knoten c) oder zwei d). Wie das Pendel seine klassische Ruhelage aufgrund der Unschärferelation nicht annehmen kann, so auch die Saite: Ständig umzittert sie mit den ihr möglichen Frequenzen die Ruhelage e).

Schwingt die Saite, bewegen sich ihre Punkte senkrecht zur Ruhelage »auf« und »ab« – die Saite besitzt dann Bewegungsenergie. Alle ihr überhaupt möglichen Bewegungen können mathematisch aus den Schwingungen mit bestimmten Frequenzen gewonnen werden. Von ihnen gibt es unendlich viele; drei sind, zusätzlich zur Ruhelage (a), in Abb. 3.6 dargestellt – die Grundschwingung (b) mit der niedrigsten Frequenz und die beiden ersten Oberschwingungen mit der doppelten (c) und dreifachen (d) Frequenz.

Die für eine beidseitig eingespannte Saite charakteristischen Größen sind ihre Länge L und die Geschwindigkeit v, mit der sich Anregungen ihr entlang bewegen – mit, übrigens, derselben Gruppen- wie Phasengeschwindigkeit v, weil wir zugunsten der Analogie mit den elektromagnetischen Wellen die bei Saiten auftretenden Dämpfungsverluste sowie einen möglichen »Massenterm« nicht berücksichtigen. Elektromagnetische Wellen mit der Lichtgeschwindigkeit c als ihrem v verhalten sich zwischen zwei Metallplatten nicht anders als Schwingungen von Saiten zwischen ihren Einspannungspunkten $x = 0$ und $x = L$, wobei x für die Koordinate entlang der Saite steht. Zwischen den Einspannungspunkten können nur Schwingungen mit Wellenlängen λ auftreten, deren Auslenkungen den Einspannungsbedingungen genügen, will heißen, bei $x = 0$ und $x = L$ verschwinden. Folglich können wir die erlaubten Wellenlängen λ_n mit $n = 1, 2, 3, \ldots$ und der Definition $\lambda_n = 2L/n$ durchnummerieren. Aus der Schulphysik übernehmen wir die Gleichung $\nu\lambda = v$ für die Frequenz ν einer Schwingung mit der Wellenlänge λ und der Geschwindigkeit v, sodass die der Saite zugänglichen Frequenzen auch als $\nu_n = v/\lambda_n = vn/2L$ geschrieben werden können. Mit jeder dieser Frequenzen kann die Saite als eigenständiger Harmonischer Oszillator schwingen, also ohne dass eine andere Schwingungsform angeregt wäre – mit Ausnahme, selbstverständlich, der unvermeidlichen Nullpunktsunruhe, die aus der Unschärferelation folgt. Die zugehörige Energie im Zustand niedrigster Energie ist hier wie bei allen Oszillatoren mit $\frac{1}{2}\hbar\omega_n$, worin wir wie üblich mit $\omega = 2\pi\nu$ die Kreisfrequenz bezeichnet haben, nur eine Funktion der Frequenz. Die sich durch Summation über alle n hieraus ergebende Gesamtenergie der Saite im Grundzustand ist offenbar unendlich, sodass erst endliche Energiedifferenzen zwischen formal unendlichen Energien sinnvoll sein können. Das Verfahren der Regularisierung, das verlässliche endliche Ergebnisse liefert, haben wir für die Saite in einem Mathematischen Anhang als Beispiel für die Berechnung des Casimir-Effektes durchexerziert.

Anschaulich besitzt die Unschärferelation für die periodischen Schwingungen der Saite dieselben Konsequenzen wie für das Pendel: Im Zustand niedrigster Energie zittert die Saite mit allen ihren

Frequenzen ein wenig um ihre Ruhelage – die Verbindungsgerade der Einspannungspunkte – herum (e). Das hat eine bemerkenswerte, für unser Vorhaben wichtige Konsequenz: Wie die gewöhnlichen klassischen großen Schwingungen der Saite werden auch ihre Nullpunktsschwingungen an den Einspannungspunkten reflektiert und üben Druck auf sie aus. Dass die Spannung der Saite an diesen Punkten auch zieht, spielt hier keine Rolle. Denn die Saite soll uns nur als Modell für elektromagnetische Wellen zwischen leitenden Wänden dienen. Diese werden durch dieselbe Mathematik wie eingespannte Saiten beschrieben, sodass die leitenden Wände wie die Einspannungspunkte durch die Reflexion der Wellen einen Rückstoß erfahren.

Casimir-Effekt

Den unbegrenzten Leeren Raum erfüllen auch bei der Temperatur $T = 0$ Schwankungen des elektromagnetischen Feldes mit kontinuierlich vielen Wellenlängen zwischen null und unendlich. In elektrische Leiter können elektromagnetische Wellen nicht eindringen, sodass sie an Leiteroberflächen Knoten besitzen: Sie werden von den Oberflächen reflektiert und üben deshalb Druck auf sie aus. Angenommen nun, zwei elektrisch neutrale leitende Wände – zwei Metallplatten, Spiegel also für elektromagnetische Wellen, die von diesen einen Rückstoß erfahren – stehen sich im ansonsten Leeren Raum gegenüber (Abb. 3.7a)). Dann können zwischen den Platten nur jene Nullpunktsschwingungen auftreten, deren Wellenlängen dem Zwischenraum angepasst sind. Von außen aber branden Nullpunktsschwingungen mit beliebigen Wellenlängen an die Platten heran. Sie üben, weil zahlreicher, mehr Druck auf die Platten aus als die von innen: Die Platten werden aufeinander zugetrieben; sie ziehen sich, anders gesagt, an. Die Abb. 3.7b) veranschaulicht diesen Effekt durch eine sich nach rechts ins Unendliche erstreckende schwingungsfähige Saite, die an ihrem Anfangspunkt sowie an einem anderen Punkt eingespannt ist.

Bemerkt sei, dass dieses anschauliche Argument mit Vorsicht verwendet werden muss, weil es zwei *unendliche* Größen voneinander abzieht – den Innen- von dem Außendruck, die beide bei kurzen Wellenlängen divergieren. Dass die Komplikationen, die das Unendliche

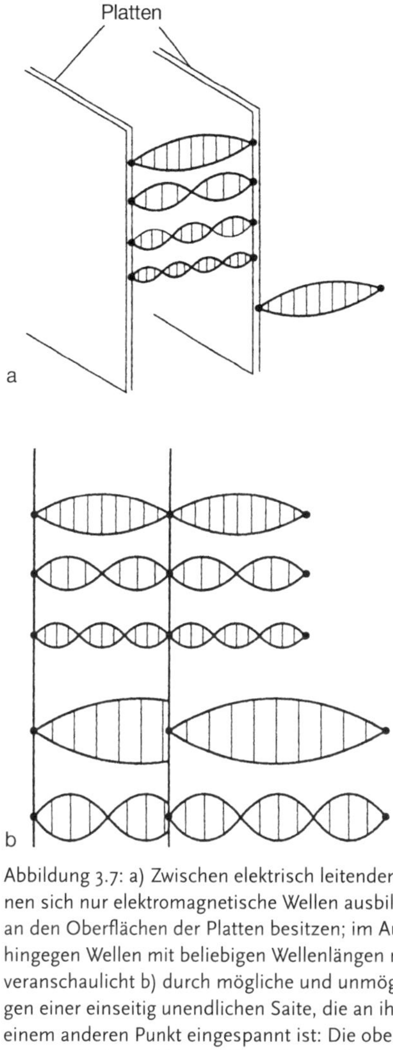

Abbildung 3.7: a) Zwischen elektrisch leitenden Platten können sich nur elektromagnetische Wellen ausbilden, die Knoten an den Oberflächen der Platten besitzen; im Außenraum sind hingegen Wellen mit beliebigen Wellenlängen möglich. Dies veranschaulicht b) durch mögliche und unmögliche Schwingungen einer einseitig unendlichen Saite, die an ihrem Ende und an einem anderen Punkt eingespannt ist: Die oberen drei Schwingungen sind sowohl im Außen- als auch im Innenraum möglich, die beiden unteren nur im Außenraum.

bringt, bei der Reflexion elektromagnetischer Wellen an Oberflächen ernst genommen werden müssen, zeigt bereits die Tatsache, dass bei manchen komplizierteren Geometrien als der von zwei einander gegenüberstehenden Platten der Gesamtdruck der elektromagnetischen Wellen auf Abstoßung statt auf Anziehung führt. Tatsächliche Berechnungen der Kraft zwischen leitenden Körpern im Leeren Raum verwenden denn auch statt der Impulse der Wellen ihre Energiedichten. Auch hierbei sind zwei gegenläufige, einzeln unendliche Effekte voneinander abzuziehen. Erstens wird die Energie bei einer Verminderung des Plattenabstandes dadurch erhöht, dass Innenraum durch energiereicheren Außenraum ersetzt wird. Zweitens sinkt dabei die Energiedichte im Innenraum, weil abermals weniger Wellenlängen in ihn hineinpassen. Die Endformel aber für die Kraft $F(r)$, mit der sich zwei im Abstand r parallel stehende, ungeladene elektrisch leitende Platten pro Querschnittsfläche A anziehen,

$$F(r)/A = \frac{\pi^2 c\hbar}{240 r^4},$$

ist bemerkenswert einfach: Neben reinen Zahlen enthält sie nur die Naturkonstanten c und $\hbar$. Deren Auftreten zeigt, dass Quantenmechanik und Relativität zusammen für die Anziehung verantwortlich sind.

Die Existenz dieses Effektes hat der niederländische theoretische Physiker H. B. G. Casimir im Jahre 1948 vorausgesagt [12]; experimentell nachgewiesen, allerdings mit großen Fehlern, wurde er zehn Jahre später durch M. J. Sparnaay [63]. Erst 1997 ist ein überzeugender Nachweis mit kleinen Fehlern gelungen (S. K. Lamoreaux [41]; ein zusammenfassender Bericht ist [42]). Ein Raum, der so Leer ist wie im Einklang mit den Naturgesetzen überhaupt möglich, ist folglich nicht leer im naiven Sinn des Wortes: Zumindest treten in ihm Nullpunktsschwingungen des elektromagnetischen Feldes auf – und mit ihnen (zumindest) virtuell all' das, was elektromagnetische Felder nach Auskunft von Feynman-Graphen (z. B. Abb. 3.1) bewirken können.

Angewendet auf Schiffe und Meer besagt ein zu dem Casimirs analoges Argument, dass zwei nebeneinander liegende Schiffe aufeinander zu getrieben werden müssen [8]. Das ist kein Seemannsgarn, sondern eine recht involvierte Konsequenz der Bewegungen der Schiffe mit und in den Wellen. Die Details sind komplizierter als bei Casimirs Platten, weil die Schiffe ausgedehnte Wellenzüge nicht einfach reflektieren, sondern sich mit ihnen bewegen: Sie folgen sowohl dem Auf und Ab der Wellen, als auch deren Schrägstellungen, sodass sie zu rollen beginnen und dadurch Wasserwellen aussenden, die auf sie so zurückwirken, *als ob* sie die Wellen reflektiert hätten.

Zwei Bewegungsformen also statt der einen bei den Platten, und das kompliziert die Sache. Das Resultat ist aber dasselbe: Zwischen den Schiffen nimmt das Meer an der Bewegung im Außenraum nicht teil, und deshalb werden die Schiffe wie die Platten aufeinander zugetrieben, ziehen sich gegenseitig durch eine mysteriös erscheinende Kraft an.

van der Waals-Wechselwirkungen

Die Ableitung der für die hypothetischen Idealen Gase geltenden Gasgleichung $PV = RT$ (Gl. (2.1)) beruht auf zwei idealisierenden Annahmen. Erstens wird angenommen, dass den Gasmolekülen das Volumen V ihres Behälters vollständig als Freiraum für Bewegungen zur Verfügung steht, und zweitens, dass die Moleküle außer effektiv elastischen Stößen aneinander und an der Wand keine Wechselwirkung besitzen. Die erste Annahme berücksichtigt die Eigenvolumina der Moleküle nicht, sodass sie nur für Volumina V gelten kann, denen gegenüber die Eigenvolumina vernachlässigt werden können. Als ihnen Rechnung tragende Korrektur bietet sich an, statt V das um die Summe der Eigenvolumina b verminderte V, also $(V - b)$, in die Gasgleichung einzutragen. Die zweite Annahme lässt alle anziehenden oder abstoßenden Kräfte zwischen den Molekülen außer Acht, die über die mittleren Entfernungen der Moleküle hinweg wirken und dadurch ihre Bewegungen dauerhaft beeinflussen. Kräfte dieser Art verändern offenbar den Druck P, den das Gas auf die Wände seines Gefäßes ausübt, und das kann bei anziehenden Kräften sogar zur Kondensation des Gases führen. Kräfte, die mit der Entfernung abnehmen – und nur solche kommen in Betracht, da Kräfte zwischen Molekülen notwendig elektromagnetischen Ursprungs sind – wirken sich um so weniger auf P aus, je weiter die Moleküle im Mittel voneinander entfernt sind, sodass der Einfluss des Korrekturterms auf den Druck um so geringer ausfallen muss, je größer das von dem Gas eingenommene Volumen ist. Nach Auskunft der idealen Gasgleichung, zu der die Korrekturen ja hinzutreten sollen, ist der Druck p bei festem T zu $1/V$ proportional, sodass der Korrekturterm zum Druck stärker abfallen muss als $1/V$.

Dies läuft auf die Ersetzung von p durch $(p - a/V^2)$ hinaus, worin a ein dem Einzelfall anzupassender Parameter ist. Die sich durch diese Korrekturen ergebende, nach dem niederländischen Physiker Johannes Diderik van der Waals (1837–1923, Physiknobelpreis 1910) als demjenigen benannte Gleichung, der sie für reale Gase 1873 vorgeschlagen hat,

$$(P + a/V^2)(V - b) = RT, \tag{3.38}$$

sollte sich als außerordentlich robust erweisen. Dass sie reale Gase besser beschreiben kann als die Gl. (2.1) für Ideale Gase ist selbstverständlich, weil sie mit a und b zwei Parameter mehr enthält, die angepasst werden können. Darüber hinaus dient sie bis heute als theoretisches Laboratorium für Effekte wie Phasenumwandlungen, die sie impliziert. Während nun aber, wie dargestellt, für die b-Korrektur ein einfacher physikalischer Grund angegeben werden kann, hat sich der Ursprung der a-Korrektur bis 1930 dem Verständnis entzogen. In und zwischen Molekülen wirken vor allem – nicht ausschließlich; hinzukommen die Kräfte der viel, viel wirkungsärmeren Neutralen Schwachen Wechselwirkungen – Kräfte elektromagnetischen Ursprungs. Da Moleküle elektrisch neutral sind, können nur elektrische Dipol- und höhere Momente für Wechselwirkungen zwischen ihnen verantwortlich sein; magnetische Momente einzelner Moleküle sind viel zu schwach, um sich auf die Wechselwirkung von zweien merkbar auszuwirken. Je nach relativer Lage – genauer: Drehung – können Dipole einander anziehen oder abstoßen. Im Thermischen Gleichgewicht treten alle relativen Winkel auf, und es konnte gezeigt werden, dass Moleküle mit *permanenten* elektrischen Dipolmomenten p_1 und p_2 im Abstand r einander bei der Temperatur T mit einer Kraft anziehen, die nach [44], S. 99, aus dem Potenzial $-p_1^2 p_2^2/(3k_B T r^6)$ durch Differenzieren berechnet werden kann. Da die Kraft anziehend ist – das Potenzial ist zwar negativ, aber der Abstand r steht wie beim Coulomb-Potenzial im Nenner – ergibt sie richtig ein positives a.

Doch auch Gase, deren Moleküle kein permanentes elektrisches Dipolmoment besitzen, erfordern ein positives a, und Experimente haben gezeigt, dass es Beiträge zu a gibt, die von der Temperatur T unabhängig sind. Einen quantenmechanischen Effekt, der auf ein solches a führt, hat der in Deutschland geborene amerikanische Physiker Fritz Wolfgang London (1900–1954) im Jahre 1930 identifiziert. Bei ihm finden wir unser Thema, die Grundzustände physikalischer Systeme, wieder. Denn seine Theorie führt das a der van der Waalsschen Gleichung auf die Nullpunktsenergie von Molekülen ohne permanentes Dipolmoment zurück. Das ist nicht die endgültige Antwort auf die Frage nach dem Ursprung von a. Diese hängt nicht nur von den Nullpunktsschwankungen der Energien der Atome, sondern auch von denen des elektromagnetischen Feldes im Leeren Raum ab.

Wie bereits erwähnt, kann ein Atom im Grundzustand bei Rechnungen näherungsweise wie ein Harmonischer Oszillator behandelt werden, dessen Frequenz dem Energieunterschied zwischen dem Grundzustand und dem ersten angeregten Zustand des Atoms entspricht. Gegeben seien zwei Harmonische Oszillatoren in Gestalt zweier elektrischer Schwingkreise, deren Kondensatoren einander im Abstand r gegenüberstehen (Abb. 3.8; das hier beschrieben Modell ist das von Daniel Kleppner in [38]). Sie stellen zwei Atome ohne elektrisches Dipolmoment in demselben Abstand voneinander dar. Klassisch spricht nichts dagegen, dass sich die beiden Atome oder Oszillatoren dauerhaft und ohne gegenseitige Beeinflussung in ihrem jeweiligen Grundzustand befinden. Nicht aber nach Auskunft der Quantenmechanik! Wie jeder Harmonische Oszillator, liegt auch der Schwingkreis in seinem Zustand niedrigster Energie nicht einfach da, sondern besitzt eine Nullpunktsunruhe von in ihm schwankenden Spannungen und Strömen. So für beide Schwingkreise, und folglich beeinflussen sie sich gegenseitig wie zwei elektrische Dipole mit fluktuierenden Dipolmomenten p_1 und p_2.

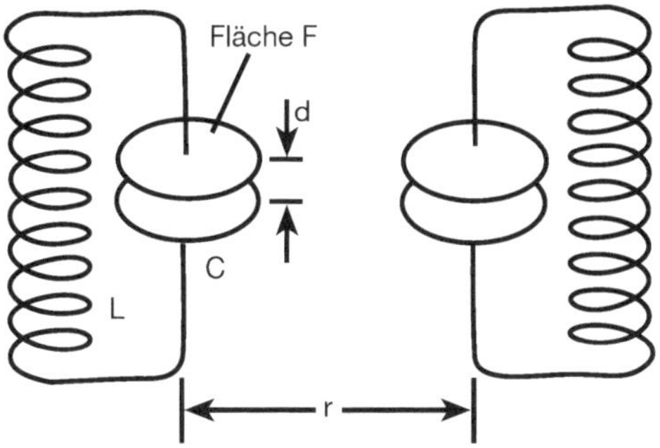

Abbildung 3.8: Zwei durch ihre Kapazitäten gekoppelte elektrische Schwingkreise.

Um die Abhängigkeit der Grundzustandsenergie des gekoppelten Systems von r zu berechnen, beginnen wir mit dem wohlbekannten Ausdruck

$$H = \frac{1}{2}(LI^2 + CV^2) \tag{3.39}$$

für die Energie H eines Schwingkreises mit der Induktivität L und der Kapazität C als Funktion der am Kondensator liegenden Spannung V und dem in dem Schwingkreis fließenden Strom I; beide selbstverständlich Funktionen der Zeit. Der Strom I durch den Kondensator ist zur Zeitableitung $\dot{V}$ der an ihm liegenden Spannung proportional mit C als Proportionalitätsfaktor, $I = C\dot{V}$, sodass wir H auch als

$$H = \frac{1}{2}LC^2\dot{V}^2 + \frac{1}{2}CV^2 = \frac{1}{2}(LC^2)\dot{V}^2 + \frac{1}{2}(LC^2)\frac{1}{LC}V^2 \tag{3.40}$$

schreiben können. Dies ist das H eines Harmonischen Oszillators mit V und $\dot{V}$ als »Orts«- und »Geschwindigkeits«-Variable q und $\dot{q}$ sowie der Frequenz $\omega = (1/LC)^{\frac{1}{2}}$, sodass wir mit der Definition $p = LC^2\dot{V}$ des zu V gehörenden »Impulses« bei dem kanonischen H eines Harmonischen Oszillators als Funktion von Ort $q = V$ und Impuls p

$$H = \frac{1}{2LC^2}p^2 + \frac{LC^2}{2}\omega^2 q^2 \tag{3.41}$$

ankommen, worin LC^2 für die Masse m des Oszillators steht. Wir haben q, p, ω und m nur eingeführt, um den Weg zur Quantentheorie vorzuzeichnen. Zu tun haben wir es mit zwei Oszillatoren, deren jeder in seinem Grundzustand die Energie $E^{(0)} = \frac{1}{2}\hbar\omega = \frac{1}{2}\hbar(1/LC)^{\frac{1}{2}}$ besitzt. Sind die Kapazitäten der beiden Schwingkreise unendlich weit voneinander entfernt, beeinflussen sie sich nicht, sodass dann, bei $r = \infty$, ihre Grundzustandsenergie insgesamt die Summe

$$E^{(0,0)} = \frac{1}{2}\hbar\omega + \frac{1}{2}\hbar\omega = \hbar\omega \tag{3.42}$$

ihrer einzelnen Grundzustandsenergie ist.

Nicht aber bei endlichem Abstand r der Kapazitäten! Denn, wie gesagt, die Oszillatoren schwingen auch in ihrem Grundzustand und beeinflussen sich dadurch und vermöge ihrer kapazitiven Kopplung. Wir werden sogleich sehen, dass die Kopplung den Beitrag

$$\triangle H = \frac{C^2d^2}{4\pi r^3}V_1V_2 \tag{3.43}$$

zur Energie des Systems der beiden gekoppelten Oszillatoren liefert. Wir haben die Spannungen an den beiden Oszillatoren als V_1 und V_2 durchnummeriert, und d ist, wie von der Abb. 3.8 abzulesen, der Abstand der Kondensatorplatten. Indem wir zu V und $\dot{V}$ als unabhängige Variable zurückkehren, können wir die Gesamtenergie des Systems als

$$H = \frac{1}{2}LC^2(\dot{V_1}^2 + \dot{V_2}^2) + \frac{1}{2}LC^2\omega^2(V_1^2 + V_2^2) + \frac{C^2d^2}{4\pi r^3}V_1V_2 \quad (3.44)$$

schreiben.

Nun zur Ableitung der Gl. (3.43). Das Feld eines insgesamt elektrisch neutralen Plattenkondensators in einer relativ zu seinen Abmessungen großen Entfernung ist das eines Dipols mit Dipolmoment $p = qd$, worin q die Ladung einer der beiden Platten ist. Die Energie zweier paralleler Dipole mit Dipolmomenten p_1 und p_2 im Abstand r ist, verglichen mit ihrer Energie im Abstand $r = \infty$, gegeben durch $\triangle H = \frac{p_1p_2}{4\pi r^3}$, woraus durch Einsetzen der angegebene Ausdruck entsteht.

Jetzt lassen wir die Maschinerie der Entkopplung auf die gekoppelten Oszillatoren los und erhalten mit den Definitionen

$$v_1 = (V_1 + V_2)\sqrt{2} \text{ und } v_2 = (V_1 - V_2)\sqrt{2} \quad (3.45)$$

die Energie als Funktion von v_1 und v_2 in der entkoppelten Form

$$\begin{aligned} H &= \frac{1}{2}LC^2(\dot{v_1}^2 + \dot{v_2}^2) + \frac{1}{2}LC^2\omega^2 \\ &\quad \times \left[\left(1 + \frac{d^2C}{4\pi r^3}\right)v_1^2 + \left(1 - \frac{d^2C}{4\pi r^3}\right)v_2^2\right] \end{aligned} \quad (3.46)$$

mit den beiden Eigenfrequenzen

$$\omega_+ = \omega(1+\kappa)^{\frac{1}{2}} \text{ und } \omega_- = \omega(1-\kappa)^{\frac{1}{2}} \quad (3.47)$$

des Gesamtsystems, worin $\kappa = Cd^2/4\pi r^3$ definiert wurde. Die Energie des Systems im Grundzustand, in dem beide Schwingungsformen so wenig wie möglich angeregt sind, ist folglich $\frac{\hbar}{2}(\omega_+ + \omega_-)$, sodass sich der Energieunterschied zur Grundzustandsenergie der in der Entfernung unendlich effektiv ungekoppelten Schwingkreise als

$$\triangle E = \frac{\hbar}{2}(\omega_+ + \omega_- - 2\omega) \quad (3.48)$$

ergibt. Entwickeln der Wurzeln gemäß $(1+\kappa)^{\frac{1}{2}} = 1+\kappa/2-\kappa^2/8+\ldots$ nach dem gegenüber 1 kleinen κ liefert

$$\triangle E \approx -\frac{\hbar\omega}{8}\kappa^2 = -\frac{\hbar\omega}{8}(cd^2/4\pi)^2\frac{1}{r^6}. \qquad (3.49)$$

Mit $C = 4\pi F/d$ und der »Polarisierbarkeit« $\alpha = Fd$ des Plattenkondensators können wir $\triangle E$ auch als

$$\triangle E \approx -\frac{\hbar\omega}{8}\frac{\alpha^2}{r^6} \qquad (3.50)$$

schreiben. Diese Gleichung hat dieselbe Form wie der übliche Ausdruck für die van der Waalssche Wechselwirkungsenergie zweier Atome. Charakteristisch ist erstens die Unabhängigkeit von der Temperatur T und zweitens die Proportionalität zu r^{-6}.

Vakuumpolarisation und Konsequenzen

Nicht nur die den Photonen zuzuordnenden Vakuumenergien tragen zur Energie des Leeren Raumes, des Vakuums, bei, sondern die aller Elementarteilchen. Nach dem Casimir-Effekt wollen wir uns weiteren Manifestationen des Inhaltes des Leeren Raumes zuwenden, die zu dem zweifelsfreien Bestand der gegenwärtigen Physik gehören. Zu nennen ist vor allem die Vakuumpolarisation mit ihren zahlreichen Konsequenzen. In den vermeintlich leeren Raum, in dem elektrisch geladene Teilchen und ihre Antiteilchen mit der Gesamtladung null herumschwirren, werde eine elektrische Ladung eingebracht; zum Beispiel eine positive. Unter deren Einfluss werden sich die im Vakuum verborgenen Ladungen neu ordnen, so nämlich, wie es die Abb. 3.9a) zeigt: Die eingebrachte positive Ladung zieht die negativen Ladungen des Vakuums an und stößt die negativen ab; im zeitlichen Mittel bildet sich die Ladungsverteilung der Abbildung a) heraus. Innerhalb einer Kugelschale um die zentrale positive Ladung befinden sich also immer mehr negative als positive Ladungen, sodass das Feld des *polarisierten Vakuums* das Feld der eingebrachten Ladung schwächt. Diese selbst ist größer als die in einigem Abstand beobachtete: Je näher wir der Ladung in der Mitte kommen, desto größer ist die Ladung, die wir beobachten.

Der Effekt tritt auf, weil sich die virtuellen Ladungen im Vakuum während ihrer Existenz bewegen können. Nun wissen wir, dass

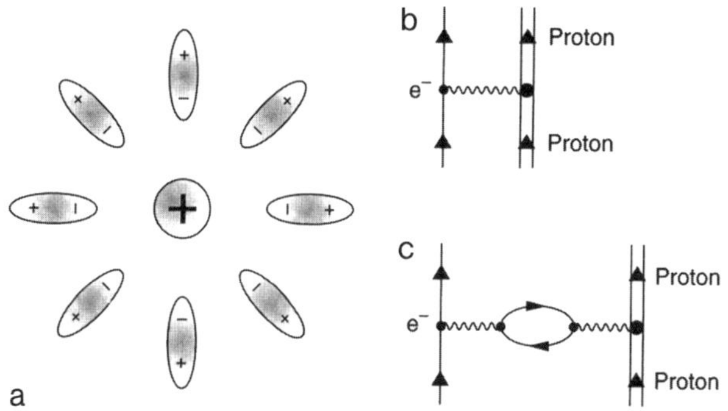

Abbildung 3.9: Eine in das Vakuum eingebrachte elektrische Ladung zieht die im Vakuum fluktuierenden Ladungen mit entgegengesetztem Vorzeichen an und stößt die mit dem gleichen ab. Dadurch polarisiert sie das Vakuum (a)): Die Ladungswolke schwächt das Feld der ins Vakuum eingebrachten Ladung. Die Wellenlinien der Abbildungen b) und c) stellen Photonen dar, die an elektrisch geladene Teilchen koppeln. Die Bedeutung der Abbildungen beschreibt der Text.

die Lebensdauern und Bewegungsmöglichkeiten schwerer virtueller Teilchen geringer sind als die leichter, sodass das Elektron mit seinem Antiteilchen, dem Positron, eine in das Vakuum eingebrachte Ladung stärker abschirmen wird. (Das μ, das zweitleichteste elektrisch geladene Teilchen, ist um den Faktor 201 schwerer als das Elektron.)

Was wir landläufig die Ladung eines Protons nennen – den Betrag e der Elementarladung eines Elektrons –, und in das Coulombsche Gesetz eintragen, ist die vollständig durch virtuelle Paare abgeschirmte Ladung in der Entfernung unendlich. Das Abnehmen der Abschirmung bei Annäherung an das Proton wirkt sich zum Beispiel auf die Elektron-Proton-Streuung aus: Um so mehr, je näher das Elektron und das Proton sich kommen. Gäbe es die virtuellen Paare geladener Teilchen und ihrer Antiteilchen nicht, müssten nur die virtuellen Photonen[8] bei der Berechnung der Streuung berücksichtigt werden; den einfachsten derartigen Feynman-Graphen zeigt die Abb. 3.9b). Wird in die ihm entsprechende Formel zur Berechnung der Streuung als Ladung des Elektrons $(-e)$ und als die des Protons e eingetragen, kann die Streuung von Elektronen an Protonen bis hin zu jener Energie berechnet werden, bei der das Elektron dem Proton so nahe kommt, dass individuelle virtuelle Ladungen aus dem Rauschen aller herauszutreten beginnen. Oberhalb dieser Energie müssen offenbar Feynman-Graphen mit Teilchen-Antiteilchen-Paaren berücksichtigt werden, die auf deren Existenz im vermeintlich leeren Raum beruhen. Deren Beiträge zur Streuung können nur durch ein kompliziertes mathematisches Verfahren namens Renormierung berücksichtigt werden, und ich versuche erst gar nicht, dieses Verfahren zu beschreiben.

Dasselbe mit demselben Schluss gilt auch für andere, experimentell triumphal bestätigte, Ergebnisse der Berechnungen von Feynman-Graphen, die die Beiträge der Vakuumteilchen einbeziehen. Zu nennen sind hier insbesondere die Eigenschaften von Elektronen als einzelne Teilchen oder als Bestandteile von Atomen. Spektakulär ist der Erfolg der Berechnung des Anomalen Magnetischen Moments[9] des Elektrons: Das theoretische Ergebnis stimmt mit einer Genauigkeit von mehr als 11 signifikanten Stellen innerhalb der Fehler mit dem experimentellen überein. Das magnetische Moment des μ-Teilchens ist etwas weniger genau bekannt. Ich erwähne es als Beispiel für die Abhängigkeit der Größe von Vakuumbeiträgen von der Masse der beitragenden virtuellen Teilchen. Wie die Elektronen, sind auch die μ einfach elektrisch geladen und besitzen den Spin $1/2$. Die dicke durchgezogene Linie des Feynman-Graphen der Abb. 3.10 stellt das μ dar, die Wellenlinien stehen für Photonen, und als Teilchen der umlaufenden dünnen Linie kann irgendein elektrisch geladenes Teilchen gewählt werden. Das Kreuz an der äußeren Photonenlinie deutet an, dass der Graph einen Beitrag zu den elektromagnetischen Eigenschaften des μ liefert. Zur vollständigen Berechnung dieses Beitrages muss die Summe der Beiträge aller umlaufenden virtuellen Teilchen gebildet werden. Es zeigt sich nun (z. B. [74], S. 490), dass der Beitrag eines Teilchens mit Spin $\frac{1}{2}$, und nur solche Beiträge sollen hier diskutiert werden, darin besteht, dass innerhalb einer Gleichung der Term $\ln(1 + \kappa \cdot x \cdot (1 - x)/M^2)$ auftritt. Hier stehen κ und x für zwei Integrationsvariable, für die $0 \leq x \leq 1$ und $0 \leq \kappa \leq {m_\mu}^2$ gilt; die Masse m_μ ist die des μ und M die des umlaufenden Teilchens. Die Gleichung zeigt, dass der Beitrag des einzigen elektrisch geladenen Teilchens, das leichter ist als das μ, des Elektrons mit Masse m_e, wegen des Verhältnisses $(m_\mu/m_e)^2 = 40400$ der Massenquadrate alle anderen Beiträge bei weitem überwiegen muss – was die weitere Rechnung denn auch ergibt. Wir sehen also zweierlei: Erstens, dass, wie erwartet, die Vakuumbeiträge leichte-

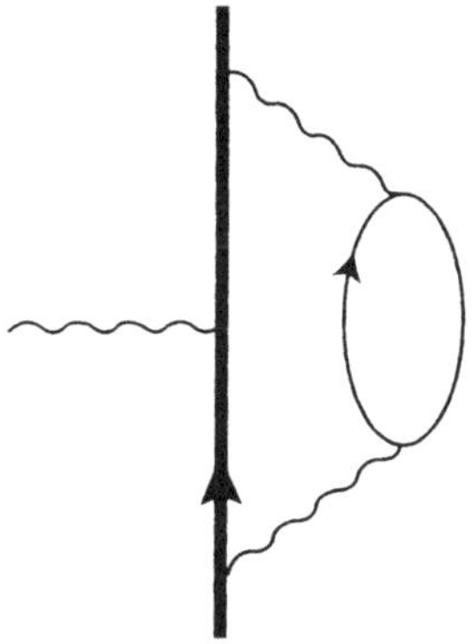

Abbildung 3.10: Diagramm, das einen Beitrag virtueller Elektron-Positron-Paare (die umlaufende Linie) zu dem Magnetischen Moment des μ (dargestellt durch die durchgezogene dicke Linie) liefert. Dieser Zweischleifen-Beitrag ist, da von 4. Ordnung in der Feinstrukturkonstante $\alpha \approx 1/137$, im Vergleich zu dem Beitrag 2. Ordnung desselben Graphen *ohne* die umlaufende Linie, sehr klein. Weitere Einzelheiten beschreibt der Text.

rer Teilchen die schwererer dominieren, und zweitens, dass bei der Berechnung dieser Beiträge *alle* Teilchen berücksichtigt werden müssen, die es geben kann – und im Vakuum virtuell auch gibt –, und nicht nur jene, deren Eigenschaften berechnet werden sollen oder die sichtbarlich an dem jeweils betrachteten Prozess beteiligt sind.

An diese Stelle gehört auch die Berechnung der Lamb-Verschiebung von Spektrallinien des Wasserstoffatoms als Eigenschaft von Elektronen im Atom sowie die Berechnung der Streuung von Licht an Licht. Eine populärwissenschaftliche Darstellung findet der Leser auf den Seiten um 295 von [29]. Etwa auf dem Niveau dieses Artikels wird die Lamb-Verschiebung auf den Seiten um 190 von [40] dargestellt. Darstellungen aller in diesem Zusammenhang wichtigen Effekte auf professionellem Niveau enthält [74].

Teilchenerzeugung

Den im Vakuum fluktuierenden Teilchen fehlt nichts als Energie, die sie nicht zurückgeben müssen, um als reale Teilchen hervortreten zu können. Diese Energie kann ihnen auf verschiedene Arten und Weisen zur Verfügung gestellt werden. Am signifikantesten wäre, wenn erfolgreich durchgeführt, die »Paarproduktion in starken elektrischen Feldern«. Dies deshalb, weil sie die an den Beispielen der Kristallisationswärme von Wasser und des Higgs-Feldes bereits vorgestellte Möglichkeit realisieren würde, dass – landläufig – Etwas energieärmer sein kann als nichts. Wenn so, würde es sich energetisch auszahlen, wenn Etwas aus nichts entstünde.

Paarbildung in starken Feldern

Die Paarbildung in starken Feldern als Beispiel dafür, dass die spontane Entstehung von Etwas aus Nichts mit Energiegewinn – genauer: mit Umwandlung von Feldenergie in Masse gemäß $E = mc^2$ und kinetische Energie – einhergehen kann, wurde und wird hauptsächlich von Walter Greiner in Frankfurt und seiner Schule untersucht (siehe z. B. [29] und die dort angegebene Literatur). Anders aber als bei der bereits erwähnten hypothetischen Kristallisation des nachfolgenden Artikels, die mehr Energie liefern soll als es die Existenz dessen, was kristalliert, erfordert, ist bei der Paarbildung in starken Feldern von vorne herein klar, woher die Energie der sich bildenden Paare kommt: aus eben den starken Feldern, in denen sie entstehen, und die durch sie abgebaut werden.

Gegeben sei eine große positive, in einem engen Raumgebiet konzentrierte elektrische Ladung (Abb. 3.11). Ein Beispiel könnte ein Ladungsklecks sein mit der elektrischen Ladung von zwei Kernen des Atoms Uran, insgesamt also 184 Elementarladungen. Solch ein Ladungsklecks kann entstehen, wenn Urankerne mit so großer Energie aufeinander geschossen werden, dass sie trotz ihrer gegenseitigen Abstoßung aufgrund ihrer elektrischen Ladung einander durchdringen und für eine gewisse Zeit zusammenbleiben.

Experimente mit kollidierenden Kernen werden zur Zeit an mehreren Orten durchgeführt und/oder geplant. Ein Ziel ist die Beantwortung der Frage, ob sich tatsächlich hochgeladene künstliche Kerne bilden, die für gewisse Zeiten bestehen bleiben und in deren starken elektrischen Feldern Elektron-Positron-Paare auftreten. Elektronen sind in Atomen an Kerne gebunden, weil die negative Ladung des Elektrons und die positive des Kerns einander anziehen. Es ist, anders gesagt, Energie erforderlich, um das Atom zu ionisieren, Elek-

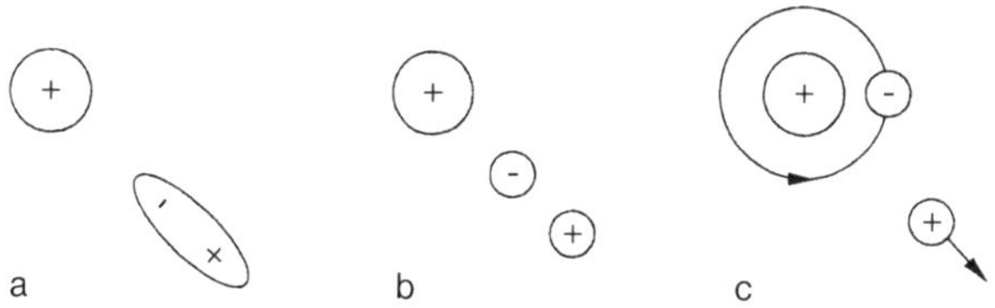

Abbildung 3.11: Spontane Bildung eines realen Elektron-Positron-Paares aus einem virtuellen (a)) in dem starken elektrischen Feld einer großen positiven Ladung. Einmal erzeugt b), bildet das Elektron mit der großen positiven Ladung ein Atom; das Positron wird emittiert c). Die dadurch frei werdende Energie ist größer als die nach Einsteins $E = mc^2$ in Energie umgerechnete Masse des Elektron-Positron-Paares.

tron und Kern also voneinander zu trennen. Diese Energie wächst mit der Ladung des Kerns rasch an. Denn erstens ist die Kraft, mit der das Elektron und der Kern sich bei gegebenem Abstand anziehen, zur Kernladung proportional. Zweitens – und aus demselben Grund – wird die Bohrsche Bahn, auf der das Elektron den Kern umkreist, enger und enger, wenn die Kernladung wächst, sodass die Ionisationsenergie mit der Kernladung abermals ansteigt.

Nun sei bei geeignet gewähltem Kern wie Doppeluran der Energieunterschied zwischen ihm nebst seinem elektrischen Feld und dem Atom, das aus demselben Kern, einem Elektron nebst dem entsprechend abgeschwächten Feld besteht, größer als die Energie, welche gemäß Einsteins $E = mc^2$ ein Elektron und ein Positron für ihre Existenz benötigen. Dann wird es sich energetisch auszahlen, wenn in oder aus dem elektrischen Feld des Kerns ein insgesamt elektrisch neutrales Elektron-Positron-Paar entsteht, das Elektron sich mit dem Kern zu einem Atom verbindet und das Positron ins Unendliche entweicht. Genaue Berechnungen dieses Prozesses, die über die Konsequenzen der Erhaltung von Energie, Impuls und Drehimpuls sowie die Unschärferelation hinausgingen, sind schwierig, wenn nicht unmöglich, weil die Anwendung der Quantenelektrodynamik als zugehörige Theorie voraussetzt, dass das Produkt der Ladung des Kerns und der bereits erwähnten Feinstrukturkonstante $\alpha \approx 1/137$ deutlich kleiner als 1 ist – während die Energiebilanz des Prozesses das Gegenteil verlangt. Bei jedem Versuch einer praktischen Realisation sind naturgemäß zusätzlich zu dem Kern und dem gewünschten Elektron-Positron-Paar zahlreiche weitere Reaktionsprodukte beteiligt, sodass es schwierig sein wird, den Prozess von anderen Prozessen zu trennen und rein vor sich zu haben, wenn er denn auftritt. Auf jeden Fall aber wäre der Nachweis eines Prozesses, der widerspruchsfrei so interpretiert werden könnte, dass ein Teilchen-Antiteilchen-Paar spontan aus dem physikalischen Vakuum entstanden sei, die schönste Illustration der Tatsache, dass dieses Vakuum nicht leer, sondern mit fluktuierenden Feldern und Teilchen angefüllt ist.

Paarbildung durch Photonen

Eine direkte und routinemäßig erfolgreiche Methode, den im Vakuum fluktuierenden virtuellen Teilchen-Antiteilchen-Paaren die Energie zur Verfügung zu stellen, die sie brauchen, um zu realen Teilchen zu werden, ist der Beschuss von Materie mit Photonen. Die Abb. 3.12 zeigt eine Blasenkammeraufnahme von zwei derartigen Paarerzeugungsprozessen als Beispiel. Am Ursprungsort der drei Spuren ist ein Photon, das als elektrisch neutrales Teilchen in der Blasenkammer keine Spur hinterlässt, mit einem Wasserstoffatom zusammengestoßen. Die drei Spuren, die dabei und dadurch entstanden sind, sind – erstens – die wenig gekrümmte Spur des

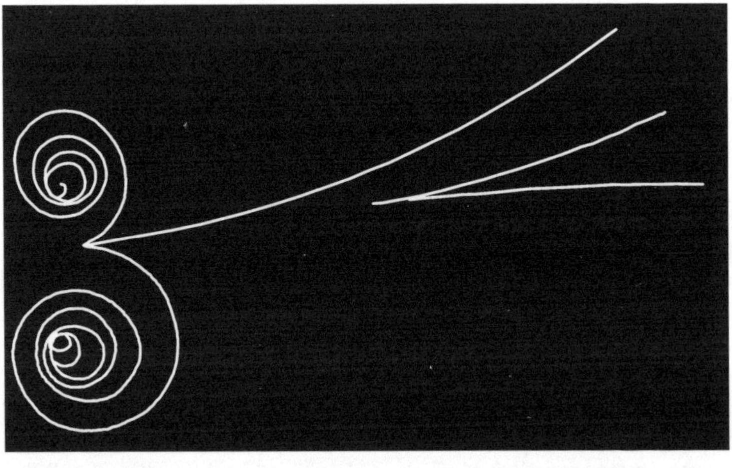

Abbildung 3.12: Blasenkammeraufnahme von zwei durch ein von links einfallendes Photon induzierten Paarerzeugungen.

Elektrons, das vormals im Wasserstoffatom gebunden war, sowie die – zweitens und drittens – stark gekrümmten Spuren eines Elektron-Positron-Paares aus dem Vakuum, auf das durch den Prozess soviel Energie und Impuls übertragen wurde, dass es zu einem Paar realer Teilchen werden konnte. Die ganze Apparatur befindet sich in einem starken Magnetfeld, welches die Bahnen elektrisch geladener Teilchen krümmt, und zwar um so stärker, je energieärmer das Teilchen ist, das die Spur hinterlässt. Der Krümmungssinn ist bei Elektronen und Positronen wegen ihrer entgegengesetzten Ladungen ebenfalls entgegengesetzt. Das Photon ist bei dem Prozess verschwunden; von seiner Energie ist ein Teil in Massen- und Bewegungsenergie des erzeugten Paares umgewandelt worden. Einen weiteren Teil trägt das aus dem Atom herausgeschlagene Elektron als seine Bewegungsenergie davon, und auch die Ionisation des Wasserstoffatoms hat ein bischen Energie erfordert. Aus dem Vakuum entstanden ist bei dem Prozess außerdem ein neues, energiereiches Photon, das zwar keine eigene Spur hinterlässt, sich aber dadurch bemerkbar macht, dass es (wie das primäre Photon) nach einer kurzen Strecke bei einer Kollision mit einem weiteren Wasserstoffatom ein Elektron-Positron-Paar – die beiden wenig gekrümmten Spuren – aus dem Vakuum herausschlägt.

Teilchenerzeugungen an Beschleunigern

Prozesse wie die Paarerzeugung, sei es nun in starken Feldern oder durch Zusammenstöße von Photonen mit Atomen, sind keine reinen Vakuumprozesse, weil sie die Anwesenheit von Atomen und/oder ihren Kernen als Katalysatoren erfordern. Mit einem energetisch angereicherten Vakuum, und nichts als ihm, konfrontieren uns Prozesse, die mit der Vernichtung eines Teilchen-Antiteilchen-Paares *beginnen*. Hierfür gibt es zahlreiche Beispiele bei niedrigen Energien. Für unser Thema wichtiger sind Prozesse, die durch Zusammenstöße von energiereichen Elektronen und Positronen mit nachfolgender gegenseitiger Vernichtung Gebiete reiner Energie erzeugen, aus denen auch massereichere Teilchen als abermals Elektronen und Positronen hervortreten können. Hierzu braucht es Maschinen, die Strahlen von Elektronen und Positronen große Energien verleihen, und die Strahlen so gegeneinander lenken, dass der Prozess der gegenseitigen

Vernichtung von Elektronen und Positronen einsetzen kann. Eine solche Maschine war, bis sie im Jahre 2000 abgeschaltet wurde, der Large Electron Positron Collider, abgekürzt LEP, am Europäischen Labor für die Physik der Elementarteilchen CERN in Genf. In den Wechselwirkungszonen des LEP sind unter Aufsicht der sie umgebenden Detektoren Elektronen und Positronen mit Energien aufeinander geprallt, die mehr als 200 Protonenmassen entsprechen. Die Energien der heute noch betriebenen Elektron-Positron-Collider ist um Größenordnungen geringer. Sie dienen denn auch Detailstudien. Collider mit den jeweils bisher höchsten erreichbaren Energien lassen nicht Elektronen auf Positronen stoßen, sondern Elektronen auf Protonen (seit 1992 HERA am DESY), Protonen auf Antiprotonen (seit 1987 Tevatron am Fermilab bei Chicago) und Protonen auf Protonen (ab 2007 der Large Hadron Collider LHC am CERN). Danach, hoffentlich, wieder ein Elektron-Positron-Collider mit durch technische Neuerungen ermöglichten, höheren Energien – TESLA mit Namen, der sich von DESY aus in die Umgebung von Hamburg erstrecken soll. Hiervon anlässlich einer geplanten Entdeckung – der des Higgs-Teilchens – noch einmal weiter unten.

Zukunftsmusik. Wenn ein Elektron und ein Positron in einem Detektor von LEP bei dessen größten Energien zusammengetroffen sind und reagiert haben, ist fast immer zuerst ein Gebiet mit einer Energiekonzentration entstanden, die der des ganzen, heute beobachtbaren Universums 10^{-10} Sekunden nach dem Urknall gleicht. Dies war zu der Zeit etwa so groß wie das Sonnensystem heute, und 10^{15} Grad heiß. Im Weltall liefen damals eben jene Prozesse ab, die gegenwärtig durch und nur durch Zusammenstöße von Elektronen und Positronen in Beschleunigern wie LEP initiiert werden können. Seitdem er 1989 in Betrieb genommen wurde, hat LEP bis zu seiner Stilllegung mehr als eine Million Mal einen Mini-Urknall ausgelöst.

Am Anfang eines jeden dieser Prozesse steht die gegenseitige Vernichtung eines Elektrons und eines Positrons mit dem Ergebnis, dass deren gesamte ursprüngliche Energie, die bei LEP mehr als 200 Protonenmassen entsprach, den im Vakuum fluktuierenden Teilchen als Energie zur Verfügung steht, die sie nicht zurückgeben müssen. Dies ermöglicht es ihnen, zu realen Teilchen zu werden, die in den Nachweisgeräten der Physiker auftreten (Abb. 3.13). Welche und wie viele es jeweils sind, in welche Richtung sie fliegen und wie viel Energie die einzelnen Teilchen mitbekommen, kann nicht mit Sicherheit

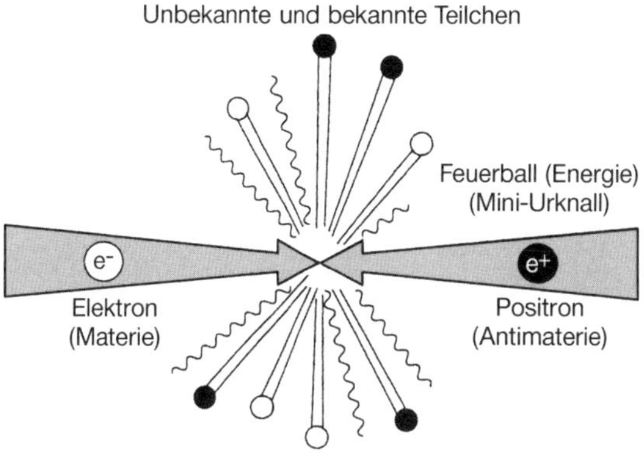

Abbildung 3.13: Bei dem Zusammenstoß und der nachfolgenden gegenseitigen Vernichtung zweier Elementarteilchen entsteht ein Feuerball reiner Energie. Diese Energie steht den im Vakuum fluktuierenden Teilchen als Energie, die sie nicht zurückgeben müssen, zur Verfügung und ermöglicht es ihnen, zu realen Teilchen zu werden, die in den Detektoren der Physiker Spuren hinterlassen.

berechnet werden. Aber das – selbstverständlich quantenmechanische – Standardmodell der Starken und Elektroschwachen Wechselwirkungen ermöglicht zumindest die Berechnung der Wahrscheinlichkeiten, mit denen gewisse Prozesse auftreten. Die Abb. 3.14 und Abb. 3.15 zeigen zwei derartige Resultate des Zusammenstoßes eines Elektrons mit einem Positron in dem DELPHI genannten Detektor am LEP. Aus dem Vakuum sind in dem Prozess der Abb. 3.14 ein μ zusammen mit seinem Antiteilchen hergetreten, in dem der Abb. 3.15 sind es zwei isolierte Bündel von Teilchen, die zusammengefasst Jets heißen. Aber die Vielzahl der Teilchen, die über alle Winkel verteilt bei vielen Prozessen auftreten, spiegelt mehr als alles andere das Kuddelmuddel des Vakuums selbst wieder: Wie alle Beschleuniger und Detektoren, die Prozesse von Elementarteilchen bei großen Energien auslösen bzw. beobachten, ist auch LEP mit seinen Nachweisgeräten vor allem eine Maschine zur Erforschung des einfachsten Systems, das die Naturforschung kennt – des Physikalischen Vakuums.

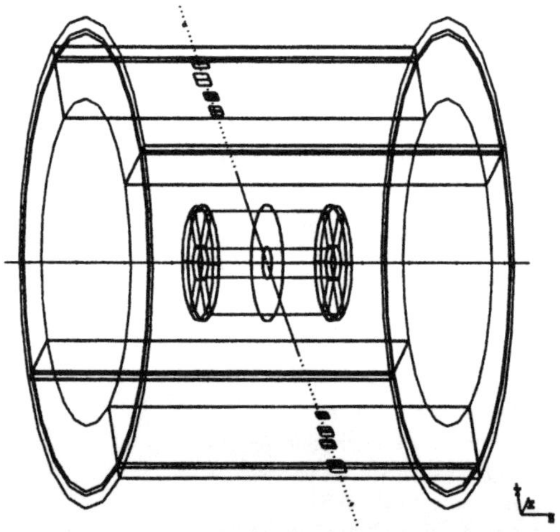

Abbildung 3.14: Ein Elektron und ein Positron sind in dem Detektor DELPHI zusammengestoßen und haben sich gegenseitig vernichtet. Aus dem Zwischenzustand reiner Energie sind ein μ und dessen Antiteilchen als einzige Teilchen entstanden. Sie fliegen davon und werden durch den Detektor nachgewiesen.

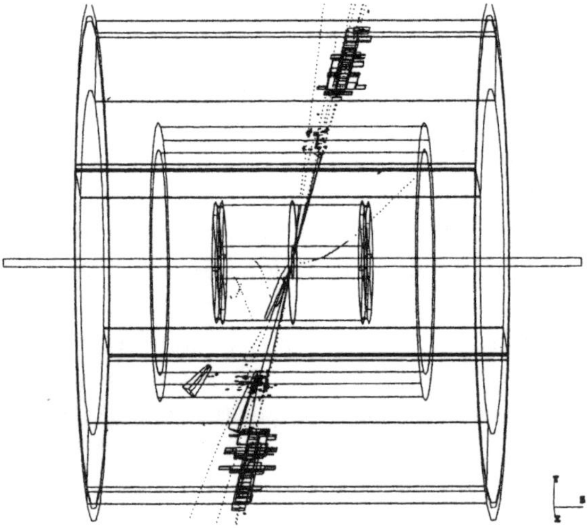

Abbildung 3.15: Anlässlich der Vernichtung eines Elektron-Positron-Paares entstehen isolierte Bündel – Jets – von Teilchen.

Symmetrie und Symmetriebrechung

Ein Objekt im Raum heißt symmetrisch, wenn man es spiegeln, drehen, verschieben oder auch vergrößern kann, ohne es am Ende, wenn man fertig ist mit der Prozedur, erkennbar verändert zu haben. Beispielsweise ist der Buchstabe A spiegelsymmetrisch weil (bei diesem Fond nur nahezu) er ohne Änderung an seiner senkrechten Mittellinie gespiegelt werden kann, und der Buchstabe S ist drehsymmetrisch, weil er ungeändert bleibt, wenn er um 180 Grad um seinen Mittelpunkt gedreht wird. Uns soll es aber nicht um Symmetrien von Objekten im Raum gehen, sondern um Symmetrien der Naturgesetze. Nehmen wir Newtons Gesetz für die Bewegungen eines Massenpunktes – eines Planeten – im Schwerefeld einer feststehenden, kugelförmigen Sonne mit der Masse M, also

$$\frac{d^2}{dt^2}\vec{r}(t) = GM\frac{\vec{r}(t)}{|\vec{r}(t)|^3},$$

worin G die Gravitationskonstante ist und $\vec{r}(t)$ der Ortsvektor des Planeten zur Zeit t vom Mittelpunkt der Sonne aus gerechnet. Newtons Gesetz bleibt offenbar ungeändert wenn der Ortsvektor einer beliebigen Drehung – anschaulich ist das eine Drehung um einen beliebigen Winkel um eine beliebige Gerade durch den Mittelpunkt der Sonne als Drehachse – unterworfen wird. Das bedeutet aber nicht, dass irgendein Ablauf, den das Gesetz zulässt, ja nicht einmal irgendeine Kepler-Bahn des Planeten dieselbe vollständige Drehsymmetrie besitzt. Ganz und gar nicht. Denn – tatsächlich *aufgrund* der Drehsymmetrie – verläuft jede Kepler-Bahn in einer Ebene, sodass sie keine Drehung um eine Achse *in* dieser Ebene ungeändert lassen kann. Nein, nicht die einzelnen Abläufe, die ein bei einer Transformation ungeändert bleibendes Naturgesetz zulässt, besitzen notwendig dieselbe Symmetrie wie dieses, sondern erst die *Gesamtheit* der Abläufe, die sich im Einklang mit dem Gesetz befinden, muss sie besitzen: Jeder Ablauf, den ein symmetrisches Naturgesetz zulässt, wird durch jede Symmetrietransformation des Gesetzes in einen ebenfalls zulässigen überführt.

Soweit die klassische Physik ohne Berücksichtigung der Quantenmechanik. Bezieht man sie ein, muss zwischen endlich und unendlich ausgedehnten Systemen unterschieden werden. Anders als endliche, müssen unendliche Systeme auch nach Auskunft der Quantenmechanik keine, zumindest keine realisierbaren, Zustände besitzen, die durch die Symmetrietransformationen der Gesetze, die für sie gelten, ungeändert gelassen werden. Ferromagnete, die weiter unten als Paradigma für Symmetrie und Symmetriebrechung auftreten werden, sind zwar nicht tatsächlich unendlich ausgedehnt, können aber für alle praktischen Zwecke besser als unendliche denn als endliche Systeme aufgefasst werden. Von der Temperatur hängt es ab, ob sie Zustände mit der Drehsymmetrie der für sie geltenden Gesetze besitzen. Da praktisch unendlich ausgedehnt, können sie so beschrieben werden, als seien sie klassische Massenpunkte in Potenzialfeldern. Als Relikt quantenmechanischen Verhaltens treten auch bei ihnen Fluktuationen auf, die sie aber nur wenig von dem Potenzialminimum entfernen können, in dem sie sich klassisch gesehen befinden. Dies vorab zur Berechtigung der Behandlung von praktisch unendlich ausgedehnten Systemen mit praktisch unendlich vielen Freiheitsgraden als nahezu klassische Massepunkte in Potenzialen –, die übrigens und selbstverständlich nicht unsere Spezialität ist.

Die Symmetrien quantenmechanischer Gesetze können dadurch gekennzeichnet werden, dass die sie beschreibenden Operatoren $(\Omega_1, \ldots, \Omega_N)$ mit dem Energieoperator des H-Systems vertauschen. Die Antwort auf die Frage nach Zuständen, welche dieselben Symmetrien wie H besitzen, muss berücksichtigen, ob die Ω_n für $n = 1, \ldots, N$ wechselweise kommutieren. Hierauf gehen wir nicht ein und beschränken uns auf eine einzige Symmetrie mit zugehörigem Operator Ω, der mit H vertauschen möge (und selbstverständlich mit sich selbst vertauscht). Unter plausiblen Zusatzannahmen kann gezeigt werden, dass jedes System der Quantenmechanik mindestens einen Zustand geringster Energie besitzt; darauf, dass solch ein Zustand existiert, beruht die Stabilität der Welt. Auch auf dieses höchst komplexe Thema gehen wir nicht ein, und nehmen die Existenz von mindestens einem solchen Zustand für das Folgende an. Gibt es mehrere, können sie so gewählt werden, dass sie auch Eigenzustände von Ω sind. Nehmen wir nun ein Potenzial mit zwei Minima wie das der Abb. 3.21c) und d) weiter unten. Klassisch – und quantenmechanisch für unendlich ausgedehnte Systeme, die durch die Kugel dargestellt werden – besitzt eine Kugel in dem Potenzial *zwei* gleichberechtigte Zustände geringster Energie: Sie ruht entweder in dem einen, oder in dem anderen Potenzialminimum. Bei endlichen Systemen der Quantenmechanik ist das aber nicht so: Der Grund-

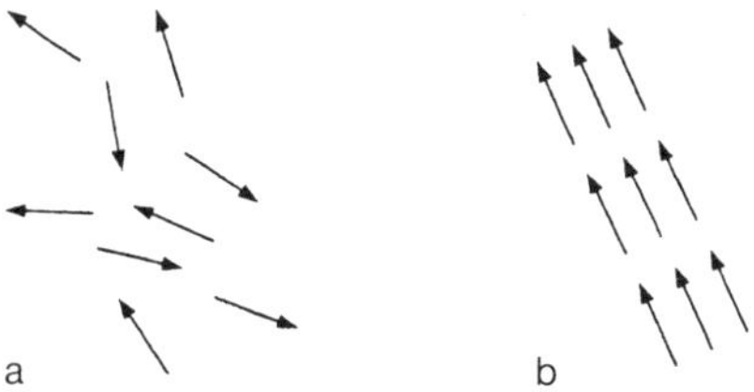

Abbildung 3.16: Einstellungen der einzelnen magnetischen Momente eines Ferromagneten a) im unmagnetischen Zustand oberhalb und b) im magnetischen unterhalb der Curie-Temperatur.

zustand ist eine einzige, die symmetrische, Kombination der beiden quantenmechanischen Zustände, die den klassischen Grundzuständen entsprechen. In ihm wechselt das System – die Kugel – im Laufe der Zeit zwischen den beiden Lagen in den Potenzialminima hin und her. Dieser quantenmechanische Zustand geringster Energie besitzt zugleich die einzige Symmetrie des Potenzials, die durch den Spiegelungsoperator P als Ω dargestellte Symmetrie gegenüber der Spiegelung $x \to -x$ am Ursprung des Koordinatensystems. Hinzukommt der antisymmetrische Zustand. Er besitzt eine höhere Energie als der symmetrische Grundzustand. »Große« Systeme wie ein endlicher Ferromagnet bei niedriger Temperatur besitzen klassisch gesehen zahlreiche Zustände mit derselben niedrigsten Energie – in ihnen sind die parallelen magnetischen Momente der Abb. 3.16b) zusammen verschieden ausgerichtet –, sodass der quantenmechanische Grundzustand die symmetrische Kombination der ihnen entsprechenden quantenmechanischen Zustände ist. Es leuchtet wohl ein, dass es bereits bei einem endlichen Ferromagneten schwer bis unmöglich ist, einen solchen Zustand zu realisieren. Der unendliche Ferromagnet besitzt keinen quantenmechanischen Zustand, dessen Energie geringer wäre als die seiner klassischen Grundzustände.

Wenn es einen Zustand niedrigster Energie gibt, der die den Ω_n entsprechenden Symmetrien der Gesetze nicht besitzt, muss es – das einfache Argument wird nachgeliefert – mehrere Zustände mit derselben niedrigsten Energie geben. Umgekehrt: Besitzt in einer Theorie, die sowohl der Quantenmechanik als auch der Speziellen Relativitätstheorie genügt, der *einzige* Grundzustand etwelche Symmetrien, dann – so ein nach dem amerikanischen theoretischen Physiker Sidney Coleman benanntes Theorem – müssen die Gesetze, die für das System gelten, diese Symmetrien ebenfalls besitzen: Die Symmetrie des Vakuums ist die Symmetrie der Welt.

Spontane Symmetriebrechung

Dass in den Himmeln und auf der Erde dieselben fundamentalen, vollkommen drehsymmetrischen Naturgesetze gelten, ist der Naturforschung bis Newton verborgen geblieben. Galileis Gesetze der Wurfbewegung, die selbstverständlich zwischen waagerecht und senkrecht unterscheiden, sind von heute aus gesehen effektive Naturgesetze für Systeme auf der Erdoberfläche. Um zu der vollkommenen Drehsymmetrie der Gesetze Newtons vorzudringen, mussten diese Systeme zu umfassenderen, die Erde einbeziehenden erweitert werden. Das war nicht einfach, weil nichts darauf hindeutet, dass die auf der Erdoberfläche geltenden Gesetze aus vollkommen drehsymmetrischen folgen, sodass deren Symmetrien genau genommen nicht gebrochen, sondern durch die Anwesenheit der Erde verborgen sind. Wäre es möglich gewesen, zur Erprobung der Gesetze der Schwerkraft einen Stein und die Erde zusammen um eine waagerechte Achse zu drehen, wäre die vollkommene Drehsymmetrie dieser Gesetze wohl nicht so lange verborgen geblieben.

»Spontan gebrochen« heißen Symmetrien der Naturgesetze für ein physikalisches System, die dadurch verborgen sind, dass sie zwar die für das System geltenden Gesetze besitzen, deren Grundzustand aber nicht. Genauer muss es, damit das so sei, mehrere Zustände des Systems mit derselben niedrigsten Energie geben. Denn Symmetrietransformationen der für ein System geltenden Gesetze können dessen Energie nicht ändern, sodass der Grundzustand als Zustand niedrigster Energie nur dann durch eine solche Transformation abgeändert werden kann, wenn das System mehrere Grundzustände mit derselben niedrigsten Energie besitzt.

Das Paradebeispiel für spontane Symmetriebrechungen bildet der Ferromagnet. Zum Zweck der Veranschaulichung stellen wir uns vor, der Ferromagnet sei in zwei Dimensionen statt der tatsächlichen drei angesiedelt (Abb. 3.16). Jedes seiner Atome ist Träger eines magnetischen Momentes, das in jede beliebige Richtung zeigen kann. Allerdings ist die Wechselwirkung zwischen den einzelnen magnetischen

Momenten so geartet, dass sie will, dass sie alle in dieselbe Richtung zeigen – egal, in welche. Dem Bestreben der einzelnen magnetischen Momente, sich parallel zu stellen, wirkt die Wärmebewegung entgegen, sodass es eine Temperatur – die Curie-Temperatur – gibt, die darüber entscheidet, ob ein Stück Eisen magnetisch ist: Oberhalb der Curie-Temperatur, die bei reinem Eisen 768 Grad Celsius beträgt, erlaubt die Wärmebewegung keine Ordnung, die den Ferromagneten insgesamt zu einem Magneten machen würde; unterhalb ihrer kann sie ihr Auftreten nicht verhindern: Alle kleinen Magnete zeigen dann in mehr oder weniger dieselbe Richtung. Während sich deren magnetische Wirkungen im statistischen Mittel oberhalb der Curie-Temperatur gegenseitig auslöschen, wirken sie nun zusammen in dieselbe Richtung, sodass das Stück Eisen insgesamt zu einem Magneten geworden ist, und seine Magnetisierungsrichtung vor allen anderen Richtungen auszeichnet.

Das gesamte Magnetische Moment des Ferromagneten, seine Magnetisierung in seinem jeweiligen Zustand, ist die Vektorsumme der magnetischen Momente seiner einzelnen Spins, geteilt durch ihre Anzahl; wir bezeichnen es mit $\vec{\mu}$. Ob oberhalb oder unterhalb der Curie-Temperatur, die physikalischen Gesetze für das Verhalten der magnetischen Momente eines Ferromagneten sind vollkommen drehsymmetrisch. Das ist wegen des dann herrschenden Kuddelmuddels auch der Grundzustand des Ferromagneten oberhalb dieser Temperatur, sodass dann alle drei (in der Ebene zwei) Komponenten von $\vec{\mu}$ verschwinden. Nicht aber unterhalb! Dann ist $\vec{\mu}$ von null verschieden, sodass der Grundzustand des Ferromagneten die Richtung seiner Magnetisierung vor allen anderen Richtungen auszeichnet.

Zur Magnetisierung null gehört demgemäß der drehsymmetrische Zustand, in dem in alle Richtungen ungefähr gleich viele Elementarmagnete zeigen. Zwar nicht mikroskopisch, wohl aber makroskopisch – bei alleiniger Betrachtung gemittelter Größen – gibt es nur einen derartigen Zustand. Die Festkörperphysik kennt zahlreiche Übergänge aus ungeordneten symmetrischen zu geordneteren, weniger symmetrischen Zuständen mit niedrigerer (freier) Energie. Welche diese Zustände, insbesonders die Grundzustände des jeweiligen Systems sind, hängt vom Wert eines Kontrollparameters ab, der beim Ferromagneten und im Universum als Ganzes die Temperatur ist. Wenn der Kontrollparameter einen bestimmten kritischen Wert über- oder unterschreitet, tritt Symmetrieänderung ein.

Makroskopisch werden die Übergänge von einer Phase zur anderen mit veränderter Symmetrie durch Ordnungsparameter beschrieben, die allgemein – wie die Magnetisierung beim Ferromagneten – in der ungeordneten symmetrischen Phase den Zahlenwert null besitzen, in der geordneteren – weniger symmetrischen – von null verschieden sind. Beim Ferromagneten können wir als Ordnungsparameter die Komponenten der Magnetisierung $\vec{\mu}$ wählen.

Kein Experiment eines Wesens, das innerhalb eines Ferromagneten unterhalb der Curie-Temperatur lebte, wäre von der Vorzugsrichtung der Spins unabhängig. Ein solches Wesen würde daher nur schwer auf die vollständig drehsymmetrischen Naturgesetze kommen, die tatsächlich für seine Welt gelten. Wir haben in den letzten Jahrzehnten die Einsicht gewonnen, dass unsere Situation in Anbetracht der fundamentalen, für die Elementarteilchen geltenden Gesetze, mit der der hypothetischen Bewohner des Ferromagneten vergleichbar sein kann. Die Physik kennt seit Jahrzehnten genau drei fundamentale Wechselwirkungen, die, nach ihrer Stärke beurteilt, beziehungslos nebeneinander stehen: die Gravitative, die Elektroschwache und die Starke »Farb«-Wechselwirkung. Die Hoffnung der Physik ist, dass es gelingen wird, sie alle drei als Aspekte nur einer einzigen grundlegenden Wechselwirkung zu erkennen. Hoffnungsvoll macht, dass die Stärken der einzelnen Wechselwirkungen nach heutigem Verständnis so von der Energie abhängen, dass zumindest die Elektroschwache und die Starke Wechselwirkung bei hohen Energien zusammenkommen. Nur Spekulationen gibt es darüber, wie die Gravitative Wechselwirkung mit den anderen sollte zusammenkommen können.

Vorbild dafür, wie all dies sein kann, bildet die gelungene Vereinigung der Elektromagnetischen mit der Schwachen Wechselwirkung. Es ist hiernach der Zustand der Welt, der die diese Wechselwirkungen verbindenden Symmetrien nicht besitzt, sie also verbirgt. Die Symmetrien, von denen hier die Rede ist, sind allerdings keine geometrischen, sondern Symmetrien gegenüber Operationen, die in dem abstrakten Raum der Eigenschaften der Elementarteilchen wirken. Das aber ist für Grundsätzliches ohne Belang. Könnten also auch unsere für die Elementarteilchen geltenden, allem Anschein nach uneinheitlichen Gesetze nur unter Asymmetrie des Grundzustandes leidende effektive Gesetze sein?

Etwas mathematischer stellt die Abb. 3.17 die (freie) Energie F des Ferromagneten bei zwei Temperaturen als Funktion der Richtung und der Größe von $\vec{\mu}$ dar; die Kugel verkörpert seinen Zustand. Da die für ihn geltenden Naturgesetze richtungsunabhängig sind, ist F eine drehsymmetrische Funktion von $\vec{\mu}$. Weil nun aber jedes endliche $\vec{\mu}$ in eine gewisse Richtung zeigt, besitzt der durch die Lage der Kugel dargestellte Zustand des Ferromagneten die Drehsymmetrie seines F für und nur für $\vec{\mu} = 0$. Oberhalb der Curie-Temperatur besitzt F als einziges Extremum ein einfaches Minimum bei $\vec{\mu} = 0$ (Abb. 3.17a)), das bei fallender Temperatur flacher und flacher wird. Ist die Curie-Temperatur erreicht, verschwindet nicht nur die erste, sondern verschwinden auch die zweite und dritte Ableitung von F nach den Komponenten von $\vec{\mu}$ bei $\vec{\mu} = 0$. Die (freie) Energie als Funktion der Magnetisierung gleicht dann dem Boden einer flachen Schüssel und entwickelt bei weiter fallender Temperatur eine Gestalt,

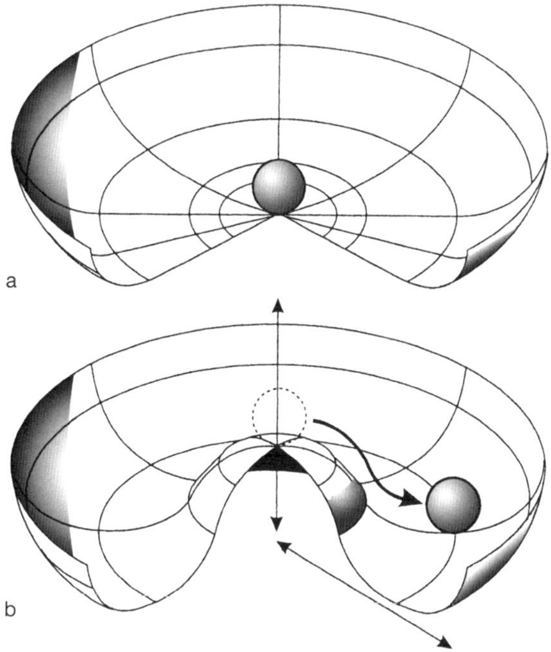

Abbildung 3.17: Die Abbildung erläutert das Verhalten der Kugel in den Schüsseln der Abbildung und deren Bedeutung für die spontane Symmetriebrechung.

die ihr zu Recht die Bezeichnung Mexikanischer Hut oder Flaschenbodenpotenzial eingetragen hat (Abb. 3.17b)).

Die instabile Lage der Kugel auf ihrem Potenzialberg bei unter die Curie-Temperatur abgesunkener Temperatur entspricht der Möglichkeit der noch ungeordneten einzelnen magnetischen Momente des Ferromagneten, alle zusammen in dieselbe, egal welche, Richtung zu zeigen. Ist diese Zeigerichtung – die spezielle Lage der Kugel – erreicht, zeichnet das System durch eben diese Zeigerichtung bzw. die spezielle Lage der Kugel einen seiner möglichen Zustände minimaler Energie vor allen anderen derartigen aus – dadurch nämlich, dass es eben diesen zufällig angenommen hat, wo ihm doch zahllose andere gleichberechtigt in seiner Rinne zugänglich waren.

Nun sei das System in seiner asymmetrischen Lage zur Ruhe gekommen, sodass es die Drehsymmetrie der Naturgesetze bricht, besser verbirgt, die für es gelten. Seine Bewohner können nicht umhin, die Vorzugsrichtung Magnetisierung als Grundbedingung ihrer Existenz anzuerkennen, und es hängt von weiteren Bedingungen ab, ob und mit welchen Konsequenzen sie etwelche magnetische Momente aus deren Zeigerichtung ablenken können. Die magnetischen Momente im Innern des Ferromagneten sind übrigens an die Spins von Elektronen gekoppelt, sodass die Richtungen beider übereinstimmen.

Erörtern wir zuerst das Modell der Abb. 3.17, ohne auf den Ferromagneten Bezug zu nehmen. Wenn es hypothetischen Zwergen, die mit dem Potenzial und seiner Kugel in der Realität spielen, nicht gelingt, diese über den Potenzialberg hinüberzuheben, stehen ihnen zwei Formen der Bewegung ihrer Kugel offen: Erstens kann sie senkrecht zur Rinne hin und her schwingen, und zweitens kann sie sich die Rinne entlang widerstandslos bewegen.

Übersetzt in die Vorstellungswelt des Ferromagneten – nicht exakt; seine Spins sind Vektoren, die selbst wieder von Vektoren, den Ortsvektoren, abhängen – treten diese beiden Bewegungsformen der Kugel als sich ausbreitende Schwingungen der Spins um ihre Zeigerichtung auf. Wenn die hypothetischen Wesen im Innern des Ferromagneten einen seiner Spins aus seiner Richtung – der Zeigerichtung aller Spins – auslenken, spüren sie einen Widerstand; lassen sie ihn dann los, wird der Spin zu schwingen beginnen und andere Spins mit ihm zu Schwingungen anregen; eine »Spinwelle« breitet sich aus.

Ehe wir nach Eigenschaften der Spinwellen fragen, soll eine Voraussetzung erwähnt werden, die zwar beim Ferromagneten erfüllt ist, das aber nicht bei allen Systemen ist, die durch das Potenzial der Abb. 3.17b) beschrieben werden können. Die unausgesprochene Voraussetzung war, dass die hypothetischen Wesen im Innern des Ferromagneten überhaupt einzelne Spins aus ihrer Zeigelage auslenken können –, dass mit anderen Worten die Spins nicht so stark und über so große Entfernungen aneinander gekoppelt sind, dass die Auslenkung eines von ihnen die aller nach sich ziehen müsste, was auf eine Drehung des ganzen Spinsystems hinausliefe, die, wie wir wissen, unmöglich ist. Zusammenfassend wollen wir Kräften, die diese Voraussetzung verletzen und dadurch Spinwellen unmöglich machen, die »Reichweite unendlich« zuschreiben.

Nun sind nach Auskunft erfolgreicher Modelle im Ferromagnet benachbarte Spins, und nur sie, direkt aneinander gekoppelt. Nicht benachbarte Spins wirken durch Ketten sie verbindender benachbarter aufeinander ein. Als Konsequenz nimmt die Kraft, mit der ein aus der allgemeinen Zeigerichtung ausgelenkter Spin einen anderen beeinflusst, mit der Entfernung beider rapide ab; Kräfte mit der Reichweite unendlich gibt es nicht, einzelne Spins *können* ausgelenkt werden, Spinwellen *treten* auf. Die Voraussetzung, dass es keine Kräfte mit der Reichweite unendlich gibt, ist bei einigen Formen der spontanen Symmetriebrechungen erfüllt, bei anderen nicht. Die elektromagnetische Wechselwirkung besitzt die Reichweite unendlich, und sie ist es, die bei Supraleitern das Auftreten der Analoga von Spinwellen verhindert.

Beiden Formen der spontanen Symmetriebrechung, deren erste, ohne Kräfte mit der Reichweite unendlich, nach den theoretischen Physikern Jeffrey Goldstone und Yoichiro Nambu benannt ist, deren zweite nach dem theoretischen Physiker Peter Higgs, werden wir uns alsbald zuwenden. Nachzutragen bleibt, dass auch bei Problemen der spontanen Symmetriebrechung die Quantenmechanik berücksichtigt werden muss. Sie impliziert, dass die betrachteten Systeme, anders als implizit unterstellt, nicht ganz zur Ruhe kommen können; die Unschärferelationen sind nicht außer Kraft gesetzt, Spins zittern um ihre Ruhelage herum und so weiter. Berücksichtigt man die Quantenmechanik nicht, verschwinden im Zustand geringster Energie alle Geschwindigkeiten, und mit ihnen verschwinden die kinetischen Energien für alle Zeiten. Nach Auskunft der Quantenmechanik wären in diesem Zustand die Orte ganz unbestimmt und mit ihnen die potenziellen Energien unendlich. Wie für Pendel und Harmonischem Oszillator beschrieben, geht jedes System in seinem Zustand niedrigster Energie einen Kompromiss zwischen kinetischer und potenzieller Energie derart ein, dass deren Summe minimal ist. So auch hier. Aber dieser Effekt ist bei der spontanen Symmetriebrechung so klein verglichen mit dem der Symmetriebrechung selbst, dass er nicht berücksichtigt werden muss.

Goldstone-Nambu-Symmetriebrechung

Dass das Potenzial entlang der Rinne der Abb. 3.17b) konstant ist, ermöglicht eine Verschiebung der Kugel in ihre (jeweilige) Richtung ohne den Einfluss von Kräften. Beim Ferromagneten ist diese Verschiebung als die Symmetrieoperation der Drehung des *ganzen*, unendlichen großen Magneten zu interpretieren. Dass bei dieser Drehung das Potenzial dasselbe bleibt, sie also kräftefrei möglich ist, bedeutet aber nicht, dass sie in endlicher Zeit durchgeführt werden kann, die Wesen im Innern des Magneten also die Vorzugsrichtung aller ihrer Magnete in einer endlichen Zeitspanne verändern können. (Dass das mangels eines Standbeins außerhalb sowieso nicht möglich ist, beachten wir jetzt nicht: Denn wo könnte sich wohl »unser« Standbein außerhalb unserer Welt sich befinden?) Denn während der Magnet sich dreht, besitzt er, weil unendlich groß, eine unendlich große kinetische Energie, und die muss aufgebracht werden, soll er gedreht werden. Das aber ist unmöglich, sodass der Magnet in endlicher Zeit tatsächlich *nicht* gedreht werden kann. Für die Theoreme der spontanen Symmetriebrechung – ob Goldstone-Nambu oder Higgs – reicht aber aus, dass es keine Energie erfordert, den Magneten *unendlich langsam* zu drehen.

Einen kleinsten Drehwinkel gibt es nicht, sodass Drehsymmetrien zu Recht als »kontinuierliche« Symmetrien bezeichnet werden. Im Gegensatz hierzu heißen Spiegelsymmetrien »diskrete« Symmetrien. Eine Spiegelung ist eine Alles-oder-nichts-Operation; man kann nicht erst ein wenig, dann noch ein wenig spiegeln, bis schließlich die volle Spiegelung erreicht ist. Nehmen wir noch einmal einen Ferromagneten. Seiner Symmetrieoperation der Drehung des ganzen Magneten um beliebig kleine Winkel entsprechen die Drehungen einzelner Spins um eben diese Winkel. Wenn sonst kein Grund dagegen steht – hier ist die Reichweite von Kräften zu nennen –, können einzelne Spins vermöge der Drehsymmetrie »beliebig wenig« ausgelenkt werden. Um die Vorzugsrichtung schwingen können sie aus demselben Grund; denn ihre Auslenkungen können kontinuierlich größer und kleiner werden. Spontan gebrochene Spiegelsymmetrien lassen ein solches Schwingen offensichtlich nicht zu. Spiegelungen können, eben weil die vollständige Spiegelung zugleich die kleinstmögliche ist und zwischen Objekten und ihren Spiegelbildern im Allgemeinen eine unüberbrückbare Lücke klafft, in der Wirklichkeit *nicht* durchgeführt werden. Eine kontinuierliche Bewegung entlang der Rinne eines Potenzials wie dem der Abb. 3.17b), die den Ferromagneten in seine gedrehten Zustände überführt, kann es also für etwelche gebrochene Spiegelsymmetrien bereits aus prinzipiellen Gründen nicht geben. Deshalb setzt die weitere Diskussion voraus, dass die spontan gebrochenen Symmetrien *kontinuierliche* sind. Unser Paradebeispiel ist die Drehsymmetrie, weiter unten verkleidet als Symmetrie gegenüber Multiplikationen mit komplexen Phasenfaktoren. Spontan gebrochene diskrete Symmetrien ermöglichen keine Schwingungen, und kommen bereits deshalb[10] hier nicht in Betracht.

Die Freiheitsgrade der Drehung benötigen beide Formen der spontanen Symmetriebrechung, aber sie können durch Kräfte mit der Reichweite unendlich eingefroren sein – und sind es, wie noch im Detail beschrieben werden soll, bei der Higgs-Symmetriebrechung –, oder sie können ohne solche Kräfte lokale Anregungen zulassen – so bei der Symmetriebrechung nach Goldstone und Nambu. Es geht hierbei um *lokale* Abweichungen von der Gesamtsymmetrie durch die Auslenkungen einzelner Spins aus der Zeigerichtung aller; darum also, ob sie möglich sind und, wenn so, was für sie gilt.

Die lokalen Auslenkungen bilden zusammengenommen das von der Zeit t und dem Ort $\vec{r}$ abhängige Feld des vektorwertigen »Ordnungsparameters« $\vec{M}(\vec{r}, t)$ des Ferromagneten; für das Folgende spielt es keine Rolle, ob wir $\vec{M}$ und $\vec{r}$ als Vektoren in der Ebene oder im dreidimensionalen Raum auffassen. Um, von dem mikroskopischen Bild einzelner Spins ausgehend, bei dem lokalen Feld $\vec{M}(\vec{r}, t)$ anzukommen, können wir folgendermaßen vorgehen. Was wir in einem Ferromagneten zunächst einmal haben, sind die (dem Betrage nach gleichen) magnetischen Momente von Spins, die an

Gitterpunkte angeheftet sind und sich im Laufe der Zeit drehen können; die Magnetisierung $\vec{\mu}$ ist dann einfach die Vektorsumme aller magnetischen Momente der Spins, geteilt durch ihre Anzahl, und damit selbstverständlich eine Funktion der Zeit, $\vec{\mu}(t)$. Ist nun ein Punkt $\vec{r}$ vorgegeben, so wählen wir eine Umgebung von $\vec{r}$, die weder zu groß noch zu klein ist. Nicht so klein, dass sich kein sinnvoller Mittelwert der magnetischen Momente in ihr mehr bilden ließe, und nicht so groß, dass diese Bildung signifikante lokale Unterschiede verdeckte. Dies getan, definieren wir das lokale Feld $\vec{M}(\vec{r}, t)$ des Ordnungsparameters als Mittelwert der magnetischen Momente der Spins in dieser Umgebung zur Zeit t, sodass die Magnetisierung $\vec{\mu}(t)$ eines Ferromagneten des Volumens V als Raumintergral von $\vec{M}(\vec{r}, t)$ über V, geteilt durch V, berechnet werden kann; die Magnetisierung eines unendlich großen Magneten ergibt dann der Grenzübergang $V \longrightarrow \infty$.

Eine physikalische Realisation der mathematischen Mittelwertbildung mit einem lokalen Feld als Ziel besteht darin, das Feld durch Messfühler zu bestimmen. Der Versuch, dies zu tun, zeigt, wie groß für sinnvolle Ergebnisse die Messfühler sein müssen und dürfen. Das Ergebnis dieser Prozedur ist allerdings nicht in allen Fällen dasselbe wie das der Mittelwertbildung, da beispielsweise magnetische Felder in Gebiete hineinwirken, in denen sich keine Magnete befinden. Darum bekümmern wir uns aber nicht – was wir zu sagen haben, ist von dem Unterschied unabhängig – und wenden uns dem vielleicht vertrautesten Feld, der Temperaturverteilung $T(\vec{r}, t)$, zu. Sie kann durch Thermometer ausgemessen werden, die über die Quadrate der ungeordneten Geschwindigkeiten der Atome und Moleküle in einer Umgebung von $\vec{r}$ zur Zeit t mitteln – etwa so wie Messfühler für Magnetfelder über magnetische Felder mitteln. Der für uns wichtigste Unterschied der Felder $\vec{M}(\vec{r}, t)$ und $T(\vec{r}, t)$ ist, dass das erste ein Vektorfeld mit drei räumlichen Komponenten, die bei Drehungen mitgedreht werden, das zweite ein »skalares« Feld ist, das bei Drehungen ungeändert bleibt. Die Quantenfeldtheorie beginnt mit Feldern und kommt von ihnen durch den Prozess der Quantisierung zu Teilchen – von dem elektromagnetischen Feld zu den Photonen. Den skalaren Feldern sind Teilchen mit Spin null zugeordnet, die wie diese keine Richtung im Raum auszeichnen. Zu ihren gehören die Goldstone-Bosonen und die Higgs-Teilchen, auf die weiter unten einzugehen sein wird.

Felder, deren schiere Anwesenheit keine Richtung im Raum auszeichnet, unterscheiden sich von jenen, die das tun, vor allem dadurch, dass sie im Verborgenen wirken können. Ist die Temperatur überall gleich, weist nichts darauf hin, dass auch andere Temperaturen möglich sind, es also überhaupt ein Temperaturfeld gibt. Ganz anders ein überall gleiches magnetisches Feld: Es kann nicht anwesend sein, ohne dadurch auf seine Richtung und damit Anwesenheit hinzuweisen. Nur durch Kuddelmuddel im Kleinen können magnetische Felder oder Spinfelder im Großen verborgen werden; genau genommen also nicht. Ganz anders, wie gesagt, die skalaren Felder, die als einzige Eigenschaft ihre Intensität aufweisen. Ist diese überall gleich, weist nichts darauf hin, ob das fragliche Feld an- oder abwesend ist.

Wenn es keine Kräfte mit der Reichweite »unendlich« gibt, beeinflussen einzelne Spins nur mehr oder weniger benachbarte; keineswegs aber »alle« des unendlich großen Magneten. Die quantitative Analyse muss ich gelehrteren Artikeln und Büchern als diesem überlassen. Also können, wie bereits gesagt, einzelne Spins des Ferromagneten aus der allgemeinen Zeigerichtung ausgelenkt und losgelassen werden, sodass sie schwingen und dadurch die Spins in ihrer Nachbarschaft einen nach dem anderen zu Schwingungen anregen; eine Spinwelle breitet sich aus. So etwas aber kann, wie ebenfalls bereits gesagt, in Systemen mit Kräften der Reichweite unendlich nicht auftreten: Zu viele, auch weit von ihm entfernte, Spins würde ein einzelner ausgelenkter Spin mitziehen müssen, wenn er denn ausgelenkt würde, sodass er gegen deren versammelten Widerstand in endlicher Zeit nicht ausgelenkt werden kann.

Spinwellen können also dann und nur dann auftreten, wenn es keine hindernden Kräfte mit der Reichweite »unendlich« gibt. Ist diese Bedingung erfüllt, besitzt sie eine zweite wichtige Konsequenz: Im Teilchenbild von Quantenfeldtheorien, die Quantenmechanik und Spezielle Relativitätstheorie vereinigen, sind diese Wellen die von Teilchen mit der Masse null.

Nehmen wir zur Erläuterung noch einmal die Spins eines Ferromagneten. Deren Schwingungen beruhen darauf, dass ausgelenkte Spins benachbarte Spins in ihre Richtung zu ziehen versuchen. Diese dann wieder ihre Nachbarn; und so weiter. Die Wellenlänge λ einer periodischen Schwingung ist der Abstand von einem Maximum der Auslenkung zum nächsten; die maximale Auslenkung selbst heißt

Amplitude. Sei nun eine Welle mit einer gewissen Amplitude vorgegeben. Je größer deren Wellenlänge, desto kleiner offenbar die Änderung der Auslenkung von einem Spin zu seinem nächsten Nachbarn; die gesamte Auslenkung wird, anders gesagt, bei Vergrößerung der Wellenlänge auf mehr Schritte von Nachbar zu Nachbar verteilt. Daher nimmt die in der Welle pro Schritt enthaltene elastische Energie mit der Vergrößerung der Wellenlänge ab. Andererseits ist die Zahl der Schritte von Maximum zu Maximum der Auslenkung zur Wellenlänge proportional. Wir haben es also mit zwei gegenläufigen Effekten zu tun, und der Nachweis, dass die Vergrößerung der Wellenlänge gewinnt, die in einer Welle enthaltene elastische Gesamtenergie bei vorgegebener Amplitude mit Vergrößerung der Wellenlänge also auf null abnimmt, erfordert im Modell eine kleine Rechnung. Sie findet die Leserin, die Sinus und Kosinus nicht schrecken, in dem nachfolgenden mathematischen Kasten. Die kinetische Energie der Welle ist aus allgemeinen Gründen – Stichwort Virialtheorem – zur potenziellen elastischen proportional, sodass wir schließen können, dass auch die Gesamtenergie ϵ der Welle innerhalb einer Wellenlänge bei vorgegebener Amplitude mit über alle Grenzen wachsendem λ gegen null geht; in Formeln $\epsilon(\lambda) \longrightarrow 0$ für $\lambda \longrightarrow \infty$.

Spinwellen

Im Modell wollen wir uns Spinwellen als gekoppelte Drehungen von Spinvektoren um eine Achse, auf der sie aufgereiht sind, vorstellen (Abb. 3.18). Unendlich langsame Drehungen der Magnetisierung können wir dann als Spinwellen mit der Wellenlänge unendlich und der Frequenz Null auffassen. Die Spin-Vektoren $\vec{S}_i$ der unendlich langen Reihe mit ganzzahligem i zwischen $-\infty$ und $+\infty$ sind an der Gerade der Abbildung in konstantem Abstand δ so angebracht, dass sie sich widerstandslos um die Gerade drehen können, wobei allerdings die benachbarten Spins auf den relativ zu ihnen verdrehten rücktreibende Kräfte ausüben. Der Winkel, den der i-te Spin mit einer fest vorgegeben Richtung einschließt, sei Φ_i. Wir wollen nur Anregungen betrachten, bei denen die Winkeldifferenzen benachbarter Spins klein sind und klein bleiben. Jeder Spin soll nur mit seinen beiden nächsten Nachbarn wechselwirken; die Potenzialfunktion sei $-g \sum_i \vec{S}_i \cdot \vec{S}_{i+1}$ mit positivem g. Die Energie ist dann am kleinsten, wenn alle Spins parallel stehen – wie es bei einem Ferromagneten sein muss.

Wir wollen nach der potentiellen Energie fragen, die in einer Wellenlänge enthalten ist, wenn diese bei konstant gehaltener Amplitude Φ_A über alle Grenzen wächst. Ist die Winkelauslenkung periodisch mit der Periode $2 \cdot N$ um $\Phi = 0$, wächst die Auslenkung in N (oder $N - 1$; das ist gleichgültig, da N groß sein soll) Schritten von $-\Phi_A$ auf Φ_A. Zur Vereinfachung nehmen wir an, dass der Auslenkungswinkel linear wächst; bei jedem Schritt dann um $\delta\Phi = 2\Phi_A/N$. Damit trägt der Schritt vom i-ten Spin zum $(i + 1)$-ten zur Energie

$$\begin{aligned} -g\vec{S}_i \cdot \vec{S}_{i+1} &= -g' \cos(\delta\Phi) \\ &= -g' \cos(2\Phi_A/N) \\ &\approx -g'[1 - (2\Phi_A/N)^2/2] \end{aligned}$$

bei (mit g' einer positiven Konstante). Verglichen mit dem Grundzustand ($\Phi_A = 0$), enthält eine Wellenlänge $2N\delta$ einer Spinwelle also die Energie $g'(2N\delta)(2\Phi_A/N)^2/2$. Sie ist zu N, und damit zur Wellenlänge, umgekehrt proportional, verschwindet also, wenn diese gegen unendlich geht.

Folglich verschwindet der »elastische« Energieinhalt der Spinwelle mit wachsender Wellenlänge. Die kinetische Energie der Welle hängt von der Dynamik ab; bei harmonischen Oszillatoren stimmt sie nach dem Virialsatz im Mittel mit der potentiellen Energie überein.

Wie die Energie ϵ einer Welle mit $\lambda \longrightarrow \infty$ verschwindet, so auch ihre Frequenz ν, also $\nu(\lambda) \longrightarrow 0$ für $\lambda \longrightarrow \infty$. Die Leserin, die mit der Quantenmechanik vertraut ist, weiß natürlich, dass beide Resultate für Lichtwellen äquivalent sind, aber hier geht es nicht um Licht- sondern um Spinwellen, so dass wir das Verschwinden von ν für $\lambda \longrightarrow \infty$ im Modell so plausibel machen müssen, wie wir das für ϵ getan haben. Wenn sonst alles gleich ist, schwingen lange Wellen langsamer als kurze: Je länger eine eingespannte Saite ist, desto tiefer sind die Töne, die sie abgibt; man vergleiche nur die Abmessungen eines Kontrabasses mit denen einer Geige. Offenbar nimmt die Kraft, mit der ein Spin einen relativ zu ihm um einen bestimmten Winkel ausgelenkten beeinflusst, mit der Entfernung ab. Wächst die Wellenlänge, dann auch die Entfernung von Maximum zu Minimum der Auslenkung, sodass der gegenseitige Einfluss der beiden maximal unterschiedlich ausgelenkten Spins abnimmt; so sehr sogar, dass der Einfluss bei unendlicher Wellenlänge verschwindet. (Zur Erinnerung: Es soll keine Kräfte mit der Reichweite unendlich geben, und die gibt es beim Ferromagneten tatsächlich nicht.) Da

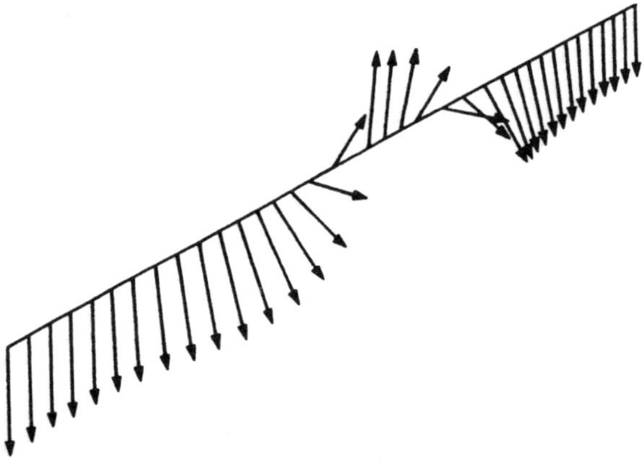

Abbildung 3.18: Die Auslenkungen der elastisch aneinander gekoppelten Pfeile sollen eine Spinwelle veranschaulichen.

nun die Kraft, welche die Spins aufeinander ausüben, die Ursache ihrer Schwingungen ist, werden diese mit wachsender Wellenlänge langsamer, bis es bei der Wellenlänge unendlich keine Schwingungen mehr gibt; wir können auch sagen, dass die Frequenz ν der Schwingung bei $\lambda \longrightarrow \infty$ gegen null geht.

Gibt es Kräfte mit der Reichweite unendlich, die mit der Entfernung nicht oder zu wenig abnehmen, sind beide Argumente hinfällig. Nun zur Quantenmechanik. Sie ordnet jeder Welle mit der Frequenz ν die Energie $h\nu$ des ihr entsprechenden Quants oder Teilchens zu. Alle Energien, die eine Welle mit dieser Frequenz besitzen kann, sind ganzzahlige Vielfache davon, sodass $h\nu$ deren geringstmögliche Energie ist. Wir können auch sagen, dass eine Welle mit der Frequenz ν und der Energie $nh\nu$ mit n ganzzahlig n Quants oder Teilchen enthält, sodass wir das oben eingeführte ϵ mit $h\nu$ identifizieren können, als Gleichung $\epsilon = h\nu$, nach Einsteins $E = mc^2$ die wohl zweitberühmte Gleichung der Physik. Jedenfalls ist, wie die Leserin wusste, laut Quantenmechanik $\epsilon(\lambda) \longrightarrow 0$ für $\lambda \longrightarrow \infty$ zu $\nu(\lambda) \longrightarrow 0$ für $\lambda \longrightarrow \infty$ äquivalent.

Das einer Welle mit Wellenlänge λ zugeordnete Teilchen besitzt, ebenfalls laut Quantenmechanik, den Impuls $p = h/\lambda$, sodass wir das Resultat unserer Argumentationen auch so aussprechen können, dass die Energie ϵ des der Welle zugeordneten Teilchens verschwindet, wenn dessen Impuls p gegen null geht. Wir werden sogleich sehen, dass das aufgrund der Speziellen Relativitätstheorie bedeutet, dass die Masse des Teilchens verschwindet. Das Beispiel des Photons als Teilchen mit der Masse null lehrt uns, dass sein Impuls zwar nicht verschwinden, wohl aber beliebig klein sein kann; das Wertepaar $\epsilon = 0$ und $p = 0$ ist einem Photon nicht zugänglich, da es für *kein Photon* steht. Deshalb unsere vorsichtige Formulierung durch Pfeile statt durch Gleichheitszeichen an dieser Stelle. Ein erhellendes Beispiel dafür, dass beides nicht dasselbe sein muss, stammt von dem englischen theoretischen Physiker Michael Berry. Wir stellen es auf S. 209 vor.

Für ein Teilchen der Masse m lautet der relativistische Zusammenhang von Energie und Impuls

$$\epsilon = \sqrt{m^2c^4 + p^2c^2}, \tag{3.51}$$

worin c die Lichtgeschwindigkeit ist. Also ist $\epsilon \longrightarrow 0$ für $p \longrightarrow 0$ zu $m = 0$ äquivalent und es folgt, dass in der Tat in Systemen ohne Kräfte mit der Reichweite unendlich spontan gebrochene kontinuierliche Symmetrien die Existenz von Anregungen nach sich ziehen, die als Teilchen interpretiert die Masse null besitzen. Sie heißen Goldstone-Bosonen, und die Theorie weiß von ihnen auch, dass sie den Spin null besitzen. Die π-Mesonen der Elementarteilchentheorie können als Goldstone-Bosonen einer spontan gebrochenen Symmetrie namens Chirale $SU(2) \otimes SU(2)$ interpretiert werden. Bemerken, und nur bemerken will ich, dass die Massen dieser Teilchen in Anbetracht der Starken Wechselwirkungen, die sie besitzen, zwar sehr klein, aber nicht null sind. Die Erörterung dieses Sachverhaltes würde uns zu weit in die Quark-Physik hinein- und von unserem Thema wegführen.

Das Goldstone-Theorem

Das Goldstone-Theorem der Quantenfeldtheorie, das wir hoffen, plausibel gemacht zu haben, besagt zusammengefasst dies: Besitzt der Zustand niedrigster Energie – der Grundzustand – eines physikalischen Systems die Symmetrien der Naturgesetze nicht, die für es gelten, gibt es mehrere Grundzustände mit derselben niedrigsten

Energie. Sie werden durch Symmetrietransformationen der Naturgesetze des Systems ineinander überführt. Im Allgemeinen aber nicht durch alle diese Transformationen[II]. Wenn sich das System in einem bestimmten seiner, vermöge der Symmetrie der Gesetze gleichberechtigter Grundzustände befindet, ist die Symmetrie gegenüber denjenigen Transformationen spontan gebrochen, welche diesen Grundzustand abändern: Das System kann nur Zustände annehmen, die durch Anregungen eben dieses Grundzustandes entstehen. Voraussetzung für das Auftreten von Schwingungen, die Teile des Systems sozusagen in Richtung der spontan gebrochenen Symmetrien – entlang der Rinne des Potenzials der Abb. 3.17b) – ausführen, ist zweierlei. Erstens, dass es überhaupt ein Kontinuum von Grundzuständen gibt, die von dem angenommenen aus erreicht werden können. Dies erfordert, dass die spontan gebrochene Symmetrie eine kontinuierliche ist. Ist das so, können Schwingungen dieser Art immer noch dadurch verhindert werden, dass Kräfte mit der Reichweite unendlich es nicht zulassen, dass Teile des Systems in Richtung einer spontan gebrochenen Symmetrie ausgelenkt werden, ohne dass das System als Ganzes dieser Auslenkung folgen müsste, was – so die Grundlage der spontanen Symmetriebrechung – unmöglich ist. Gibt es aber keine Kräfte mit der Reichweite unendlich, und ist die spontan gebrochene Symmetrie eine kontinuierliche, besitzt das System Anregungen mit der Masse und dem Spin null namens Goldstone-Bosonen.

Vereinigungen

Die Physik hofft, dass sich die drei fundamentalen Wechselwirkungen, die sie kennt – die Gravitative, die Elektroschwache und die Starke Farbwechselwirkung der Quarks und Gluonen – als verschiedene Aspekte nur einer Wechselwirkung erweisen werden. Das erste historische Beispiel für die Vereinigung von oberflächlich ganz verschiedenen Kräften in einer Theorie ist Newtons Mechanik; das zweite Maxwells Elektrodynamik. Während Newtons Mechanik irdische und himmlische Kräfte vereinigt, leistet dies Maxwells Theorie für Elektrizität und Magnetismus.

Näher liegt uns die in der zweiten Hälfte des vergangenen Jahrhunderts gelungene Vereinigung der Elektromagnetischen mit der

Schwachen Wechselwirkung. Das Resultat, die Theorie der Elektroschwachen Wechselwirkung, ist experimentell ungemein erfolgreich, sodass sie als Vorbild dienen kann und soll für die angepeilte Vereinigung GUT – kurz für Grand Unified Theory – der Elektroschwachen und der Starken Farbwechselwirkung. Dafür, dass eine solche Vereinigung möglich sein müsse, spricht die nahe Verwandtschaft der Theorien: Beide sind lokal symmetrische Eichtheorien, wie sie weiter unten in diesem Abschnitt beschrieben werden sollen. Theoretisch ist die Vereinigung denn auch in mehreren Modellen gelungen, aber Übereinstimmung mit dem Experiment konnte nicht erzielt werden. Es ist vor allem die lange Lebensdauer des Protons, die der Vereinigung von Elektroschwacher und Starker Farbwechselwirkung entgegensteht. Die sie vereinigende GUT muss Quarks und Leptonen durch Symmetrietransformationen miteinander verbinden, und das impliziert Übergänge von den einen zu den anderen, sodass das Proton nicht stabil sein kann. Das ist zwar, entgegen dem ersten Anschein, kein prinzipielles, wohl aber ein praktisches Problem: Alle Modelle einer GUT sagen eine im Vergleich zum Experiment viel zu kurze Lebensdauer des Protons voraus. Die nach einer erfolgreichen GUT anstehende Vereinigung mit der Gravitation zur TOE, Theory Of Everything, wird wohl von ganz anderer Art sein – Stichwort Superstringtheorie. Bedenken gegen diesen Fahrplan der Theorie kann allerdings die Nähe der Energieskalen von GUT und TOE erwecken: Während die Energieskala der GUT um einen Faktor wie 10^{10} größer ist als die der Elektroschwachen Theorie, übersteigt die der TOE jene der GUT nur um einen Faktor von 1000. Möglicherweise kann es also keine GUT ohne TOE geben.

Mit den Details der vereinzelten und dann vereinigten Theorien haben wir uns hier nur insofern zu befassen, als sie deren Grundzustand, genauer deren Grundzustände, betreffen. Die Ausgangslage war bei der Elektroschwachen Theorie und ist bei der GUT, dass wir über zwei Theorien verfügen, deren jede – das ist nun stark vereinfacht und unterschlägt Unterschiede – ihre eigenen Symmetrien besitzt: Die Massen der Teilchen und Stärken der Wechselwirkungen der beiden Theorien erlauben jede für sich gewisse Symmetrietransformationen. Was es nicht gibt, und wegen der Unterschiede der Massen und Stärken der Wechselwirkungen der beiden Theorien im Vergleich miteinander anscheinend nicht geben konnte, sind Symmetrieoperationen, welche von der einen Theorie zur anderen führen, beide sozusagen austauschen. Die Idee, die bei der Elektroschwachen Wechselwirkung zum Erfolg geführt hat, und welche die Physik trachtet, auf die GUT zu übertragen, ist, dass die von der einen Theorie zur anderen führenden Symmetrien spontan gebrochen sind –, dass sie, genauer gesagt, dadurch verborgen sind, dass der Grundzustand der vereinigenden Theorie sie nicht aufweist. Die fundamentalen Naturgesetze besitzen sie uneingeschränkt, aber der Grundzustand, von dem uns nur kleine Anregungen zugänglich sind, zeichnet eine bestimmte Richtung im Raum der Eigenschaften der Elementarteilchen aus. Vor ihm als unwandelbarem Hintergrund zerfällt die vollkommen symmetrische Theorie in zwei effektive Theorien mit jeweils jenen Restsymmetrien, die ihn ungeändert lassen. Das sind bei der Elektroschwachen Theorie die Symmetrien einerseits der Elektromagnetischen, andererseits der Schwachen Wechselwirkung; bei der GUT sollen es die der Elektroschwachen, komplett mit ihren spontanen Brechungen, und der Starken Farbwechselwirkung sein.

Die »richtige« Idee der spontanen Symmetriebrechung wurde Jahrzehnte vor ihrer erfolgreichen Anwendung, die zur Vereinigung der Elektromagnetischen mit der Schwachen Wechselwirkung geführt hat, auf die – so Steven Weinberg – »falschen« Theorien angewendet. Das Ziel war, eine einheitliche Theorie von Kräften unterschiedlicher Reichweiten und Stärken sowie von Teilchen mit unterschiedlichen Massen zu finden, durch deren Brechung eben diese Unterschiede erklärt werden könnten. Die Theorie der spontanen Symmetriebrechung, die sich hierzu anbot, konnte erst zu einem ernsthaften Kandidaten werden, als es gelungen war, die Goldstone-Nambu-Symmetriebrechung durch den Higgs-Mechanismus zu ergänzen.

Denn wo waren die Goldstone-Bosonen der Theorien der Elektromagnetischen und der Schwachen Wechselwirkungen? Teilchen, die deren Rolle hätten spielen können, kannte keine der beiden Theorien. Gewiss, das Photon ist masselos und die Neutrinos schienen es zu sein, aber den Spin null hat keins von ihnen. Nein, kein Teilchen der beiden Wechselwirkungen hätte die Rolle eines Goldstone-Bosons übernehmen können.

Es war die Einsicht in die Rolle, die Kräfte mit der Reichweite unendlich bei der spontanen Symmetriebrechung spielen können, die alle Rätsel der Vereinigung der Elektromagnetischen mit der Schwa-

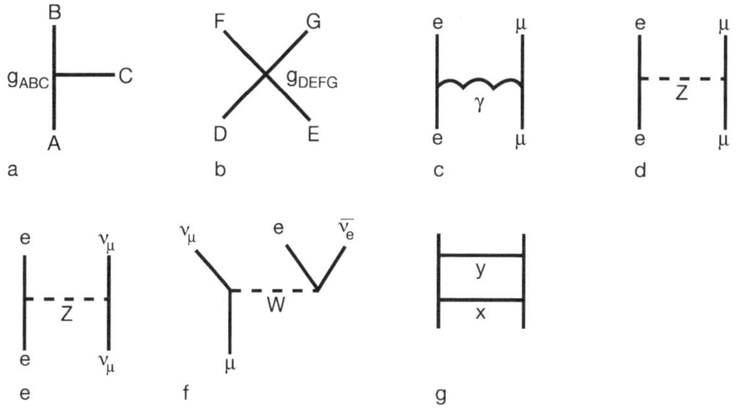

Abbildung 3.19: Die Feynman-Diagramme beschreibt der Text.

chen Wechselwirkung gelöst hat – und, wie gehofft wird, auch die der weiterreichenden Vereinigung der GUT lösen wird. Gibt es Kräfte mit der Reichweite unendlich, dann muss es keine Goldstone-Bosonen geben; dies der erste, bereits beschriebene Erfolg. Zweitens ist die Reichweite der elektromagnetischen Kraft tatsächlich unendlich, was dazu äquivalent ist, dass das Austauschteilchen dieser Wechselwirkung die Masse null besitzt. Drittens führt die Theorie die unterschiedlichen Massen einander entsprechender Elementarteilchen auf die einheitliche Masse null aller Teilchen in der fundamentalen, also nicht der effektiven Theorie mit eingebauter spontaner Symmetriebrechung zurück. Die effektiven Massen, die von null verschieden sind, entstehen aus den wahren Massen null der Teilchen dadurch, dass diese sich in dem asymmetrischen Vakuum der effektiven Theorie bewegen.

Ich muss ausholen, um das zu erklären. Zentral ist die Frage nach den Massen der Teilchen und, damit gleichbedeutend, den Reichweiten von Kräften. Die Kräfte, die Elementarteilchen auf Elementarteilchen ausüben, führt die Theorie ganz allgemein auf den Austausch von Elementarteilchen zurück; die Abb. 3.19 illustriert das durch Feynman-Diagramme. Diese Diagramme, die hier nur der Veranschaulichung dienen, sind für Adepten zugleich Vorschriften zur Berechnung von Wahrscheinlichkeiten für das Auftreten von Prozessen. Die Elektroschwache Theorie fasst die Diagramme der Abb. 3.19, und viele mehr, als Ausprägungen nur einer einheitlichen Wechselwirkung, eben ihrer, auf. Das ist möglich, weil sich alle Diagramme der Elektroschwachen Theorie aus den »Vertices« der Abb. 3.19a) und b) konstruieren lassen, worin A, B und C für Teilchen der Theorie stehen. Wenn wir uns auf die »Familie« der Leptonen Elektron e und Myon μ beschränken, treten diese, ihre Neutrinos ν_e und ν_μ sowie die Austauschteilchen W, Z und γ als Teilchen A bis G auf; hinzukommen ihre Antiteilchen und das Higgs-Teilchen, das sich der Beobachtung bisher entzogen hat. Als Teilchenkombinationen sind nicht alle überhaupt möglichen erlaubt, sondern nur gewisse; wir gehen darauf nicht im Detail ein. Die Diagramme wollen wir so lesen, dass die Prozesse von unten nach oben ablaufen. Dann können die Linien auch in anderer Zeitrichtung auftreten – wie rechts oben in der Abb. 3.19e). Die g mit ihren Indizes bezeichnen die Kopplungsstärken der Vertices.

Die Quantenelektrodynamik, kurz QED, als Theorie der Wechselwirkung elektrisch geladener Teilchen durch Austausch von Photonen kommt für sich allein mit dem Vertex der Abb. 3.19a) aus, wobei A und B entweder beide ein Elektron oder ein Myon sind und C für ein Photon steht. Ein sich hieraus ergebendes Diagramm ist das der Abb. 3.19c). Es beschreibt die Wechselwirkung eines Elektrons mit einem μ durch Austausch eines masselosen Photons und verkörpert damit einen Prozess, der traditionell allein der Elektromagnetischen Wechselwirkung angehört, in der Elektroschwachen Theorie aber Korrekturen durch den Austausch eines massiven Z erfährt (Abb. 3.19d)). Die Diagramme der Abb. e) und f), bei denen Z- und W-Bosonen ausgetauscht werden, gehören genauso der Schwachen Wechselwirkung an; in der Abb. 3.19e) bereits um das Z-Teilchen bereichert. Das Auftreten dieser Streuung eines Myon-Neutrinos an einem Elektron erfordert die Existenz des Z; sie bildete denn auch den ersten Nachweis der Existenz einer »neutralen schwachen Wechselwirkung« durch Z-Austausch, die eine Voraussetzung der elektroschwachen Vereinigung ist. Der Zerfall des Myon in ein Elektron und zwei Neutrinos ist ein Prozess der traditionellen Schwachen Wechselwirkung, welche das W und sein Antiteilchen als einzige Austauschteilchen kannte.

Alle Diagramme, deren Auftreten in physikalischen Prozessen wie die der Abb. 3.19c) bis f) vor der Vereinigung von elektromagnetischer und schwacher Wechselwirkung zur Elektroschwachen Theorie experimentell gesichert war, und die deshalb einbezogen werden mussten, konnten bereits aus dem Vertex der Abb. 3.19a) für sich allein mit A und B einem Elektron, Myon oder Neutrino und C einem W, Z oder γ konstruiert werden, wobei abermals nur eine Auswahl, die nicht weiter interessiert, auftreten kann. Treten Vertices aber auf, dann mit ihnen alle Diagramme, die durch sie aufgebaut werden können; beispielsweise das »Box«-Diagramm der Abb. 3.19g). Uns geht es nur um die beiden ausgetauschten Teilchen X und Y: Handelt es sich bei beiden um ein Photon, gehört der Prozess der QED an, und sein Beitrag kann durch die Methode der Renormierung in der QED für sich allein berechnet werden. Sind aber beide W-Teilchen ist der Prozess einer der Schwachen Wechselwirkung und er liefert in dieser Theorie für sich allein unabwendbar einen nicht berechenbaren – unendlich großen – Beitrag zu der Wahrscheinlichkeit des Auftretens des Prozesses der Abbildung.

Der Grund für dieses Versagen ist die von null verschiedene – sogar große, aber das ist der Theorie egal – Masse der W. Der vereinigten elektroschwachen Theorie gelingt es, die endlichen Massen der W und Z durch den Higgs-Mechanismus so einzuführen, dass sie kein Hindernis mehr für die Renormierbarkeit und damit Konsistenz der Theorie insgesamt darstellen. Hierzu benötigt die Theorie das Higgs-Teilchen und die Diagramme der Abb. 3.19b). Der Nachweis, dass sie auftreten, ist inzwischen gelungen. Wegen der Kleinheit ihrer Beiträge ist und war hierzu eine sehr große Genauigkeit sowohl der Berechnung als auch der Experimente erforderlich.

Dieses Buch soll kein historischer Bericht sein, sondern soll zu erklären versuchen, wie verschieden erscheinende Theorien als Aspekte einer einzigen, sie vereinheitlichende Theorie erkannt werden können, aus der sie durch spontane Symmetriebrechung als effektive Theorien hervorgehen. Wie die Elektroschwache Theorie die gemeinsame Theorie der Elektromagnetischen und Schwachen Wechselwirkungen ist, soll die GUT die von Elektroschwacher und Farbwechselwirkung sein. Damit eine solche Vereinigung möglich sei, müssen zwei Unterschiede der zu vereinigenden Theorien hinweggeklärt werden, die es in den realistischen Fällen tatsächlich gibt: Erstens die Unterschiede der Stärken ihrer Wechselwirkungen, und zweitens, wichtiger, die der Massen von Teilchen, die in der vereinigenden Theorie als Partner auftreten sollen. Beides kann nur überwunden werden, wenn über das Trennende hinaus die Formen der Wechselwirkungen der zu vereinigenden Theorien dieselben sind.

So ist es nach Auskunft der Abb. 3.19 bei den Teiltheorien der Elektroschwachen Theorie, und soll es bei denen der GUT ebenfalls sein.

Zurück zu den Massen der ausgetauschten Teilchen und den Reichweiten der zugehörigen Kräfte. Die Stärke der Kraft, die zwei Teilchen aufeinander ausüben, hängt offenbar von ihrer Entfernung r ab: Je weiter die Teilchen voneinander entfernt sind, desto geringer sollte die anziehende oder abstoßende Kraft zwischen ihnen sein. Dass dieser Zusammenhang tatsächlich nicht allgemeingültig ist, war eine der großen Überraschungen, welche die Quelle der Kernkräfte, die Wechselwirkung durch den Austausch zahlreicher Gluonen, für die Entdecker der Quantenchromodynamik, kurz QCD, um 1970 bereithielt. Für die Kernkräfte selbst sowie für die elektromagnetische sowie schwache Kraft gilt dieser Zusammenhang aber wie erwartet. Und zwar so, dass von der Reichweite R dieser Kräfte gesprochen werden kann. Die Reichweite ist eine charakteristische Entfernung derart, dass für r, die groß sind verglichen mit ihr, die Kraft zwischen den Teilchen im Wesentlichen wie $e^{-r/R}$ abnimmt. Als Erster hat 1935 der japanische theoretische Physiker Hideki Yukawa (1907–1981, Physiknobelpreis 1949) erkannt, dass ein einfacher Zusammenhang zwischen der Reichweite einer Kraft und der Masse m desjenigen Teilchens besteht, auf dessen Austausch die Kraft beruht: Die Reichweite ist zum Kehrwert der Masse proportional. Auf der Grundlage dieser Erkenntnis konnte Yukawa die Masse des Teilchens, auf dessen Austausch die Starke Kernwechselwirkung beruht, als etwa das Zweihundertfache der Masse des Elektrons abschätzen. Nach einigem Hin und Her, einer physikalischen Verwechslungskomödie, wurde dies Teilchen, das π-Meson, in der Kosmischen Strahlung tatsächlich entdeckt – ein Triumph der Theorie. Die elektromagnetische Kraft hingegen beruht auf dem Austausch von Photonen mit der Masse null, sodass deren Reichweite als unendlich herauskommt: Die Kraft, die zwei elektrisch geladene Teilchen im Abstand r aufeinander ausüben, sinkt auch bei beliebig großem r nicht exponentiell ab, sondern ist und bleibt zu $1/r^2$ proportional. Sie kann als aus einer Kraft $e^{-r/R}/r^2$ mit der Reichweite R durch den Grenzübergang $R \to \infty$ entstanden gedacht werden.

Dass die Masse des Photons null, und zwar exakt null ist, beruht nach dem festen Glauben der Theoretiker nicht auf einem Zufall, sondern auf der speziellen Form seiner Wechselwirkung mit elektrisch geladenen Teilchen: Das Photon ist das Austauschteilchen der »eichsymmetrischen« Wechselwirkung der Quantenelektrodynamik, kurz QED. Vor einem Exkurs über die Eichsymmetrie sei gesagt, dass der Erfolg der Elektroschwachen Theorie darauf beruht, dass es gelungen ist, auch Wechselwirkungen durch Austausch massiver Teilchen – der W und Z mit ihren Massen von rund 85 und 97 Protonenmassen – eichsymmetrisch zu formulieren. Und zwar dadurch, dass die Abweichung dieser Massen, ja aller Massen überhaupt, von null der Brechung der Eichsymmetrie à la Higgs zur Last gelegt wird; dies ist der Zusammenhang, auf dessen Erklärung wir zusteuern. Auch die QCD als Theorie der Wechselwirkung von Quarks und Gluonen ist eine eichsymmetrische Theorie, die Allgemeine Relativitätstheorie ebenfalls, und so wundert es nicht, dass die Theorie erwartet, *alle* Wechselwirkungen *aller* fundamentalen Theorien erfüllten letztlich die Forderung nach Eichsymmetrie – auch die GUT und die TOE, die »Theory Of Everything«.

Nun zur Eichsymmetrie selbst. Sie beruht auf der Forderung nach »lokaler« Symmetrie, und die Gültigkeit, sogar Allgemeingültigkeit dieser Forderung ist – nach meiner Ansicht – eine der größten Überraschungen, welche die Physik des vergangenen Jahrhunderts uns bereitet hat (nach, selbstverständlich, den Überraschungen durch die unabweisbaren Verschränkungen der Quantenmechanik, die aber nicht unser Thema sind). Zunächst zu den »globalen« Symmetrien der Naturgesetze, deren Verschärfungen die lokalen sind, und deren Gültigkeit nicht nur nicht überrascht, sondern geradezu erwartet wird. Nehmen wir die Verschiebungssymmetrie der Naturgesetze, die besagt, dass diese überall dieselben sind. Das ist OK, das erwarten wir. Hierbei setzen wir voraus, dass der Vektor $\vec{a}$, um den verschoben wird, als Parameter der Transformation überall und zu allen Zeiten derselbe ist, er von Ort und Zeit nicht abhängt. Die Forderung nach lokaler Symmetrie geht darüber hinaus, indem sie Symmetrie der Naturgesetze auch gegenüber Verschiebungen fordert, die eben *nicht* zu allen Zeiten und überall dieselben sind, sondern deren Parameter beliebig von der Zeit und dem Ort abhängen können. Die hier unterstellte Sichtbarkeit der Wirkung einer Verschiebung mit vom Ort und/oder der Zeit abhängigen Parametern besteht *innerhalb der Allgemeinen Relativitätstheorie*, wie viel weiter unten im Unterkapitel »Lochbetrachtung« diskutiert, tatsächlich nicht.

Was das besagt, soll ein Beispiel aus der Mechanik verdeutlichen. Gegeben sei die gerade Bahn, die eine ausgebrannte Rakete im ansonsten leeren Raum ohne den Einfluss etwelcher Gravitationsfelder mit konstanter Geschwindigkeit durchläuft. Wird dieser Ablauf in Raum und/oder Zeit ohne Änderung anderswohin versetzt, befindet sich das Resultat im Einklang mit dem Naturgesetz der kräftefreien Bewegung, das bereits den ursprünglichen Ablauf zugelassen hat. So weit, so wie erwartet. Nun die lokale Transformation, welche die Bahn der Abb. 3.20a) in die der Abb. 3.20b) überführt. Ihr $\vec{a}$ ist *nicht* überall dasselbe, sondern variiert von Ort zu Ort und kann zudem von der Zeit abhängen. Als Bewegung auf einer gekrümmten Bahn kann die Bewegung der Abbildung ohne die Einwirkung von Kräften nicht auftreten, sodass die Forderung nach Lokaler Symmetrie Kräfte ins Spiel bringt: Kann es keine Kräfte geben, dann auch keine Lokale Symmetrie; lokal symmetrische Theorien müssen das Auftreten von Kräften erlauben. Wie bereits angedeutet, entsteht aus der Speziellen Relativitätstheorie durch die Forderung nach Lokaler Symmetrie gegenüber Änderungen der Geschwindigkeit etc. die Allgemeine – die allerdings an Stelle von Kräften nur Raum- und Zeitkrümmungen kennt.

Die Kräfte, welche die ungebrochene Lokale Symmetrie einfordert, sind nicht irgendwelche, sondern müssen eine spezielle Form besitzen, zu der gehört, dass sie durch den Austausch von Teilchen mit der Masse null übertragen werden. Also doch Teilchen mit der Masse null, wie die Goldstone-Bosonen? Insofern schon; erfordert doch bereits deren Elimination durch Kräfte mit der Reichweite unendlich, also unabhängig von der Lokalen Symmetrie, wegen des Zusammenhangs der Reichweite mit der Masse der Austauschteilchen die Existenz von Teilchen mit der Masse null. Anders als die Goldstone-Bosonen, die ja skalare Teilchen sind, können die Austauschteilchen der Lokalen Symmetrien nicht spinlos sein. Die der Gravitation, die Gravitationen, auf die wir nicht weiter eingehen wollen, besitzen den Spin 2, die der anderen Wechselwirkungen sind Vektorteilchen mit dem Spin 1. Wie viele unabhängige Einstellungen der Spin eines Vektorteilchens in die Richtung seiner Bewegung besitzt, hängt von seiner Masse ab. Masselose Teilchen wie die Photonen, die sich ja immer mit der Lichtgeschwindigkeit bewegen, besitzen deren zwei, die parallele und die antiparallele Drehrichtung der Polarisation. Bei massiven Vektorteilchen, die auch ruhen können, kommt die Möglichkeit hinzu, dass ihr Spinvektor auf der Richtung ihrer Bewegung senkrecht steht. Denn in Ruhe kann dieser, wie jeder Vektor, in drei

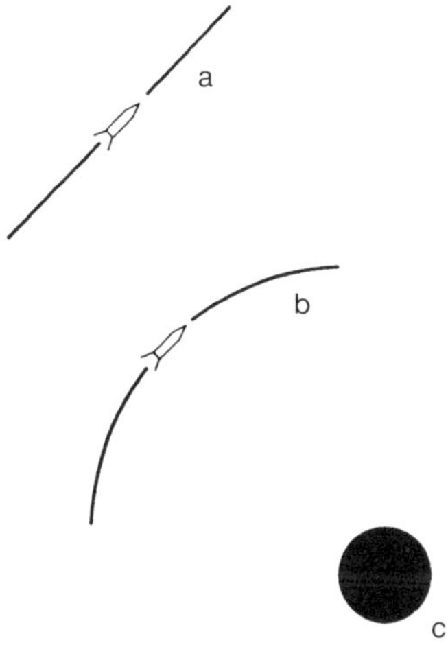

Abbildung 3.20: Durch eine Verschiebung, deren Parameter eine Funktion des Ortes ist, entstehe aus der geraden Bahn der ausgebrannten Rakete im ansonsten leeren Raum (a) die Bahn (b). Zwar nicht im leeren Raum, aber im Schwerefeld der Masse (c) bewegt sich die Rakete im Einklang mit den Naturgesetzen. Die Allgemeine Relativitätstheorie, die aus der Forderung der Lokalen Verschiebungs- und Lorentz-Symmetrie folgt, kennt kein Schwerefeld. Sie führt die gebogene Bahn auf eine durch die Lokale Transformation bewirkte Krümmung des Raumes zurück. Wir erwarten, dass die Forderung nach dieser Symmetrie in der die Allgemeine Relativitätstheorie mit der Quantenmechanik vereinigenden Theorie der Zukunft die Existenz von Gravitonen als Austauschteilchen sowie deren Kopplung an Massen ergibt.

unabhängige Richtungen zeigen. Diesen Richtungen entsprechen ebenfalls drei bei dem Teilchen in Bewegung. Ein bona fide Austauschteilchen der Lokalen Symmetrie mit seiner Masse null besitzt also zwei Spineinstellungen – wie das Photon, auf das wir sogleich zurückkommen werden. Vorher aber dies: Wenn, wie angekündigt, durch den Higgs-Mechanismus aus masselosen massive Teilchen werden – woher dann der zusätzliche Freiheitsgrad der dritten Spineinstellung? Denn die Zahl der Freiheitsgrade einer Theorie kann von Umschreibungen nicht abhängen. Aber die Form ihres Auftretens kann es: Der zusätzliche Freiheitsgrad eines Vektorteilchens bei gebrochener Lokaler Symmetrie, den ihm seine Masse verleiht, ist der des Goldstone-Bosons, das vermöge der zugehörigen Kraft mit der Reichweite unendlich der Theorie nicht angehören kann. Wir hätten umgekehrt auch fragen können, wo der Freiheitsgrad des eliminierten Goldstone-Bosons bleibt.

Zurück zum masselosen Photon. Die QED mit ihm als Austauschteilchen war und ist der Prototyp einer lokal eichsymmetrischen Theorie. In ihr ist es früh gelungen, die Probleme von Quantenfeldtheorien mit den in ihnen auftretenden unendlichen Größen durch das Verfahren der Renormierung zu beherrschen, auf das im Detail einzugehen sich hier verbietet. Es genüge, dass Inspektion des Formalismus zeigt, dass es gerade die Lokale Symmetrie mit dem Photon als masselosem Austauschteilchen ist, die Renormierung ermöglicht und der Theorie ihre Konsistenz verleiht. Die traditionelle Schwache Wechselwirkung hingegen unterscheidet sich mit Ausnahme von technisch seit langem beherrschbaren Einzelheiten von der QED vor allem dadurch, dass ihre Austauschteilchen, die beiden W, die Antiteilchen voneinander sind, eine von null verschiedene, ja große Masse besitzen. Es war diese Masse, die mit der Lokalen Eichsymmetrie einer gemeinsamen Theorie von elektromagnetischer und schwacher Wechselwirkung unvereinbar schien und deshalb die durch Lokale Eichsymmetrie begründete Hoffnung nicht zuließ, dass eine solche Theorie konsistent, sprich renormierbar, sein könne.

Anders als die Parameter a globaler Symmetrien sind die der Lokalen, die sie verallgemeinern, nicht einfach Konstante, sondern hängen von Ort $\vec{r}$ und Zeit t ab, $a(\vec{r}, t)$. Globale Symmetrien eröffnen dem Beobachter verschiedene äquivalente Möglichkeiten zur Beschreibung eines physikalischen Systems. Unter ihnen muss er eine auswählen, wenn er die Theorie anwenden will – durch Konventionen muss er festlegen, was frei wählbar ist. Die Spezielle Relativitätstheorie erfordert die Wahl eines Koordinatensystems; in der Quantenmechanik muss die Phase der Wellenfunktion gewählt werden und in der Formulierung der Maxwellschen Gleichungen durch Potenziale $V(\vec{r}, t)$ und $\vec{A}(\vec{r}, t)$ deren Eichung. Die letzte Transformation ist allerdings, anders als beiden anderen, von vorne herein eine Lokale. Denn die Umeichungen der Potenziale, bei denen das elektrische und das magnetische Feld und mit ihnen selbstverständlich die Maxwellschen Gleichungen ungeändert bleiben, lassen die Wahl einer beliebigen Funktion $\phi(\vec{r}, t)$ zu; die Umeichung selbst wird durch die simultane Ersetzung von $V(\vec{r}, t)$ durch $V(\vec{r}, t) - \frac{\partial}{\partial t}\phi(\vec{r}, t)/c$ und von $\vec{A}(\vec{r}, t)$ durch $\vec{A}(\vec{r}, t) + \vec{\nabla}\phi(\vec{r}, t)$ beschrieben.

Nehmen wir nun die Wahl der Phase der Wellenfunktion $\psi(\vec{r}, t)$ in der Quantenmechanik. Zwei Wellenfunktionen ψ_1 und ψ_2, die sich nur durch einen *konstanten* Phasenfaktor $e^{i\chi}$ unterscheiden, $\psi_2(\vec{r}, t) = \psi_1(\vec{r}, t) \cdot e^{i\chi}$, führen offenbar auf dieselben Werte aller Observablen, die ja die Form $\psi^* D\psi$ besitzen, wobei D ein Differenzialoperator sein kann, und bei der Wahrscheinlichkeitsstromdichte $\vec{j} = (1/2mi)(\psi^* \vec{\nabla}\psi - \psi(\vec{\nabla}\psi)^*)$ mit m der Masse des Teilchens auch ist. Die Forderung nach Lokaler Phasensymmetrie besagt nun, dass auch zwei Wellenfunktionen, die sich um einen – bis auf die Forderung der Differenzierbarkeit – beliebigen orts- und/oder zeitabhängigen Phasenfaktor $e^{i\chi(\vec{r},t)}$ unterscheiden, auf dieselben Werte aller Beobachtungsgrößen führen. Wie das, wenn offenbar sowohl die freie zeitabhängige Schrödinger-Gleichung

$$i\hbar \frac{\partial}{\partial t}\psi(\vec{r}, t) = -\frac{\hbar^2}{2m}\nabla^2\psi(\vec{r}, t) \tag{3.52}$$

als auch $\vec{j}$ hierdurch geändert werden?

Bevor wir beschreiben, wie und wodurch die Theorie ihre Lokale Symmetrie erlangt, wollen wir noch einmal fragen, wie plausibel oder gar zwingend die Forderung nach ihr ist. Dass die Phasen von Wellenfunktionen nahezu beliebig von $\vec{r}$ und t sollen abhängen dürfen, ohne dass dadurch Beobachtungsgrößen beeinflusst werden, ist dazu äquivalent, dass Beobachter an verschiedenen Orten und zu verschiedenen Zeiten ihre Konventionen für die Phase der Wellenfunktion verschieden wählen können. Wenn die Entfernungen zwischen den Beobachtern, denen diese Freiheit eingeräumt wird, so groß sind, dass sich deren Apparaturen nicht oder nur vernachlässigbar wenig beeinflussen, ist die Idee plausibel. So wird sie im Allgemeinen in der Literatur begründet: Nichts kann dagegen sprechen, dass Experimentatoren am – sagen wir – CERN in Genf und am DESY in Hamburg, die möglicherweise nichts voneinander wissen, ihren Wellenfunktionen verschiedene konstante Phasen verleihen. Aber die Stärke der Forderung nach der lokalen Form der Phasensymmetrie beruht gerade darauf, dass verschiedene Transformationen für *beliebige*, auch beliebig kleine Abstände in Raum und Zeit zugelassen werden, denn erst daraus ergeben sich Wechselwirkungen zwischen den Teilchen der Theorie. Plausibel? Ich denke nicht. Im Gegenteil ist die Forderung nach Lokaler Symmetrie deshalb so folgenreich, weil sie sozusagen nah an einem Widerspruch verbeischrammt. Denn die Logik weiß, dass aus einem Widerspruch jeder überhaupt sinnvolle Satz folgt.

Es ist die »minimale« Kopplung der Quantenmechanik von elektrisch geladenen Teilchen mit Wellenfunktionen ψ an die elektromagnetische Potenziale V und $\vec{A}$, welche die insgesamt Lokal symmetrische Theorie erzeugt. Die Symmetrie gegenüber den Umeichungen der Potenziale für sich allein geht dadurch verloren, dass sie mit der gegenüber orts- und/oder zeitabhängigen Phasentransformationen der Wellenfunktionen kombiniert wird. Weder die zeitabhängige Schrödinger-Gleichung ohne Wechselwirkung, noch die zugehörige Wahrscheinlichkeitsstromdichte bleiben ungeändert, wenn die Wellenfunktion durch Multiplikation mit $e^{i\chi(\vec{r},t)}$ einer orts- und/oder zeitabhängigen Phasentransformation unterworfen wird. Die einfachste Gleichung, die bei den noch im Detail zu beschreibenden simultanen Lokalen Transformation nicht geändert wird, ist die Schrödinger-Gleichung für ein Teilchen mit der Ladung e und der Masse m in den elektromagnetischen Potenzialen V und $\vec{A}$

$$i\hbar\left[\frac{\partial}{\partial t}+\frac{ie}{\hbar}V(\vec{r},t)\right]\psi(\vec{r},t)=-\frac{\hbar^2}{2m}\left[\vec{\nabla}-\frac{ie}{\hbar}\vec{A}(\vec{r},t)\right]^2\psi(\vec{r},t). \tag{3.53}$$

Sie entsteht aus der freien durch die »minimale Ersetzung« von $\frac{\partial}{\partial t}$ durch $\frac{\partial}{\partial t}+\frac{ie}{\hbar}V(\vec{r},t)$ und von $\vec{\nabla}$ durch $\vec{\nabla}-\frac{ie}{\hbar}\vec{A}(\vec{r},t)$. Die Leserin kann sich leicht davon überzeugen, dass bei der Wahl $\phi=\frac{\hbar c}{e}\chi$ die Schrödinger-Gleichung mit Wechselwirkung unter der kombinierten Phasentransformation der Wellenfunktion und der Eichtransformation der elektromagnetischen Potenziale in sich selbst übergeht. Durch dieselbe minimale Ersetzung entsteht aus $\vec{j}$ eine lokal eichinvariante Stromdichte. Eine für den Higgs-Mechanismus wichtige Konsequenz dieser Zusammenhänge ist, dass ein Feld χ, das in der Theorie nur als Exponent in einem Phasenfaktor auftritt, aus der Theorie eliminiert werden kann – keine physikalische Anregung kann ihm entsprechen.

Rückschau zeigt nun, dass zwar die Elektrodynamik als Theorie elektrischer und magnetischer Felder mit Ladungen und Strömen als äußeren Quellen für sich allein lokal symmetrisch formuliert werden kann, die Forderung nach quantenmechanischer lokaler Phasensymmetrie es aber nicht zulässt, dass Elektronen keine Wechselwirkungen besitzen: Lokale Phasensymmetrie für die Elektronenfelder zieht die Existenz von elektromagnetischen Potenzialen V und $\vec{A}$

nach sich, mit denen die Elektronen wechselwirken. Den Potenzialen wiederum ordnet die sich so ergebende Quantenfeldtheorie, die QED, Photonen als Austauschteilchen zu, die die elektromagnetische Wechselwirkung übertragen. Allgemeiner sind lokal symmetrische Theorien um ihre Austauschteilchen in dem Sinn herumgebaut, dass jedem Austauschteilchen eine Symmetrieoperation der Theorie entspricht. Drehungen im dreidimensionalen Raum der Anschauung sind selbstverständliche Symmetrieoperationen einer jeden Theorie der Elementarteilchen. Als Symmetrieoperationen hinzukommen können aber auch Drehungen in dem abstrakten Raum der Eigenschaften der Elementarteilchen. So in dem frühesten Ansatz des Jahres 1954 von C. N. Yang (Physiknobelpreis 1956) und R. N. Mills einer lokal symmetrischen Theorie außerhalb der QED, die aber das Problem der von null verschiedenen Massen ihrer Austauschteilchen nicht zu überwinden wusste. Die vier Austauschteilchen des elektroschwachen Standardmodells der Elementarteilchentheorie – zwei entgegengesetzt-gleich geladene W, die Antiteilchen voneinander sind, das Z und das Photon γ –, entsprechen vier anderen Symmetrieoperationen der Eigenschaften der Elementarteilchen, deren Details hier nicht interessieren. Die Masse nur eines dieser vier Austauschteilchen – die des Photons – ist null. Bis zu einer Reihe grundlegender Arbeiten des Jahres 1964, die auf Ideen Werner Heisenbergs und dann auf Arbeiten von J. Goldstone 1961 sowie von J. Goldstone, Abdus Salam und Steven Weinberg 1962 zurückgehen, kannte die Quantenfeldtheorie nur eine Methode, die von null verschiedene Masse eines Teilchens in die Theorie aufzunehmen: durch einen Term, der diese Masse als frei wählbaren Faktor trägt. Die so von außen in die Theorie hereingebrachte Masse eines Teilchens ist von dessen Wechselwirkungen unabhängig. Abgesehen jedenfalls von den Effekten der Renormierung, welche die Verhältnisse komplizieren, aber nicht grundsätzlich ändern.

Nun lehrt ein Blick in den Formalismus der Quantenfeldtheorie, dass keine Theorie, in der ein Austauschteilchen mit so festgelegter, von null verschiedener Masse auftritt, die diesem Teilchen entsprechende Lokale Symmetrie besitzen kann, sodass diese als Grund für die Renormierbarkeit der Theorie der W, Z und γ entfällt. Woher also die Massen dieser Teilchen im Einklang mit Lokaler Symmetrie und Renormierbarkeit? Die Botschaft der Modelle ab 1964 war, dass Massen auch durch Wechselwirkungen erzeugt werden können.

Die traditionelle Quantenfeldtheorie beginnt mit »freien« Teilchen – Teilchen ohne Wechselwirkung –, die bereits Masse und Spin als (einzige) Eigenschaften besitzen. Den Term, der ihnen durch Wahl des richtigen Faktors ihre Masse verleiht, gibt es dann unabhängig davon, welche Terme die Theorie sonst noch enthält.

Ganz anders in den Modellen à la Higgs. Rekapitulieren wir. Die Elektromagnetische und Schwache Wechselwirkung, für die es galt, eine konsistente gemeinsame Theorie zu finden, beruhte einzig auf dem Vertex der Abb. 3.19a) mit C einem γ oder W. Dass ein Z als weiteres neutrales Austauschteilchen C hinzukam, war, wenn nicht plausibel, so doch nicht auszuschließen; die experimentelle Suche sollte durch Nachweis des Prozesses der Abb. 3.19e) im Jahr 1973 vorläufig, durch die Erzeugung des Z selbst an Beschleunigern 1983 endgültig erfolgreich sein. Andere Wechselwirkungen, etwa auf der Abb. 3.19b) aufbauende, mochten hinzukommen, wenn ihre Beiträge zu beobachtbaren Prozessen nur klein genug waren. Analoges galt für zusätzliche Teilchen, etwa das Z und skalare Teilchen, die das Vorhaben der Massenerzeugung à la Higgs einforderte. Auch galt es, Renormierbarkeit nicht dadurch aufs Spiel zu setzen, dass die mysteriös erfolgreiche Forderung nach Lokaler Eichsymmetrie aufgegeben wurde. Und: Lästige Goldstone-Bosonen mit ihrer Masse null sollte es nicht geben, das Photon sollte seine Masse null behalten und die Austauschteilchen der schwachen Wechselwirkung sollten eine große Masse erwerben. Bekannt war, dass die für eine erfolgreiche Vereinigung der elektromagnetischen und schwachen Wechselwirkung durch Symmetrie erforderliche Gleichheit bis auf Faktoren wie $\sqrt{2}$ der zugehörigen Kopplungen der Abb. 3.19a) wie $g_{ee\gamma}$ und $g_{\mu\nu_\mu W}$ trotz der sehr verschiedenen Stärken der beiden Wechselwirkungen durch eine Lösung des Problems der verschiedenen Massen der W und γ erreicht werden konnte. Es ist recht einfach, das von den Rechenvorschriften, die mit den Feynman-Diagrammen einhergehen, abzulesen. Wir müssen es uns versagen, weil für uns die Diagramme nur Prozesse zwischen Elementarteilchen veranschaulichen sollen. Alles Weitere erforderte nicht nur ein Kapitel für sich.

Die Logik, die eine solche Aufarbeitung einem geschichtlichen Prozess unterstellt, hat dieser selbst nicht besessen. So ungerecht das diesen und jenen Akteuren gegenüber auch sein mag – wird eine Mixtur von Problemen überhaupt gelöst, dann durch das Präsentieren einer Lösung. Nur um die Lösung selbst kann es in einem objektiven Sinn gehen; der Weg zu ihr hin ist vergleichsweise uninteressant. Niemals ist selbstverständlich, dass eine Lösung existiert, und wenn sie existiert, ist das eine überprüfbare Aussage über die Natur, nicht einfach Ausdruck eines Willens, dass es so sein möge; keine gesellschaftliche Konvention, als die manche die Aussagen der Physik ansehen, sondern überprüfbare, überprüfte und nicht widerlegte Realität.

So jedenfalls hier: Die Lösung ist schließlich den durch den gemeinsamen Physiknobelpreis des Jahres 1979 ausgezeichneten Vätern der Elektroschwachen Theorie Sheldon Lee Glashow (geb. 1932), Abdus Salam (1926–1996) und Steven Weinberg gelungen; den Nachweis dann, dass die Theorie im Sinn der Quantenfeldtheorie konsistent, d. h. renormierbar ist, haben die Physiknobelpreisträger des Jahres 1999 Martinus Veltmann (geb. 1931) und sein ehemaliger Doktorand Gerard t'Hooft (geb. 1946) erbracht.

Kein Problem mit den Kopplungen, wohl aber eins mit den Massen. Im Nachhinein dürfen wir uns vorstellen, ein ahnungsvoller Dämon hätte den folgenden Weg zur Lösung der Probleme gewiesen; von technischen Details, wie dem, dass das Photon seine Masse null behalten, die W und Z aber ihre große Masse erwerben sollen, sehen wir ab und konzentrieren uns auf den Erwerb von Massen bei Erhalt von Lokalen Eichsymmetrien. Zunächst konnten diese einfach dadurch erreicht werden, dass in der Theorie der Teilchen ohne Wechselwirkung und Masse alle Ableitungen durch »nichtlineare kovariante« Ableitungen ersetzt wurden. Diese sind Verallgemeinerungen auf kompliziertere Transformationen der für die Lokalen Eichsymmetrien der QED ausreichenden, durch die minimalen Ersetzungen von $\frac{\partial}{\partial t}$ durch $\frac{\partial}{\partial t} + \frac{ie}{\hbar} V(\vec{r}, t)$ und von $\vec{\nabla}$ durch $\vec{\nabla} - \frac{ie}{\hbar} \vec{A}(\vec{r}, t)$ erzeugten kovarianten Ableitungen; wir müssen es uns versagen, die Verallgemeinerungen im Detail zu beschreiben. Gesagt sei aber, dass es für sie ausreicht, die Potenziale V und $\vec{A}$ durch kompliziertere, durch die Gruppentheorie diktierte und dadurch wohlbekannte Konstruktionen aus den Feldern der Theorie zu ersetzen. Kovariante Ableitungen bewirken für komplizierte Transformationen dasjenige, was bereits die durch minimale Ersetzungen entstehenden obigen Ausdrücke für die Lokalen Eichtransformationen von ψ, V und $\vec{A}$

der QED – deren kovariante Ableitungen – leisten, nämlich

$$\left[\frac{\partial}{\partial t} + \frac{ie}{\hbar}V(\vec{r},t)\right]\psi(\vec{r},t) \longrightarrow e^{i\chi(\vec{r},t)}\left[\frac{\partial}{\partial t} + \frac{ie}{\hbar}V(\vec{r},t)\right]\psi(\vec{r},t) \tag{3.54}$$

und

$$\left[\vec{\nabla} - \frac{ie}{\hbar}\vec{A}(\vec{r},t)\right]\psi(\vec{r},t) \longrightarrow e^{i\chi(\vec{r},t)}\left[\vec{\nabla} - \frac{ie}{\hbar}\vec{A}(\vec{r},t)\right]\psi(\vec{r},t) \tag{3.55}$$

bei einer Eichtransformation von ψ, V und $\vec{A}$ mit $\chi(\vec{r},t)$. Wie die Leserin sich leicht überlegen kann, bewirkt bereits diese Eigenschaft der kovarianten Ableitung der QED, dass die Gl. (3.53) durch Lokale Eichtransformationen nicht abgeändert wird. So auch im komplizierteren Fall mit mehreren Feldern: Der Ersatz gewöhnlicher Ableitungen durch kovariante garantiert die Lokale Eichsymmetrie der Theorie. Beachtet man das Problem der Massen nicht, kann so die elektromagnetische Wechselwirkung mit der schwachen zusammengeführt werden – sie behalten beide ihre eigenen Symmetrien, und die die Theorien verbindenden kommen hinzu.

Die Massen: Wie andere Felder, können auch skalare, eigentlich unerwünschte, zur Theorie hinzukommen, ohne dass die Lokale Eichsymmetrie beeinträchtigt wird. Sieht die Theorie solche Felder vor, können ihre Wechselwirkungen miteinander so beschaffen sein, dass die Energie mit ihnen geringer ist, als sie es ohne sie wäre. Darüber entscheidet die Energie der Felder in Abhängigkeit von ihren Stärken, wie sie bereits die Abb. 3.17 symbolisch dargestellt hat. Instabil ist nach Auskunft der Abbildung der Zustand der Welt bei der Stärke null ihrer skalaren Felder, also ohne sie, ohne ein mit ihnen angefülltes Universum. Treten die Felder auf, was sie aufgrund der Instabilität müssen, tritt das Universum in einen Zustand ein, in dem es die Symmetrien der Gesetze, die in ihm und für es gelten, nicht besitzt. Das System Universum nimmt einen der unendlich vielen Zustände der Abbildung mit derselben niedrigsten Energie als Grundzustand an, und kann nur noch Zustände in dessen Nähe durch Anregungen erproben. Es ist das Nichtverschwinden der Stärken der skalaren Felder im Zustand niedrigster Energie, die den Teilchen, die mit ihnen wechselwirken, ihre Masse verleiht: Die beliebig wählbaren Faktoren in den Massentermen der Theorie für Teilchen ohne Wechselwirkung ersetzt die Theorie der spontanen Symmetriebrechung à la Higgs durch die skalaren Felder selbst, die im Zustand niedrigster Energie einen als Masse zu interpretierenden Wert annehmen.

Es bleibt, die Terme der skalaren Felder und andere Konsequenzen der Elektromagnetischen und Schwachen Wechselwirkungen für sich allein zu erproben; eine Aktivität, die von Erfolg zu Erfolg fortschreitet. Es bleibt auch, das zu den skalaren Feldern gehörende Teilchen, das Higgs-Boson, aufzufinden und seine Wechselwirkungen zu untersuchen. Ich habe bewusst die Mehrzahl »die skalaren Felder« mit der Einzahl »das Higgs-Boson« kombiniert, weil die Theorie von zwei Feldern ausgeht, von denen aber eins vermöge der Lokalen Eichsymmetrie tatsächlich nicht als solches auftritt, weil sein Freiheitsgrad auf die Austauschteilchen W und Z übergeht. Denn, wie erinnerlich, haben massive Vektorteilchen einen Freiheitsgrad mehr als masselose. Die Suche nach dem Higgs-Boson war bisher erfolglos. Genauer konnte seine Existenz bisher nur indirekt, durch seine Beiträge als inneres Teilchen – wie die X und Y der Abb. 3.19g) – zu Feynman-Diagrammen, nachgewiesen werden. Offen als Teilchen auftreten soll es in absehbarer Zeit bei den höchsten Energien der bereits erwähnten Beschleuniger Tevatron bei Chicago und LHC am CERN in Genf. Ist das Higgs-Boson einmal gefunden, können seine Eigenschaften, insbesondere das Higgs-Potenzial (Abb. 3.17), durch den am DESY bei Hamburg geplanten Beschleuniger TESLA genauer untersucht werden. Bevor der Beschleuniger LEP, der Vorgänger von LHC am CERN, im Jahre 2000 abgeschaltet wurde, hat er erste Hinweise auf das Higgs-Teilchen geliefert, die leider nicht überzeugend genug waren, um das Abschalten bis zur Klärung ihrer Bedeutung zu verhindern. Wegen der wahrlich fundamentalen Bedeutung des Higgs-Feldes für unser Verständnis der Welt – sowohl der Naturgesetze als auch des Ursprungs und der Entwicklung des Kosmos – gehört die Suche nach dem ihm zugeordneten Teilchen und bei Erfolg die Untersuchung seiner Eigenschaften jedenfalls zu den wichtigsten Pioniertaten der physikalischen Grundlagenforschung.

Das Higgs-Phänomen

Treten in einer Theorie mit einer spontan gebrochenen kontinuierlichen Symmetrie Kräfte mit der Reichweite unendlich auf, zieht jeder Versuch, Teile des Systems in Richtung der Symmetrietransformation auszulenken, riesige Gebiete, ja das ganze System in Mitleidenschaft. Indem wir uns zur Illustration wieder parallel ausgerichtete Spins vorstellen, fügen wir die Annahme hinzu, dass die Kräfte, die durch die Auslenkung eines Spins aus der allgemeinen Zeigerichtung auftreten würden, so stark und so weit reichend sind, dass *alle* Spins des Systems nachfolgen müssten – was, wie beschrieben, unmöglich ist. Also ist es in einem solchen System unmöglich, Spinwellen anzuregen, in ihm tritt kein Goldstone-Boson auf. Ja, die ganze ihm entsprechende Anregungsform der Magnete existiert einfach nicht, ist bei dem Übergang von der ungebrochenen Symmetrie bei hoher Temperatur zu der spontan gebrochenen bei niedriger verloren gegangen. Indem dieser Freiheitsgrad verloren geht, baut sich ein starres Feld ausgerichteter Magnete auf – das nach Peter Higgs benannte allgegenwärtige Higgs-Feld.

Am Ende können wir, unabhängig von der Entstehung des Zustandes spontan gebrochener Symmetrie des Ferromagneten oder der Welt, in der wir leben, nur feststellen, welches dieser Zustand ist und welche Abweichungen in der Form von Schwingungen von ihm möglich sind. Die Entstehungsgeschichte dieses Zustandes ist zwar interessant, aber darum geht es hier nur nebenbei. Der Forschung direkt zugänglich – unserer Forschung oder jener der Bewohner des Ferromagneten mit seiner Vorzugsrichtung der Spins – sind Fragen anderer Art: Welche Teilchen gibt es, und durchsetzt wirklich ein Higgs-Feld den ganzen Raum, und mit welchen Konsequenzen? Greift der Higgs-Mechanismus, so gibt es keine Goldstone-Bosonen der spontanen Symmetriebrechung, auf der er beruht, wohl aber ein den Raum durchsetzendes Higgs-Feld.

Spinsysteme wie Ferromagnete bilden ein ideales Mittel zur Veranschaulichung von Vorzugsrichtungen im Raum. Von ihnen ist es, wie bereits gesagt, nur ein Schritt zu den abstrakten Räumen der Eigenschaften der Elementarteilchen und *ihren* Vorzugsrichtungen. Dazu ist es nur erforderlich, den Raum der Anschauung von demjenigen zu unterscheiden, in dem die Analoga der Spins nun ausgerichtet sind und durch Symmetrietransformationen der Naturgesetze gedreht werden. Dies getan, kommen wir, ausgehend von dem Vektorfeld des Ordnungsparameters Magnetisierung $\vec{M}(\vec{r},t)$ mit seinen drei Komponenten bei dem Higgs-Feld an, das im einfachsten Fall zwei Komponenten $\Phi^1(\vec{r},t)$ und $\Phi^2(\vec{r},t)$ besitzt. Diese sind, wie bereits gesagt, Teilchen mit dem Spin null. Im Zustand niedrigster

Energie sind Felder ganz allgemein von ihren Argumenten Raum $\vec{r}$ und Zeit t unabhängig, weil sie sonst Spannungs- und kinetische Energie besitzen müssten: Der Grundzustand ist überall und zu allen Zeiten derselbe, Schwingungen, die auftreten könnten, treten nicht auf; Teilchen kann es geben, gibt es im Grundzustand tatsächlich aber nicht. Dies alles unter den allgemeinen Einschränkungen durch die Unschärferelationen; Nullpunktsschwankungen und virtuelle Teilchen sind, genauer gesagt, im Grundzustand vorhanden und zugleich alles, was es in ihm gibt. Aber diese Effekte sind im gegenwärtigen Kontext so klein, dass auf sie nicht geachtet werden muss.

Wir haben gesagt, dass die Kräfte mit der Reichweite unendlich, ohne die sich kein allgegenwärtigen Higgs-Feld ausbilden kann, das Auftreten masseloser Goldstone-Bosonen nicht zulassen, weil unter ihrem Einfluss das Feld auch nicht lokal in der Richtung hin- und herschwingen kann, in welche die spontan gebrochenen Symmetrietransformationen wirken. Das gilt genauso für das Higgs-Feld in seinem unanschaulichen Raum der Eigenschaften der Elementarteilchen. Aber schwingen kann es in der darauf senkrecht stehenden Richtung. Bisher sind wir nicht darauf eingegangen, wie der Wiederanstieg der Potenzialkurven der Abb. 3.17b) und der Abb. 3.21c) von den Minima aus zu interpretieren ist. Er kann beim Ferromagneten nur darauf beruhen, dass das System als Ganzes wieder einen ungeordneter werdenden Zustand annimmt – bis die maximal mögliche Unordnung des symmetrischen Zustandes wieder erreicht ist. Hierbei nimmt die Potenzialkurve wieder zu, was sie bis zur vollständigen Unordnung ja kann. Das durch Potenzialkurven zu visualisieren, ist nicht einfach, physikalisch aber auch nicht nötig, weil es genügt, die Systeme in der Nähe der Minima zu betrachten. Wenn Minima, dann auch Schwingungen um sie herum, und wir müssen fragen, was da schwingt und wie. Im Bild des Ferromagneten sind es dessen Spins; nach Auskunft des Higgs-Mechanismus sind es die abstrakten Higgs-Felder selbst, nun aber senkrecht zu der Rinne, in deren Richtung die eingefrorenen Goldstone-Bosonen schwingen würden, wären sie nicht eingefroren. Beide Richtungen sind, noch einmal sei es gesagt, keine Richtungen im dreidimensionalen Raum der Anschauung, sondern im Raum der Eigenschaften der Elementarteilchen, der insofern zwei Richtungen besitzt: Bei Schwingungen der beiden Φ-Felder schwingen deren Komponenten in deren Raum, ganz wie bei

Schwingungen des $\vec{M}$-Feldes dessen Komponenten im Raum der Anschauung schwingen. Für den Anstieg der Potenzialkurve der Φ-Felder von ihrer Rinne aus kennen wir kein Modell, das über die Feststellung, dass diese Kurve sein soll, wie sie ist, hinausginge. Sie erklärt, was sie erklären soll, und ist weitergehenden experimentellen Untersuchungen im Prinzip zugänglich – am Beschleuniger TESLA beispielsweise und hoffentlich nach dem experimentellen Nachweis seiner Existenz am Tevatron oder LHC.

Lokale Schwingungen des Ordnungsparameters $\vec{M}(\vec{r}, t)$ senkrecht zur Potenzialrinne betreffen dessen Betrag, und dieser ist um so kleiner, je größer das dortige Kuddelmuddel der Richtungen der Einzelmagnete ist. Ist es maximal, zeigen dort alle Einzelmagnete in dieselbe Richtung; ist es null, herrscht vollkommene Unordnung. Bei der Schwingung nimmt das Kuddelmuddel erst zu, dann ab, dann wieder zu und so weiter – ein schwer zu visualisierender Vorgang. Anders als bei den Schwingungen um die Vorzugsrichtung herum, rufen Auslenkungen senkrecht zu ihr die rücktreibende Kraft hervor, die von dem Anstieg der Potenzialkurve in diese Richtungen abzulesen ist: Je größer die Auslenkung bereits ist, desto größer ist auch die rücktreibende Kraft. Wie jede sich entgegen einer derartigen Kraft ausbreitende Schwingung besitzt auch diese in der Teilcheninterpretation der Quantenmechanik eine Masse, die zur Krümmung der Potenzialkurve in der Ruhelage proportional ist.

So auch die Schwingungen der Higgs-Felder. In abstrakten Räumen, gewiss, aber doch sich ausbreitend im Raum der Anschauung. Die Goldstone-Bosonen spontan gebrochener Symmetrien müssen keine massiven Partnerteilchen besitzen; etwas, das mit Hilfe der Spins eines Ferromagneten kaum anschaulich plausibel gemacht werden kann. Die ihnen entsprechenden Anregungen treten als einziger Freiheitsgrad auf; es gibt die Richtung der Rinne an, und sonst keine.

Wenn sich das gegenwärtige Universum im Zustand niedrigster Energie oder einem Anregungszustand hiervon befindet, muss nach Auskunft des Modells erstens der Raum von einem Higgs-Feld zeitlich und räumlich konstant angefüllt sein. Zweites muss es ein Higgs-Teilchen geben, das den Schwingungen des Higgs-Feldes senkrecht zur Rinne des Potenzialminimums entspricht. Der Freiheitsgrad des Feldes von lokalen Schwingungen entlang der Rinne ist durch Kräfte mit der Reichweite unendlich erstarrt und tritt in den effektiven Naturgesetzen nicht auf.

Hinzukommt die Rolle, die das erstarrte Higgs-Feld für die Massen der Elementarteilchen spielt. Diese reichen von der Masse null des Photons über unverstandene Zwischenstufen bis zur Masse des top-Quarks, das um den Faktor 180 schwerer ist als das Proton. Woher diese Massenskala? Das ist eines der ganz großen Fragen der heutigen Physik. Woher überhaupt Massen? Daher, so der Higgs-Mechanismus, dass die Teilchen sich nicht im leeren Raum, den es sowieso nicht gibt, sondern durch das erstarte Higgs-Feld hindurch bewegen. Gäbe es das Higgs-Feld nicht, besäßen alle Teilchen die Masse null, und könnten sich nur mit der Lichtgeschwindigkeit c bewegen. Das erstarrte, allgegenwärtige Feld – ja, eine Art Äther – soll für die von null verschiedenen Massen der Elementarteilchen dadurch verantwortlich sein, dass es die Geschwindigkeit der Teilchen, die mit ihm wechselwirken, von c auf beliebig wählbare Geschwindigkeiten unterhalb von c herabsetzt, sodass die Teilchen sogar ruhen können, was ihnen als masselose unmöglich wäre. Das Photon besitzt auch in der Realität die Masse null und bewegt sich nur mit c, weil es nach Auskunft der Elektroschwachen Theorie, die natürlich mit diesem Ergebnis im Blick konstruiert worden ist, keine Wechselwirkung mit dem Higgs-Feld besitzt.

Anders als ein »gewöhnliches« Medium wie Luft oder Wasser bremst das Medium Higgs-Feld die Bewegung der Teilchen, die mit ihm wechselwirken nicht in dem Sinn ab, dass sie kinetische Energie verlören und langsamer würden, sondern in dem Sinn, dass sie sich entgegen ihrer eigentlichen, durch die Masse null beschriebene Natur mit einer beliebigen *gleich bleibenden* Geschwindigkeit unterhalb von c bewegen können.

Potenziale und Felder

Das Nussschalenbeispiel für die hier besprochenen und zu besprechenden Formen der spontanen Symmetriebrechung[12] – der Übergänge von einem Zustand mit hoher Symmetrie zu einem von mehreren Zuständen mit geringerer – verwendet ein gegenüber der Abb. 3.17 vereinfachtes Modell. Die Drehsymmetrie wird durch Spiegelsymmetrie ersetzt, und das ermöglicht es, als Potenzialfunktion eine zu verwenden, die statt von zwei Variablen nur von einer abhängt.

Die Potenzialfunktion V in Abhängigkeit von einer Variablen x sei

$$V(x) = \frac{x^4}{4} + \frac{\alpha}{2} \cdot (T - T_0) \cdot x^2, \tag{3.56}$$

worin $\alpha > 0$ ist und T mit dem speziellem Wert T_0 einen Kontrollparameter darstellt, der als Temperatur interpretiert werden kann. Die Abb. 3.21 stellt $V(x)$ für verschiedene Werte von T als Funktion von x symbolisch dar; der ausgefüllte Kreis steht, wie oben die Kugel, für den Zustand des Systems. Die einfache Rechnung, auf der die Abbildung beruht, kann ich der Leserin überlassen: Für T oberhalb von T_0 besitzt V bei $x = 0$ ein quadratisches Minimum (das von x^2); für $T = T_0$ ist das Minimum das von x^4, also flacher; und für T unterhalb von T_0 treten drei Extrema auf – ein Maximum bei $x = 0$ sowie zwei symmetrisch zu $x = 0$ gelegene Minima bei $x = \alpha(T_0 - T)$ und bei $x = -\alpha(T_0 - T)$. Die Vorstellung ist, dass der Kontrollparameter T als Funktion der Zeit abnimmt und damit ab T_0 das Auftreten geordneter Strukturen erlaubt, die erstens die Symmetrie des Potenzials, das symmetrisch bleibt, brechen, und zweitens die Zustände geringster (freier) Energie des Systems bilden. Weiter unten wird der Kontrollparameter nicht die Temperatur des Ferromagneten, sondern die des Universums sein.

Ein System, das sich stets so verhält, dass sein $V(x)$ minimal ist, wird für $T < T_0$ ein qualitativ anderes Verhalten zeigen als für $T > T_0$. Während für $T > T_0$ sein Zustand durch die Forderung, dass $V(x)$ für seine Lage x minimal sein soll, eindeutig festgelegt wird, kann (und muss!) das System für $T < T_0$ zwischen zwei Zustände mit minimaler Energie wählen, die es annehmen kann. Der Übergang von der Abb. 3.21a) zur Abb. 3.21c) veranschaulicht die Änderung des Potenzials mit T. Der Massepunkt, der anfangs – für $T > T_0$, Abb. 3.21a) – in dem dann einzigen Minimum ruht, beginnt bei $T = T_0$ sich in der Situation der Abb. 3.21c) zu befinden. Sicher ist, dass er eines der neuen Minima annehmen wird. Nicht vorhergesagt aber kann werden, welches das sein wird. Die endliche Höhe ihres Potenzialwalls zwischen zwei Minima erlaubt es Systemen endlicher Größe, zwischen ihnen hin und her zu pendeln, sodass sie in ihrem Zustand niedrigster Energie genau das tun. Ist der Potenzialwall unüberwindbar, wie er es bei Systemen unendlicher Ausdehnung immer ist, besitzt das System statt eines symmetrischen Grundzustan-

Abbildung 3.21: Die Abbildung wird im Text erläutert.

des deren zwei: Ruhe in dem einen oder in dem anderen Minimum des Potenzials.

Besonderes Interesse verdient das System zwischen den beiden Phasen, also *bei* der Temperatur $T = T_0$. Weil es bei dieser Temperatur von oben oder von unten kommend kein einfaches Minimum der (Freien) Energie mehr gibt, nehmen die Schwankungen der Magnetisierung zu und bestimmen die Entwicklung. Genauer gelingt es durch ein Blockspintransformation genanntes Verfahren, die »kleinen« Fluktuationen zugunsten der »großen« zu eliminieren. Unterwirft man ein System einer Folge von Blockspintransformationen, sieht man es bildlich gesprochen aus immer größerer Entfernung an; das System wird mehr und mehr verkleinert, vom allgemeinen Trend abweichende Details werden unsichtbar. Unterhalb von T_0 eliminiert dieses Verfahren die kleinen und/oder seltenen Inseln von Spins, die in die »falsche« Richtung zeigen; das System wird einem durchgehend gleich magnetisierten ähnlicher und ähnlicher. Oberhalb von T_0 werden alle Inseln mit einheitlicher Magnetisierung, die größer und/oder häufiger sind als die Statistik unabhängiger Spins erwarten lässt, eliminiert; die Verteilung der Spins wird zu einer rein statistischen. Genau bei T_0 ist die Verteilung der Spins selbstähnlich: Große und kleine Fluktuationen – Inseln mit derselben Spineinstellung – sind so verteilt, dass die Verteilung im Mittel durch die verkleinernden Blockspintransformationen nicht geändert wird. Die Schwankungen der Magnetisierung umfassen bei T_0 Bereiche aller Größenordnungen, sodass Verkleinerungen des Systems von ihm selbst nicht unterschieden werden können. Auf Details des Verfahrens können wir nicht eingehen und verweisen auf den schönen Artikel [79] des Erfinders des Verfahrens und Physiknobelpreisträgers von 1982 Kenneth G. Wilson (siehe auch [27], S. 197–208).

Betrachtet man ein System wie den Ferromagneten »von außen«, wird er durch die bereits eingeführte Feldfunktion $\vec{M}(\vec{r}, t)$ mit zwei oder drei Komponenten beschrieben. Im Zustand niedrigster Ener-

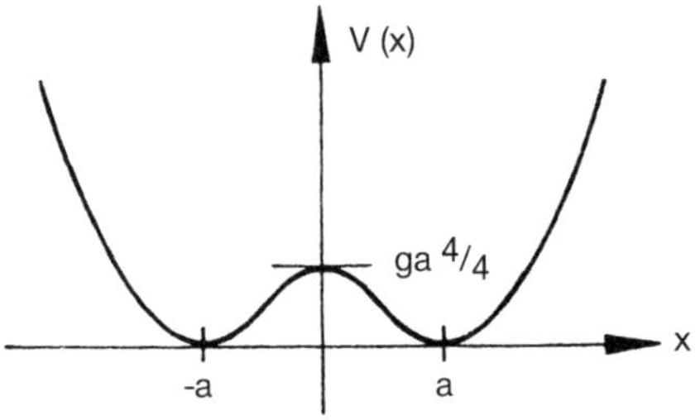

Abbildung 3.22: Das Potenzial $V(x) = (g/4) \cdot (x^2 - a^2)^2$ mit positiven g und a.

gie gibt es außer den Fluktuationen, die zu Schwankungen um die Mittelwerte führen, denen jetzt unsere Aufmerksamkeit gilt, keine Anregungen, sodass in diesem Zustand $\vec{M}(\vec{r}, t)$ von $\vec{r}$ und t unabhängig ist: $\vec{M}(\vec{r}, t) = \vec{M}$, worin $\vec{M}$ bei geeigneter Bildung der Mittelwerte mit der Magnetisierung $\vec{\mu}$ identisch ist. Dieses $\vec{M}$ minimalisiert die (freie) Energie des Systems; insofern kann es, wie bereits ausgeführt, so beschrieben werden, als sei es ein Massenpunkt in einem Potenzialfeld. Die Werte von $\vec{M}$, die das System im Grundzustand annimmt, entsprechen den Ruhelagen des Massenpunktes: Beide minimalisieren eine vorgegebene Funktion; im Falle des Massenpunktes ist dies eine Potenzialfunktion, die mit der (freien) Energie des Systems als Funktion von $\vec{M}$ übereinstimmt. Kleinen Anregungen des Systems entsprechen die Schwingungen des Massenpunktes um seine stabile Ruhelage herum.

Das Potenzial der Gl. (3.56) beschreibt, wie bereits gesagt, für $T < T_0$ ein eindimensionales System mit spontan gebrochener Spiegelungssymmetrie $x \to -x$; für $T > T_0$ ist die Symmetrie manifest und ungebrochen. Jetzt kommt es nur noch auf die Eigenschaften des Systems bei gebrochener Symmetrie an. Als Potenzialfunktion mit der Gestalt der Abb. 3.21c) und d) wählen wir (Abb. 3.22)

$$V(x) = (g/4)(x^2 - a^2)^2 \tag{3.57}$$

mit zwei positiven Konstanten g und a. Die Energie ist minimal bei ruhendem Teilchen sowie $x = a$ oder $x = -a$. Nun vollführe das Teilchen als Abbild des Ordnungsparameters des Systems kleine Schwingungen um die Ruhelage $x = a$. Diese genügen der Newtonschen Bewegungsgleichung $m \cdot \ddot{x} + g \cdot x(x^2 - a^2) = 0$, die aus $V(x)$ folgt und in der m für die Masse des Teilchens steht. Beide, Potenzialfunktion und Bewegungsgleichung, sind selbstverständlich symmetrisch gegenüber der Transformation $x \to -x$ zusammen mit $\ddot{x} \to -\ddot{x}$.

Direktere Auskunft darüber, wie sich der das System darstellende Massenpunkt bei Schwingungen um $x = a$ verhält, gibt $V(x)$ in der Form

$$V(x) = g \cdot [(x-a)^4/4 + a \cdot (x-a)^3 + a^2 \cdot (x-a)^2]. \tag{3.58}$$

Es ist leicht, sich von der Selbstverständlichkeit zu überzeugen, dass $V(x)$ auch in dieser Form spiegelsymmetrisch ist: spontane Symmetriebrechung lässt die Symmetrien der Naturgesetze ungeändert.

Bei kleinen Schwingungen um den Gleichgewichtspunkt $x = a$ stimmt das symmetrische Potenzial nahezu mit dem »effektiven« Potenzial

$$V_{eff.}(x) = g \cdot a^2 \cdot (x-a)^2 \tag{3.59}$$

überein, das durch die Symmetrietransformation $x \to -x$ des ursprünglichen Potenzials abgeändert wird. Andererseits sieht man dem den Schwingungen um die Ruhelage $x = a$ durch die Definition $x_1 = x - a$ angepassten ursprünglichen Potenzial $V(x_1) \equiv$

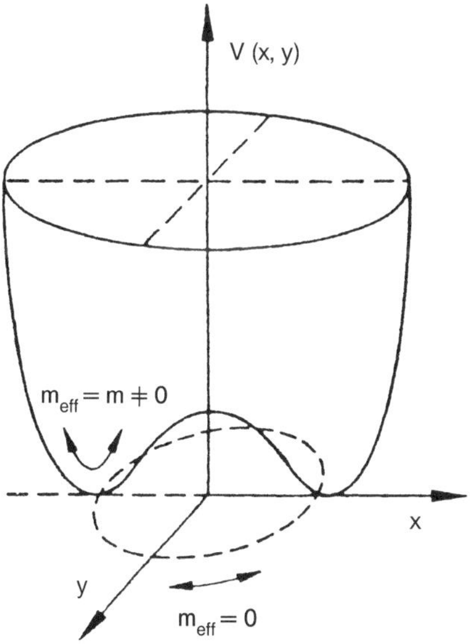

Abbildung 3.23: Das mathematische Flaschenbodenpotenzial der Gl. (3.60)

$V(x = x_1 + a) = g \cdot [x_1^4/4 + x_1^3 + x_1^2]$ seine Symmetrie gegenüber der Transformation $x_1 \to -x_1 + 2 \cdot a$, der Umschreibung von $x \to -x$, nicht an: Die spontane Symmetriebrechung verbirgt die Symmetrie, hebt sie aber nicht auf.

Ein System, das durch ein Teilchen dargestellt werden kann, das sich in der x-y-Ebene in dem der Abb. 3.17b) entsprechenden Potenzial

$$V(x, y) = g \cdot a^2 \cdot (x^2 + y^2 - a^2)^2 \tag{3.60}$$

der Abb. 3.23 bewegt, besitzt Goldstone-Anregungen. Wieder ist die Energie minimal, wenn das Teilchen ruht. Das Potenzial $V(x, y)$ ist eine dreh- und spiegelsymmetrische Verallgemeinerung des bisher betrachteten nur spiegelsymmetrischen Potenzials $V(x)$. In ebenen Polarkoordinaten r, ϕ mit $x = r \cdot \cos\phi$ und $y = r \cdot \sin\phi$ gilt $V(r, \phi) \equiv V(x(r, \phi), y(r, \phi)) = g \cdot (r^2 - a^2)^2$; das Potenzial ist offensichtlich drehsymmetrisch, da es von ϕ nicht abhängt. In r-Richtung wird das Teilchen um das Potenzialminimum bei $r = a$ herum kleine Schwingungen mit der Frequenz ausführen, die seiner (von null verschiedenen!) Masse m und der Kopplung g entspricht. Das ist wie bei der Bewegung im Potenzial der Abb. 3.22. Aber in ϕ-Richtung, längs der Rinne des Potenzials, kann sich das Teilchen kräftefrei bewegen – ganz wie ein Ferromagnet sich kräftefrei drehen kann. Die Analogie ist offensichtlich: Ein Teilchen, das in dem Maximum von $V(x, y)$ ausgesetzt wird, muss »seinen« Winkel ϕ »spontan« wählen und dadurch die Symmetrie brechen. Eben wegen der kontinuierlichen Drehsymmetrie kann es zugleich ohne Energieaufwand sein ϕ unendlich langsam ändern. Zusammenfassend kann sich ein Ferromagnet so drehen, wie sich ein Teilchen mit der effektiven Masse $m_{eff.} = 0$ nicht-relativistisch entlang der Potenzialrinne bewegen kann, wobei $m_{eff.} = 0$ sowohl für das Verschwinden der zu $m_{eff.} \cdot \dot{\phi}^2$ proportionalen kinetischen Energie bei der unendlich langsamen Bewegung als auch dafür steht, dass die Bewegung kräftefrei ist, als Gleichung $m_{eff.} \cdot \ddot{\phi} = 0$.

Wenn wir die Koordinaten x und y der Abb. 3.23 als Ordnungsparameter interpretieren, beschreibt das Modell spontane Symmetriebrechungen in der Festkörperphysik. In der Quantenfeldtheorie entsprechen den Dichten der Ordnungsparameter $\vec{M}(\vec{r}, t)$ in der Ebene als Funktionen der Zeit t lokale reelle Felder $\Phi_k(\vec{r}, t)$ mit $k = 1, 2$. Wie die Ordnungsparameter, sind auch diese Felder in den Zuständen niedrigster Energie vom Ort und von der Zeit unabhängig, $\Phi_k(\vec{r}, t) = \Phi_k$. Für das Folgende ist es nützlich, diese Felder, die den x und y der Abb. 3.23 entsprechen, als Real- und Imaginärteil eines komplexen Feldes $\Phi = \Phi_1 + i\Phi_2$ aufzufassen mit i der imaginären Einheit. Ausgedrückt durch das komplexe Φ als unabhängige Variable lautet die Potenzialfunktion

$$V(\Phi) = g \cdot (|\Phi|^2 - a^2)^2, \tag{3.61}$$

worin $|\Phi|$ der absolute Betrag von Φ ist. Multiplikation von Φ mit einem Phasenfaktor $e^{i\alpha}$ lässt $V(\Phi)$ ungeändert – die Drehsymmetrie des Potenzials kann auch als Eichsymmetrie aufgefasst werden.

Für Felder $\Phi = a \cdot e^{i\Theta}$ mit Θ beliebig reell ist $V(\Phi)$ minimal. Die Wahl eines bestimmten Grundzustandes ist also gleichbedeutend mit einer Brechung der Eichsymmetrie durch die Wahl einer bestimmten Phase von Φ. Nur bei $\Phi = 0$ ist die Symmetrie intakt; Übergang des Systems in einen der Grundzustände mit $|\Phi| = a$ bricht sie spontan. Jeder einzelne Grundzustand zeichnet folglich eine bestimmte Phase aus. Befindet sich das System im Grundzustand, ist das Feld Φ, da räumlich und zeitlich konstant, allgegenwärtig und ändert sich nicht. Da es das Feld gibt, ist das Vakuum nicht leer. Es ist auch nicht eigenschaftslos und »trivial«, da es eine bestimmte Phase vor allen anderen, die es auch besitzen könnte, auszeichnet.

Wieder gibt es Anregungen des Grundzustandes, die zu zeitlich und räumlich veränderlichen Feldern $\Phi(\vec{r}, t)$ in der »Nähe« des Grundzustandes führen. Wir schreiben

$$\Phi(\vec{r}, t) = [a + \Xi(\vec{r}, t)] \cdot e^{i\Theta(\vec{r}, t)} \tag{3.62}$$

mit reellen Feldern $\Xi(\vec{r}, t)$ und $\Theta(\vec{r}, t)$. Der Leser wird nach dem bereits Gesagten erwarten, dass $\Theta(\vec{r}, t)$ eine masselose Anregung, $\Xi(\vec{r}, t)$ eine mit von null verschiedener Masse beschreibt. In einer relativistischen Theorie, wie hier vorausgesetzt, trifft das tatsächlich zu. Es zeigt sich, dass die beiden Anregungen den Spin null besitzen, und dass ihnen Massen $m_\Xi = (8 \cdot g \cdot a)^{\frac{1}{2}}$ und $m_\Theta = 0$ zukommen.

Das Potenzial für das komplexe Feld Θ sagt nichts darüber, welche Teilchen es sonst noch gibt. Davon hängt ab, ob die Anregung mit der Masse null ein physikalisches Teilchen beschreibt. Gibt es in der Theorie kein Teilchen mit Spin eins und Masse null, so auch keine einem solchen zuzuordnende Kraft mit der Reichweite unendlich, sodass nach dem zum Goldstone-Theorem Gesagten der masselosen Θ-Anregung das Goldstone-Boson der spontane gebrochenen Symmetrie entspricht. Ist die Theorie aber lokal eichinvariant, kann das Feld $\Theta(\vec{r}, t)$, wie beschrieben, durch die Eichtransformation der Multiplikation von $\Phi(\vec{r}, t)$ und eventuell anderen Feldern mit dem Phasenfaktor $e^{-i\Theta(\vec{r},t)}$ eliminiert werden. Durch diese Lokale Symmetrietransformation verschwindet die masselose Anregung $\Theta(\vec{r}, t)$ aus der Theorie, und die $\Xi(\vec{r}, t)$ entsprechende verbleibt in ihr als reelles Feld des Higgs-Teilchens mit seiner bereits angegebenen Masse $m_\Xi = (8 \cdot g \cdot a)^{\frac{1}{2}}$.

Durch die Elimination der masselosen Anregung $\Theta(\vec{r}, t)$ – eine Symmetrietransformation! – werden keine beobachtbaren Konsequenzen der Theorie geändert. Damit das so sei, muss die Prozedur die Eigenschaften der anderen Felder der Theorie so verändern, dass die Gesetze »nach« der spontanen Symmetriebrechung zu denen »vor« ihr äquivalent sind. Insbesondere müssen beide Formen der Theorie dieselbe Anzahl von physikalischen Freiheitsgraden besitzen. Was also wird aus dem $\Theta(\vec{r}, t)$ entsprechenden Freiheitsgrad?

Die Herleitung der Antwort erfordert den Apparat der Quantenfeldtheorie. Die (bereits beschriebene) Antwort selbst ist aber einfach: Die Austauschteilchen der ursprünglichen Theorie sind, genau wie das Photon, als masselose Teilchen mit Spin 1 stets transversal polarisiert. Durch die spontane Symmetriebrechung bekommen sie eine von null verschiedene Masse. Massive Teilchen mit Spin 1 können aber auch longitudinal polarisiert sein, besitzen also einen Freiheitsgrad mehr als masselose. Die spontane Symmetriebrechung überführt den Freiheitsgrad von $\Theta(\vec{r}, t)$ in diesen neuen Freiheitsgrad. Das Vektorteilchen verzehrt, so sagt man gelegentlich, das masselose Feld mit Spin null.

Zusammenfassend halten wir fest, dass die spontane Brechung Lokaler Eichsymmetrien »zuvor« masselose Vektoraustauschteilchen massiv macht. Die Theorie sagt die Existenz (mindestens) eines massiven Teilchens mit Spin null, des Higgs-Bosons der Symmetriebrechung, voraus; ein masseloses Goldstone-Teilchen tritt nicht auf. Die beobachtbaren Konsequenzen der lokal symmetrischen Theorie werden durch die spontane Symmetriebrechung nicht abgeändert. Als sozusagen Metatheorie der effektiven Theorie *nach der* spontaner Symmetriebrechung genügt die Theorie *vor ihr* nachweisbar den Konsistenzforderungen, die an eine Quantenfeldtheorie zu stellen sind. Denn lokal symmetrische Eichtheorien zeichnen sich dadurch aus, dass sie diesen Konsistenzforderungen von vornherein genügen. Vor allem dies begründet das große Interesse an ihnen.

Der Higgs-Mechanismus hat eine Möglichkeit eröffnet, konsistente realistische Theorien mit massiven Vektoraustauschteilchen anzuschreiben. Durch ihn ist es gelungen, Theorien von der Güte der Quantenelektrodynamik für andere Wechselwirkungen als nur die Elektromagnetische zu formulieren. Auf dem Higgs-Mechanismus beruht denn auch die vereinigte Theorie Elektromagnetischer und Schwacher Wechselwirkungen. Das Photon als masseloses Teilchen besitzt keine Wechselwirkung mit dem Higgs-Feld. Deshalb ist der Leere Raum transparent: Sie lesen diese Zeilen durch das Higgs-Feld hindurch.

4
Himmlisches

Wie ist Natur selbst möglich?

Immanuel Kant in »Prolegomena zu einer jeden künftigen Metaphysik«

Im vorigen Kapitel haben wir die Konsequenzen der Quantenmechanik und der Speziellen Relativitätstheorie für den Raum erörtert, der so Leer ist wie im Einklang mit den Naturgesetzen möglich. In diesem Kapitel soll es um Fragen des Raumes gehen, zu deren Beantwortung (auch) die Allgemeine Relativitätstheorie erforderlich ist. Nun ist die Spezielle Relativitätstheorie ein Teil der Allgemeinen, sodass sie mit der Allgemeinen immer mitgemeint ist. Allgemeingültigkeit kann nach heutigem Verständnis eine Theorie dann und nur dann beanspruchen, wenn sie erstens die Relativitätstheorien mit der Quantenmechanik konsistent vereinigt, und zweitens experimentell erfolgreich im Detail überprüft worden ist. Ist das so, kann sie als Kandidat einer TOE, einer »Theory Of Everything«, zu Deutsch »Theorie von Allem«, hervortreten. Da wir eine solche Theorie der Quantengravitation bis heute nicht besitzen, müssen wir bescheidener sein. Gelungen ist es, die Quantenmechanik mit der Speziellen Relativitätstheorie konsistent und experimentell im Detail überprüft in den Quantenfeldtheorien des Standardmodells der Elementarteilchenphysik zu vereinigen. Beide Theorien, ob nun jede für sich allein oder zusammen als Quantenfeldtheorie, ermöglichen endgültiges Verständnis von, und nur von, Bereichen, die von der Allgemeinen Relativitätstheorie unabhängig sind. Ihnen war, wie gesagt, das vorige Kapitel gewidmet. Genauso gibt es große Bereiche, in denen die Allgemeine Relativitätstheorie erfolgreich und für sich allein regiert. Wenn wir nicht nach den Ursachen des gegenwärtigen Zustandes des Kosmos fragen, kann dieser im Großen sicher bereits durch die Allgemeine Relativitätstheorie, also ohne Berücksichtigung der Quantenmechanik endgültig verstanden werden, wobei allerdings den Umgebungen der Schwarzen Löcher eine Sonderrolle zukommt. Kein endgültiges Verständnis aber können wir uns heute von Systemen erwerben, deren Verhalten sowohl von der Quantenmechanik, als auch von der Allgemeinen Relativitätstheorie abhängt. Denn eine beide vereinigende Theorie, die sowohl konsistent als auch im Detail experimentell überprüfbar wäre, kennen wir nicht. Immer wenn sich die Schwerkraft bei Abständen bemerkbar macht, bei denen die Quantenmechanik mitregiert, sind wir auf Approximationen angewiesen.

Das Universum in den ersten Bruchteilen von 10^{-43} Sekunden nach dem Urknall ist sicher ein solches System; das gegenwärtige Universum auch, wenn wir nach dem Ursprung der Kosmologischen Konstante Λ oder anderen, die Expansion des Universums beschleunigenden Entitäten fragen. Die Physik der Elementarteilchen, der Atomkerne und schließlich der Atome im Universum ist spätestens nach einigen Vielfachen der Planck-Zeit $t_{PL} = 5{,}3 \cdot 10^{-44}$ s von der Gravitation und damit der Allgemeinen Relativitätstheorie unabhängig, sodass wir hoffen können, sie durch »gewöhnliche« Quantenfeldtheorien zu verstehen. Seither ist mit Ausnahme spezieller Bereiche wie abermals den Umgebungen von Schwarzen Löchern umgekehrt auch die Gravitation von der Quantenmechanik unabhängig, sodass die spätere Entwicklung des Universums im Großen durch die Allgemeine Relativitätstheorie für sich allein verstanden werden kann. Vor der Planck-Zeit waren Temperatur und Dichte im ganzen Universum so groß, dass die Stärke der Schwerkraft mit der Stärke der anderen Wechselwirkungen vergleichbar war und folglich die Gravitation auch quantenmechanische Prozesse wie die Produktion von Teilchen aus Energie mitbestimmte.

Nun ist der Raum unmittelbar nach dem Urknall mit seiner unbeschränkten Temperatur und Dichte kein Leerer Raum und folglich kein Gegenstand dieses Buches, aber es kann sein, dass sich auch der bona fide Leere Raum bei Experimenten, die Abstände unterhalb der Planck-Länge $l_{Pl} = 1{,}6 \cdot 10^{-33}$ cm und/oder Planck-Zeit erproben, als einer erweist, zu dessen Verständnis sowohl die Quantenmechanik als auch die Allgemeine Relativitätstheorie erforderlich sind.

Die Planck-Skala

Unabhängig davon, wie die zugehörige, noch unbekannte Theorie der Quantengravitation im Detail aussehen mag, muss sie drei fundamentale Konstanten enthalten: die Gravitationskonstante $G = 6{,}7 \cdot 10^{-11}\,\mathrm{m^3\,kg^{-1}s^{-2}}$, das durch 2π geteilte Wirkungsquantum $\hbar = 1{,}1 \cdot 10^{-34}\,\mathrm{Js}$ und die Lichtgeschwindigkeit $c = 3 \cdot 10^8\,\mathrm{m\,s^{-1}}$. Wenn man annimmt, dass die Gleichungen der Quantengravitation keine sehr kleine – oder, äquivalent, sehr große – dimensionslose Konstante enthalten, geben die ohne Verwendung numerischer Faktoren aus $G, \hbar$ und c zu konstruierende Länge, Masse und Zeit diejenigen Größen an, bei denen Quanteneffekte der Gravitation sicher nicht mehr vernachlässigt werden können. Es sind dies die nach Max Planck benannten Grundgrößen Plancksche Länge, Masse und Zeit

$$l_{Pl} = (G\hbar)^{1/2}c^{-3/2} = 1{,}6 \cdot 10^{-33}\ \mathrm{cm},$$

$$m_{Pl} = (\frac{c\hbar}{G})^{1/2} = 2,2 \cdot 10^{-5}\ \mathrm{g}$$

sowie

$$t_{Pl} = (G\hbar)^{1/2}c^{-5/2} = 5{,}3 \cdot 10^{-44}\ \mathrm{s}.$$

Auf dieselbe Skala werden wir geführt, wenn wir nach der Masse – jetzt schon m_{Pl} geheißen – fragen, deren Compton-Wellenlänge $\lambda_0 = \frac{2\pi\hbar}{m_{Pl}c}$ mit ihrem Schwarzschild-Radius $r_s = \frac{2Gm_{Pl}}{c^2}$ übereinstimmt. Bis auf Faktoren wie 2 oder π stimmt das so definierte m_{Pl} mit dem oben gefundenen überein, und es gilt $\lambda_0 = l_{Pl}$ zusammen mit $\lambda_0/c = t_{Pl}$.

Verglichen mit Abständen, die heutige Beschleuniger erproben, ist l_{Pl} winzig. Genauso dauern heute zeitlich auflösbare Prozesse wesentlich länger als t_{Pl}. Um die Bedeutung von m_{Pl} einzuschätzen, müssen wir beachten, dass die Physik bei der durch diese Größen beschriebenen Planck-Skala notwendig Elementarteilchenphysik ist – wahrscheinlich sogar die Physik noch elementarerer Teilchen als die der heute beobachteten Quarks, Gluonen und Leptonen. Auf jeden Fall müssen die Teilchen der Schwerefelder, die Gravitonen, hinzukommen. Interpretiert als Masse eines Elementarteilchens ist m_{Pl} als Masse von etwa 10^{19} Protonen mit je $1{,}7 \cdot 10^{-24}$g Masse riesengroß (etwa die Masse eines Staubkorns). Besser als m_{Pl} kann die zur Planck-Skala gehörende Massendichte

$$\rho_{Pl} = m_{Pl} l_{Pl}^{-3} = 5 \cdot 10^{93}\ \mathrm{gcm}^{-3} \qquad (4.1)$$

die extremen Verhältnisse deutlich machen, welche die Planck-Parameter beschreiben.

Eine kurze Geschichte des Kosmos

»Am Anfang war ...« so Goethes Faust, und über sein »hier stock ich schon« kommen wir bis heute nicht hinaus. Am Anfang, im Urknall, war Kuddelmuddel, und aus ihm, oder einem Teil davon, ist das Universum entstanden, in dem wir leben und das wir beobachten. Entstanden nämlich durch Inflation (woher und weshalb wissen wir nicht): Ab 10^{-35} bis hin zu vielleicht 10^{-27} Sekunden nach dem Urknall hat sich das Universum um den Faktor 10^{55} vergrößert – unvorstellbar kleine Zeiten zusammen mit einem unvorstellbar großen Vergrößerungsfaktor. Aber um Vorstellbarkeit kann es beim Frühstadium des Universums nicht gehen.

Ursache der inflationären Expansion des Kosmos soll sein, dass es eine gewisse Zeit – die schon genannten 10^{-35} bis 10^{-27} Sekunden – gedauert hat, bis sich in ihm ein Feld namens Inflaton ausbilden konnte, mit dem die Energie des Universums kleiner ist als ohne es. *Kann* die Energie des Leeren Universums abnehmen, ist sie also größer als ein kleinerer möglicher Wert, treibt die im Leeren Raum verborgene Energie die Expansion beschleunigt so lange an, bis sich der Zustand geringerer Energie eingestellt hat, der Leere Raum also unter Energieabgabe in seinen Zustand mit dem dann allgegenwärtigen Feld übergegangen ist. Die dabei frei werdende, nunmehr manifeste Energie, tritt im Universum in der Form eines heißen Plasmas von Elementarteilchen auf. Einige Details dieses Übergangs des Universums vom »falschen« in das »richtige« Vakuum sollen dargestellt werden. Wir werden sehen, dass manches dafür spricht, dass es ein noch »richtigeres« Vakuum gibt als das bis heute erreichte.

Dafür, dass das Szenarium der Inflation die Entwicklung des Universums in seiner Frühzeit richtig beschreibt, sprechen neu beobachtete Details der Temperaturverteilung der Kosmischen Hintergrundstrahlung, auf die einzugehen sein wird. Wie es aber zur Inflation gekommen ist, und welche Rolle dem Inflaton-Feld in der Physik außer der, durch seine Abwesenheit die Inflation anzutreiben, zukommt, ob es etwa mit einem der Higgs-Felder des Standardmodells der Elementarteilchentheorie identisch ist, wissen wir nicht. Viel Spielraum hier. Am Ende der inflationären Epoche ist jedenfalls die verborgene Energie des falschen Vakuums übergegangen in die manifeste des bereits erwähnten heißen Plasmas von Elementarteilchen.

Wie auch immer das Universum in diesem Zustand angekommen sein mag, über seine mit ihm beginnende weitere Entwicklung herrscht Einigkeit: Das heiße Universum tritt in eine Epoche vergleichsweise ruhiger, sich durch die Schwerkraft der manifesten Energie (und ihres Druckes) verlangsamenden Expansion ein. Seine Temperatur nimmt ab, weil durch die Expansion entgegen der Schwerkraft alle Abläufe im Universum, auch die thermischen Schwankungen verlangsamt werden. So wird die negative potenzielle Energie der Materie beim Auseinanderrücken weniger negativ, und das kostet kinetische Energie. Wie die Abb. 4.1 weiter unten zeigt, ist zu diesem Bild des heißen Urknalls – ob mit der Sekunde 0 oder 10^{-27} beginnend – ab 1999 die Erkenntnis hinzugekommen, dass die Verlangsamung der Expansion nur eine Phase in der Entwicklung des Universums gewesen ist.

Nach heutigem besten Wissen liegt der Urknall 13,7 Milliarden Jahre zurück – mit einer Unsicherheit von nur $\pm 0{,}2$ Milliarden Jahren. Die Epoche der sich verlangsamenden Expansion hat etwa 8 Milliarden Jahre gedauert. Zu dieser Zeit hat, wie Kommentatoren sich ausdrücken, das Universum »auf den Gashebel getreten«: Es begann, sich *beschleunigt* auszudehnen. Dieser ganz und gar unerwartete Effekt wurde der Gemeinschaft der Kosmologen durch die Beobachtung des Lichtes von explodierenden Sternen namens Supernova Typ Ia aufgezwungen. Ein als Supernova explodierender Stern überstrahlt für knapp einen Monat alle Sterne seiner Galaxie, sodass Supernovaexplosionen in fernen sichtbaren Galaxien ebenfalls sichtbar sind. Auf die recht komplizierten technischen Details der Bestimmung der Entfernung und der Fluchtgeschwindigkeit der Galaxien kann hier nicht eingegangen werden. Nur so viel: Die Fluchtgeschwindigkeit bewirkt eine relativ leicht beobachtbare Verschiebung der Wellenlängen von Licht nach dem langwelligen »roten« Ende des Spektrums – daher auch Rotverschiebung genannt – durch den Doppler-Effekt. Ist die absolute Helligkeit einer Lichtquelle bekannt, kann ihre Entfernung durch ihre auf der Erde beobachtete Helligkeit bestimmt werden – wenn nicht dazwischenliegende Wolken ihr Licht schwächen und/oder umfärben. Dies ist der trickreiche Teil, der die Berücksichtigung zahlreicher Fehlerquellen erfordert. Die Abb. 4.1

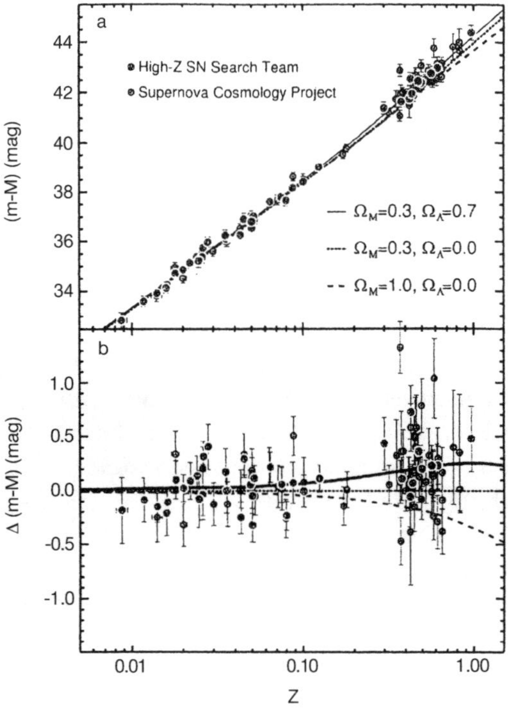

Abbildung 4.1: Das z der Abzisse der Abbildungen steht für die Rotverschiebung $\triangle\lambda/\lambda$ der Wellenlängen λ des von einem explodierenden Stern stammenden Lichtes. Sie ist ein Kennzeichen für die Geschwindigkeit, mit der sich die Galaxie des Sterns von der Erde entfernt. Die Ordinate kennzeichnet die auf der Erde oder von einem Satelliten in Erdnähe – hier: das Hubble Weltraum Teleskop – aus beobachteten »scheinbaren« Helligkeiten der als Supernova vom Typ Ia explodierenden Sterne. Da diese nach Auskunft der Theorie der Supernovaexplosionen alle dieselbe »absolute« Helligkeit besitzen, kann von der Ordinate die Entfernung der Galaxie abgelesen werden. Astronomen kennzeichnen die scheinbaren Helligkeiten von Objekten im Universum durch ihre »Magnitude« M. Diese ist um so größer, je kleiner die Helligkeiten. Die punktierte Linie mit den Bezeichnungen $\Omega_M = 0{,}3$ und $\Omega_\Lambda = 0$ stimmt mit dem Zusammenhang von z und M für ein Universum überein, das mit konstanter Geschwindigkeit – mit dem Anstieg von 45 Grad in a) – expandiert. Um die statistische Signifikanz der Abweichung der Messpunkte von dieser Kurve augenfällig zu machen, ist sie in b) als waagerechte Linie eingezeichnet. Klar ausgeschlossen ist die gestrichelte Kurve mit $\Omega_M = 1{,}0$ und $\Omega_\Lambda = 0$; die durchgezogene passt so gut zu den Messwerten, dass das Wertepaar $\Omega_M = 0{,}3$ und $\Omega_\Lambda = 0,7$ die beste Anpassung darstellt. Eine später ausgewertete Supranovaexplosion (SN 1997ff in der Bezeichnung der Astronomen) sowie im Herbst des Jahres 2003 veröffentlichte Beobachtungen von Explosionen mit z-Werten, die weit über $z = 1$ hinausreichen, sind ebenfalls mit diesen Ω-Werten, insbesondere mit dem Absinken der Kurve in die Richtung verzögerter Expansion, im Einklang. Die älteste bis heute (November 2003) analysierte Supernovaexplosion hat sich vor 11 Milliarden Lichtjahren ereignet – weniger als 3 Milliarden Jahre nach der Entstehung des Universums im Urknall.

stellt die Abhängigkeit der Helligkeit von der Rotverschiebung der Explosionen von Supernovae des Typs Ia in weit entfernten Galaxien dar, die bis 1999 aufgefunden und analysiert worden sind. Die Abbildung zeigt dem Experten, dass die beobachtete Helligkeit der Explosionen als Maß ihrer Entfernung mit ihrer Rotverschiebung als Maß der Fluchtgeschwindigkeit stärker abnimmt, als mit konstanter oder abnehmender Expansionsgeschwindigkeit des Universums vereinbar: Diese Geschwindigkeit hat seit der Zeit, zu der die Supernova explodierte, zugenommen.

Die durch

$$\Omega_M = \rho_M / \rho_{kritisch} \tag{4.2}$$

und genauso

$$\Omega_\Lambda = \rho_\Lambda / \rho_{kritisch} \tag{4.3}$$

definierten Parameter Ω_M und Ω_Λ der Abbildung sind Maße für die Energiedichten $\rho_M \cdot c^2$ und $\rho_\Lambda \cdot c^2$ des Universums zu unserer Zeit t_0. Die erste steht für dessen – sozusagen – manifeste sichtbare und dunkle Energie, die zweite für die im Leeren Raum verborgene. Auf beide wird einzugehen sein. Als Einheit dient die Energiedichte $\rho_{kritisch} \cdot c^2$ mit der Definition

$$\rho_{kritisch} = \frac{3{H_0}^2}{8\pi G}. \tag{4.4}$$

Hierin ist H_0 die nach dem Entdecker der »Flucht der Galaxien«, dem amerikanischen Astronomen Edwin Powell Hubble (1889–1953), benannte Hubble-Konstante, die selbst durch

$$H_0 = \dot{R}(t_0)/R(t_0) \tag{4.5}$$

als gegenwärtige Rate der Expansion definiert ist. Die Funktion $R(t)$, deren genaue Bedeutung durch ihr Auftreten in der Metrik des Universum (Gl. (4.14) weiter unten) festgelegt wird, steht für die Abmessung des expandierenden Universums zur »Kosmischen Zeit« t, auf deren Definition wir eingehen werden.

Es ist lehrreich, dem Ursprung des Index »kritisch« von $\rho_{kritisch}$ nachzugehen, einer Dichte, die heute nur noch als im Grunde beliebiger Normierungsfaktor anzusehen ist. Expansion und Krümmung eines Universums mit verschwindender Vakuumenergiedichte $\rho_\Lambda \cdot c^2$ und einem Druck, der gegenüber der Energiedichte der Materie $\rho_M \cdot c^2$ vernachlässigt werden kann, werden allein durch eben diese Energiedichte festgelegt. Und zwar wird ein derartiges Universum im Fall $\rho_M \leq \rho_{kritisch}$, worin ρ_M sich auf die Gegenwart bezieht, die auch in $\rho_{kritisch}$ wegen der Definition der Gl. (4.4) implizit enthalten ist, in alle Ewigkeit expandieren; anderenfalls nach anfänglicher Expansion wieder zusammenstürzen. Dies ist ein Ergebnis sowohl der klassischen Newtonschen Mechanik als auch der Allgemeinen Relativitätstheorie. Hier soll es aus der dem Leser vermutlich vertrauteren Newtonschen Mechanik abgeleitet werden (z. B. [71], Anmerkung 2). Auf die zugehörigen Krümmungen werden wir eingehen.

Gegeben sei eine Galaxie mit der Masse m am Rande eines Haufens von Galaxien, der durch eine gleichmäßig mit Masse der Dichte ρ gefüllte Kugel mit dem Radius R näherungsweise beschrieben werden kann. Die Masse M des Haufens ist offenbar $4\pi R^3 \rho/3$, sodass laut Newton die Galaxie am Rande des Haufens die potenzielle Energie

$$E_{pot} = -\frac{mMG}{R} = -\frac{4\pi m R^2 \rho G}{3} \tag{4.6}$$

besitzt. Expandiert das Universum mit H_0, gilt für die nach außen gerichtete Geschwindigkeit V der Galaxie $V = H_0 R$, sodass

$$E_{kin} = mV^2/2 = mH_0^2 R^2/2 \tag{4.7}$$

ihre kinetische Energie ist. Die Gesamtenergie der Galaxie am Rande des Haufens ist und bleibt während der Expansion dieselbe, sodass

$$E = E_{kin} + E_{pot} = mR^2[H_0^2/2 - 4\pi\rho G/3] \tag{4.8}$$

zeitlich konstant ist.

Ins Unendliche $R = \infty$ mit $E_{pot} = 0$ entweichen kann die Galaxie bei negativem E nicht, weil E_{kin} nur positive Werte annehmen kann. Ist das gesamte E aber positiv, besitzt die Galaxie überschüssige kinetische Energie und kann auch bei $R = \infty$ mit $E_{pot} = 0$ nicht anhalten. An der Grenze zwischen den beiden Verhaltensweisen der ewigen Expansion und des schlussendlichen Zusammenstürzens gilt also

$$H_0^2/2 = 4\pi\rho G/3, \tag{4.9}$$

sodass die Dichte $\rho_{kritisch}$, bei der das Universum gerade noch in alle Ewigkeit expandiert, den Wert der Gl. (4.4) besitzt. Diese Dichte, die sich seltsamerweise nur um Faktoren, die kleiner sind als 10, von den tatsächlichen gegenwärtigen Dichten ρ_M und ρ_Λ unterscheidet, entspricht 10^{-30} Gramm pro Kubikzentimeter; das sind 10^{-6} Atome auf einen Liter oder ein Atom pro Kubikmeter. Wahrlich, das Universum insgesamt enthält fast keine Materie. Umgerechnet in Kubikmeter pro Atom, ist auch die Vakuumenergiedichte $\rho_\Lambda \cdot c^2 = 0{,}7 \cdot \rho_{kritisch}$ vergleichbar unbedeutend: Extreme Masseanhäufungen koexistieren im Universum mit fast leeren Gebieten.

Als Konsequenz der Expansion hat sich das Universum seit seiner Entstehung im heißen Urknall bis heute auf 2,725 Kelvin mit einer Unsicherheit von 0,002 Kelvin abgekühlt. Zur Erinnerung: Die Kelvin-Skala der Temperatur ist mit der Celsius-Skala bis auf den Nullpunkt identisch. Der Nullpunkt der Kelvin-Skala entspricht $-273{,}15$ Grad Celsius. Das ist die tiefste denkbare Temperatur des vollkommenen Stillstandes, der beliebig nahe zu kommen zwar möglich ist, die aber nicht erreicht werden kann. Da sich das heutige Universum offensichtlich nicht im Thermischen Gleichgewicht befindet, muss festgelegt werden, was unter seiner Temperatur verstanden werden soll. Es ist dies die Temperatur der das Universum durchflutenden Kosmischen Hintergrundstrahlung, von der die Adressaten dieses Buches sicher gehört haben, und die sich bereits bei Mittelung über Winkelbereiche von wenigen Grad als innerhalb der Fehlergrenzen perfekt im Thermischen Gleichgewicht befindlich erweist (Abb. 4.2).

Entstanden ist die Strahlung im Jahre 300000 nach dem Urknall bei einer Temperatur des Universums von etwa 3000 Grad – ob nun Celsius oder Kelvin; die inhärente Unsicherheit ist größer als deren Unterschied. Dies ist die Temperatur, bei der, von höheren Temperaturen nach dem Urknall kommend, die thermischen Energien der Teilchen gerade noch/gerade nicht mehr ausreichten, sich aus Kernen und Elektronen bildende Atome zu zerstören. Vor diesem Zeitpunkt, bei mehr als 3000 Grad, bildete die stabile Materie des Universums daher ein Plasma aus Photonen und elektrisch geladenen Teilchen – nahezu nur Elektronen, Protonen und α-Teilchen –, das sich bis auf lokale Unterschiede, die wir erwähnen, da sie für unser Thema wichtig sind, im Thermischen Gleichgewicht befand. Insbesondere war das Universum für Photonen, die von einzelnen elektrischen Ladungen unermesslich mehr als von Atomen beeinflusst werden, undurchsichtig. Das wurde anders, als sich unterhalb von 3000 Grad Atome gebildet hatten: Die Photonen konnten

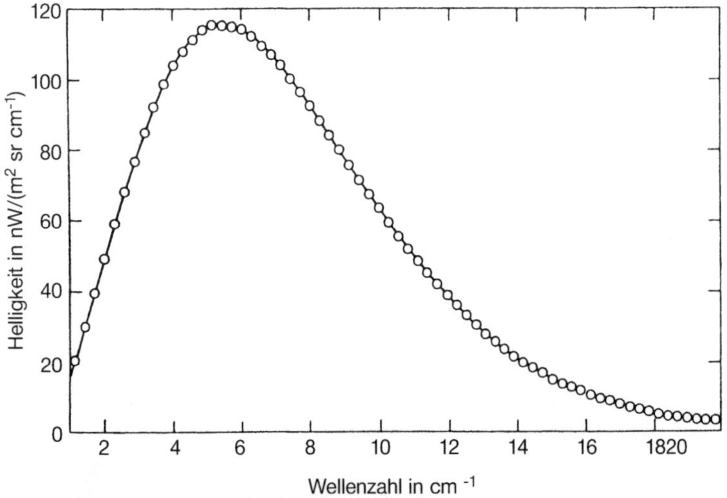

Abbildung 4.2: Intensität der Kosmischen Mikrowellenhintergrundstrahlung in Abhängigkeit von der Wellenzahl. Das Spektrum hat das Experiment FIRAS an Bord des 1989 gestarteten Satelliten COBE (Cosmic Background Explorer) in nur neun Minuten Messzeit aufgenommen. Die Messpunkte für Wellenlängen zwischen 0,5 Millimeter und 1 Zentimeter zeigen innerhalb ihrer Genauigkeit keine Abweichung von dem Planckschen Spektrum eines Schwarzen Strahlers mit 2,725 Kelvin Temperatur (die durchgezogene Linie). Da die Temperatur der einzige Parameter der Kurve ist, folgt die ganze Kurve bereits aus einem ihrer Punkte. Nachfolger von COBE ist die 2001 gestartete, zwischen Sonne und Erde sich aufhaltende Raumsonde WMAP (Wilkinson Microwave Anisotropy Probe) mit einer gegenüber COBE um den Faktor 40 verbesserten Auflösung, dessen Himmelskarte der Temperaturverteilung im Frühjahr 2003 veröffentlicht worden ist.

sich von da an bis heute frei im Raum bewegen, unterworfen nur der Expansion des Universums, die ihre Wellenlängen wie alle Abstände von nicht aneinander gebundenen Objekten im Universum um den Faktor $f = R(t_0)/R(t_{Rekombination})$ vergrößert hat. Hier steht $t_{Rekombination}$ für die Zeit der unglücklich Rekombination genannten frühesten Kombination von Elektronen und Kernen im Kosmos zu Atomen. Abgesehen haben wir von den Auswirkungen der »Reionisierung«, der Loslösung von Elektronen aus Atomen durch das Licht von Sternen, die 180 Millionen Jahre nach dem Urknall zu leuchten begonnen haben. Die Tabelle in Abb. 4.3 der kosmischen

Kennziffern haben wir der leicht zugänglichen und aktuellen Artikelserie [69] zur Entwicklung des Kosmos entnommen.

Die Wirkung der Expansion auf die raumerfüllende Hintergrundstrahlung ist einfach eine Absenkung ihrer Temperatur um den Faktor f, um den das Universum sich ausgedehnt hat. Um das zu sehen (z. B. [71], Anmerkung 4), ist es am einfachsten, die Energie dE von Photonen im Thermischen Gleichgewicht bei der Temperatur T pro Volumen dV und Frequenzbereich $d\nu$ der Gl. (3.1) auf die zu ν gehö-

Eigenschaften	Wert	Unsicherheit
Alter des Universums in Milliarden Jahren	13,7	±0,2
Zeit der Rekombination nach dem Urknall in Jahren	379 000	+8000/−7000
Breite der Rekombinationszone in Lichtjahren	118 000	+3000/−2000
Zeit der Reionisierung nach dem Urknall in Jahrmillionen	180	+220/ −80
Hubble-Konstante heute in Kilometer pro Sekunde und Megaparsec	71	+4/−3
Gesamtdichte (kritische Dichte = 1)	1,02	±0,02
Anteil der normalen Materie (Baryonen) in Prozent	4,4	±0,4
in Teilchen pro Kubikzentimeter	$2{,}5\cdot10^{-7}$	$\pm0{,}1\cdot10^{-7}$
Anteil der kalten Dunklen Materie in Prozent	23	±4
in Kilogramm pro Kubikmeter	$2{,}25\cdot10^{-27}$	$\pm0{,}38\cdot10^{-27}$
Anteil der Neutrinos in Prozent	0,76	
Photonen pro Kubikzentimeter	410,4	±0,9
Temperatur der Kosmischen Hintergrundstrahlung in Kelvin	2,725	±0,002
Verhältnis Baryonen zu Photonen	$6{,}1\cdot10^{-10}$	$(+0{,}3/-0{,}2)\cdot10^{-10}$
Verhältnis Baryonen zur gesamten Materie	0.17	±0,01
Prozentualer Anteil der gesamten Materie (Baryonen und Dunkle Materie) an der Gesamtdichte	27	±4
Prozentualer Anteil der Dunklen Energie an der Gesamtdichte	73	±4

Abbildung 4.3: Die kosmischen Kennzahlen der Tabelle basieren überwiegend auf Messergebnissen der Raumsonde WMAP.

renden Wellenlänge $\lambda = c/\nu$ umzuschreiben mit dem Ergebnis

$$dE = 8\pi \cdot h \cdot c \cdot \frac{d\lambda}{\lambda^5} \cdot \left[\frac{1}{2} + \frac{1}{e^{h\cdot c/(kT\lambda)} - 1}\right] \cdot dV. \qquad (4.10)$$

Bei der Expansion des Universums um den Faktor f wachsen die Wellenlängen von Photonen zusammen mit den Entfernungen aller Objekte, die nicht durch gravitative oder stärkere Kräfte zusammengehalten werden, um denselben Faktor f. Eben weil Galaxien, das Sonnensystem, Lineale und Atome nicht mitwachsen, ist die Kosmische Expansion nicht zu einer Neuwahl der Längeneinheit äquivalent. Das Volumenelement dV der Gleichung kann nach der Expansion wie vor ihr mit demselben Lineal bestimmt werden, sodass es nach der Expansion dasselbe wie vor ihr ist. Hingegen werden Wellenlängen λ in Wellenlängen $\lambda' = f \cdot \lambda$ überführt. Die in dem alten Volumen und neuen Wellenlängenbereich von λ' bis $\lambda' + d\lambda'$ enthaltene Energie hat zugleich durch die Expansion um den Faktor f^4 abgenommen. Denn erstens ist bei der Expansion das Volumen des Universums um den Faktor f^3 gewachsen, sodass die Anzahl der Photonen, deren Gesamtzahl durch die Expansion ja nicht geändert wird, um denselben Faktor abgenommen hat. Zweitens wird die Energie $E = h\nu = h \cdot c/\lambda$ eines Photons bei der Vergrößerung seiner Wellenlänge um den Faktor f um denselben Faktor herabgesetzt. Insgesamt gilt also

$$dE' = \frac{dE}{f^4} = 8\pi \cdot h \cdot c \cdot \frac{d\lambda}{f^4\lambda^5} \cdot \left[\frac{1}{2} + \frac{1}{e^{h\cdot c/(kT\lambda)} - 1}\right] \cdot dV. \qquad (4.11)$$

Ausgedrückt durch die Wellenlängen λ' wird daraus

$$dE' = 8\pi \cdot h \cdot c \cdot \frac{d\lambda'}{\lambda'^5} \cdot \left[\frac{1}{2} + \frac{1}{e^{h\cdot c/(kT\lambda'/f)} - 1}\right] \cdot dV. \qquad (4.12)$$

Mit der Definition $T' = T/f$ ist dies die Plancksche Formel für den Energieinhalt der Strahlung bei der geänderten Temperatur T' als Funktion der geänderten Wellenlängen λ'.

Soweit das allgemeine Bild des Universums zur Zeit der Rekombination. Für unser Thema besonders wichtig sind, wie erwähnt, lokale Unterschiede der Temperatur zu dieser Zeit. Sie muss es geben, da sie Dichteunterschiede im frühen Universum widerspiegeln, ohne die sich keine Strukturen wie Galaxien hätten bilden können. Tatsächlich sind Dichteunterschiede im frühen Universum in Ansehung quantenmechanischer Schwankungen während der Periode der Inflation unvermeidbar – Schwankungen, die sich zu lokalen Unterschieden der Dichte und Temperatur auswachsen mussten. Details müssen wir übergehen und können nur feststellen, dass zur Zeit der Rekombination Gebiete mit korrelierten Temperaturen Ausmaße angenommen hatten, die verlässlich berechnet werden können. Kennt man die Abmessungen dieser Bereiche im Jahre 300 000, kann dem Winkelbereich gleicher Temperatur, den sie heute, im Jahre 14 Milliarden, in der Hintergrundstrahlung einnehmen, entnommen werden, ob und wie der Raum gekrümmt ist. Denn eine gegebene Strecke in einer gegebenen Entfernung nimmt einen Winkelbereich ein, der von der Krümmung des zwischen Quelle und Beobachter liegenden Raumes abhängt (Abb. 4.4). Die durch Temperaturgleichheit gekennzeichneten Bereiche zur Zeit der Rekombination nehmen bei Beobachtungen der Hintergrundstrahlung auf der Erde Winkelbereiche ein, die einem flachen Euklidischen Raum entsprechen. Folglich, und in Übereinstimmung mit anderen Experimenten sowie der Theorie der Inflation, ist der Raum flach. Das Tortendiagramm der Abb. 4.5 fasst das heutige, aus verschiedenen Quellen gewonnene Wissen um den Aufbau des Kosmos zusammen. Auf einzelne Beiträge soll eingegangen werden. Unser $\rho_M \cdot c^2$ ist die Summe der den »Sichtbaren Baryonen«, den »Dunklen Baryonen« und der »Dunklen, nicht-baryonischen Materie« zuzuordnenden Energiedichten, von denen die Energiedichte der gewöhnlichen sichtbaren, aus Atomen aufgebauten Materie nur wenige Prozent ausmacht. Zusammen mit der Dichte $\rho_\Lambda \cdot c^2$ der »Dunklen Energie«, die verschiedene, noch unbekannte Formen besitzen kann, ergibt $\rho_M \cdot c^2$ gerade die kritische Dichte, also $\Omega = \Omega_M + \Omega_\Lambda = 1$ – der Wert, der einem flachen Kosmos zukommt. Dies ist für sich allein auch ein Ergebnis der im Zusammenhang mit der Abb. 4.4 beschriebenen Messungen der Temperaturkorrelationen in der Kosmischen Hintergrundstrahlung. Die Übereinstimmung der Ergebnisse aller für den Aufbau des Kosmos relevanten Experimente ist so gut, dass diese zusammengefasst werden können und die Parameterwerte $\Omega_M = 0{,}27 \pm 0,04$, $\Omega_\Lambda = 0{,}73 \pm 0,04$ und $\Omega = 1{,}02 \pm 0{,}02$ der Tabelle in Abb. 4.3 mit ihren recht kleinen Fehlern ergeben. Hervorzuheben ist zweierlei. Erstens, dass $\Omega = 1$ als exakter Wert innerhalb der Fehlergrenzen durchaus möglich ist, sodass das Universum im Großen vollkommen flach sein kann. Zweitens ist die Hoffnung der Kosmologie vor der Entdeckung der beschleunigten Expansion, den

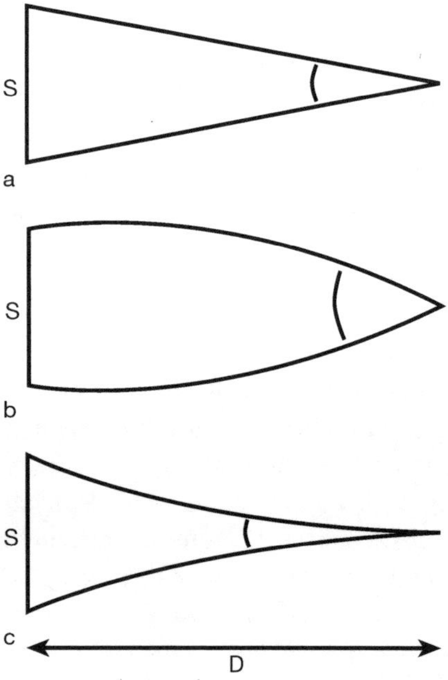

Abbildung 4.4: Aus der Entfernung D angesehen, nimmt eine Strecke der Länge S bei positiver Krümmung (b)) des zwischen Strecke und Beobachter B liegenden Raumes einen größeren Winkelbereich ein als bei einem Euklidischen Raum ohne Krümmung (a)). Bei negativer Krümmung (c)) des Raumes ist es umgekehrt. Sind also S und D bekannt, kann das Vorzeichen der Krümmung – bei hinreichender Genauigkeit auch ihr Wert – aus den Ergebnissen der Winkelmessung erschlossen werden. Als Ergebnis ist, wie im Text beschrieben, unser Raum gegenwärtig zumindest nahezu flach.

Wert $\Omega = 1$ ohne Vakuumenergie zu erreichen, durch eben diese Entdeckung gescheitert. Sie hat auf ein numerisch triumphal konsistentes Gesamtbild des Kosmos geführt, das wir aber nicht verstehen: Was ist die Dunkle Materie, was die Dunkle Energie, warum stimmen die verschiedenen Energiedichten des Universums gerade jetzt nahezu überein, wie kam es zur Inflation und wodurch wurde sie beendet? Die Frage nach Ω_Λ fasst zwei Fragen zusammen, die beide unbeantwortet sind: Warum ist Ω_Λ erstens so groß, also nicht null? Null könnten wir hoffen, durch Symmetrieprinzipien der Elementarteilchentheorie zu verstehen. Zweitens, warum ist Ω_Λ so klein, also

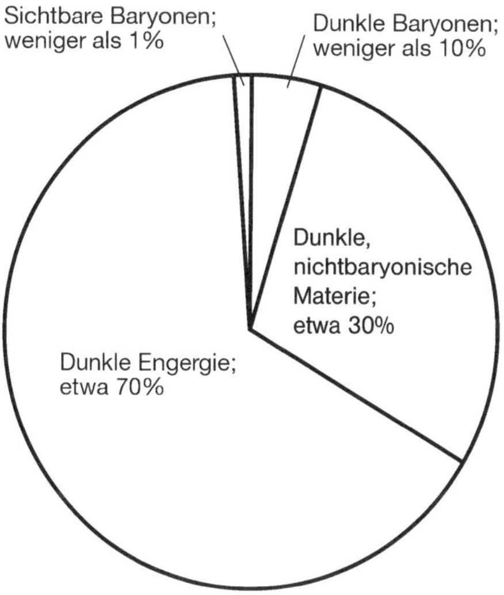

Abbildung 4.5: Tortendiagramm des Inhalts des Universums.

nicht um den Faktor 10^{120} größer? Einen solchen Wert ergibt, wie wir noch sehen werden, die gegenwärtige Theorie der Elementarteilchen. Klar, wäre Ω_Λ so groß, es gäbe uns nicht. Aber warum kann es uns geben? Zusammengefasst werden kann unser Mangel an Verständnis des Nichts durch einen Parameter namens w, das Verhältnis des Druckes der Vakuumenergie zu ihrer Energiedichte. Wir kommen auf w zurück.

Während ich dies im November 2003 schreibe, kommt die Nachricht, dass in den USA beschlossen wurde, einen Satelliten zur Erforschung der Dunklen Energie zu bauen. Zu einem derartigen Projekt namens SNAP für SuperNova Acceleration Probe hatte der amerikanische Astrophysiker Michael S. Turner dies zu sagen: »Als Szenario des Schreckens könnte SNAP finden, dass w gegenwärtig den Wert $-0{,}88$ besitzt und von der Zeit abhängt, dass das aber für einhundert Jahre unverstanden bleiben wird.«

Die Räume der Relativitätstheorien

Der Leere Raum der Quantenmechanik und der Speziellen Relativitätstheorie ist zwar angefüllt mit schwankenden Gestalten, aber diese zeichnen – wie der hypothetische Äther – keinen Ort vor einem anderen Ort und keine Richtung vor einer anderen Richtung aus: Auch der Leere Raum der Quantenmechanik und der Speziellen Relativitätstheorie ist homogen (d. h. verschiebungssymmetrisch) und isotrop (d. h. drehsymmetrisch). Er ist außerdem zu allen Zeiten und für alle Beobachter, die sich mit beliebigen, aber konstanten Geschwindigkeiten bewegen, derselbe. Er ist, kurz gesagt[13], wie bereits die Plancksche Nullpunktsstrahlung, Lorentz-invariant. Hieraus folgt, dass die Metrik von Raum und Zeit in der Speziellen Relativitätstheorie die bis auf den Zahlenwert von c eindeutig festgelegte »quasieuklidische« Gestalt

$$ds^2 = c^2 dt^2 - (d\vec{r})^2 \tag{4.13}$$

besitzt. In der Formel steht ds^2 für das Quadrat des raum-zeitlichen Abstandes zweier Ereignisse, deren Koordinaten sich um die infinitesimalen Abstände $d\vec{r} = (dx^1, dx^2, dx^3)$ und dt in Raum und Zeit unterscheiden. Der Raum der Speziellen Relativitätstheorie besitzt also eine von den kartesischen Raumvariablen x^1, x^2, x^3 verschiedene Zeitvariable t, und sein – sozusagen – räumlicher Raum bildet den Euklidischen flachen Raum unserer Vorstellung. Für die Ausbreitung des Lichtes gilt $ds^2 = 0$, sodass c mit der Lichtgeschwindigkeit zu identifizieren ist. Weil kein Teilchen sich schneller als das Licht bewegen kann, gilt für Teilchenbahnen in Raum und Zeit ohne Einschränkung $ds^2 \geq 0$. Für $(cdt, d\vec{r})$ schreiben wir auch dx^μ, wobei der Index μ von 0 bis 3 läuft; und analog für die Komponenten anderer Größen.

Das Spezielle an der Speziellen Relativitätstheorie

Die Eigenschaft, quasieuklidisch zu sein, kommt laut Allgemeiner Relativitätstheorie keinesfalls allen physikalisch möglichen Räumen zu, sondern nur einem gewissen, der dadurch ausgezeichnet ist. Im Allgemeinen besitzen die Räume der Allgemeinen Relativitätstheorie in ihren vier Dimensionen von dem Ort, von der Richtung und von der Zeit abhängende Krümmungen, sodass ein Beobachter durchaus durch Messung der Krümmungen des Raumes an seinem Ort etwas darüber erfahren kann, wo er sich befindet und in welche Richtung er blickt. Dasselbe gilt mutatis mutandis für die

Zeit, zu der er seine Beobachtungen anstellt. Berücksichtigt man die Allgemeine Relativitätstheorie nicht, kann ein Beobachter eben dies nur durch Beobachtung des *Inhaltes* des Raumes an seinem Ort erreichen, nicht aber durch Beobachtungen des Raumes selbst durch Probekörper, der dann ja strukturlos ist. Nun muss ein »Inhalt« des Raumes durchaus nicht in naivem Sinn materiell sein – ihn können auch Felder ausmachen, die er als vom Ort und von der Zeit abhängige Größen beherbergt, und die die Bewegungen von materiellen Objekten beeinflussen würden, wenn es in ihm denn materielle Objekte gäbe. Ein Beispiel bilden die elektromagnetischen Felder, ein anderes die Schwerefelder. Die letzteren aber kennt die Allgemeine Relativitätstheorie nicht. Mit in weiten Bereichen denselben Auswirkungen, ersetzt sie die Schwerefelder durch Krümmungen des Raumes –, sodass die Allgemeine Relativitätstheorie für sich allein ein absolut leeres Raumgebiet gestattet, das andererseits aber laut ihrer selbst durch diese Angabe nicht vollständig beschrieben wird: Angaben über Krümmungen müssen hinzukommen.

Nach Auskunft der Allgemeinen Relativitätstheorie wirkt die in einem Raumgebiet konzentrierte Masse oder Energie nicht durch etwelche von ihr ausgehende Schwerefelder in ein anderes Raumgebiet hinein, sondern dadurch, dass sie den Raum dort krümmt. Wie aber steht es um das Universum insgesamt? Seine Krümmung ist zweifelsohne eine komplizierte Funktion von Raum und Zeit, hängt sie doch von den Orten aller Objekte des Universums zu allen Zeiten ab. Vereinfachend sei im Gefolge nahezu aller kosmologischen Theorien angenommen, dass das Universum zu allen Zeiten im Mittel homogen und isotrop ist – kein Ort (Homogenität) ist dann zu irgendeiner, vermöge der Homogenität sogleich zu definierenden »kosmischen« Zeit t vor einem anderen, keine Richtung (Isotropie) vor einer anderen ausgezeichnet. Von derartigen Universen kann es genau drei Typen geben, und diese unterscheiden sich durch und nur durch die drei Werte -1, 0, 1, die ein allgemein k genannter Parameter annehmen kann.

Homogenität, Isotropie und kosmische Zeit in einem expandierenden Universum

Ob das Universum, wie es das »Kosmologische Prinzip« will, tatsächlich homogen und isotrop ist, wissen wir nicht. Hierfür sprechen die Erfolge von Theorien, die auf der Annahme beruhen, dass es das sei, bei der Interpretation von kosmischen Daten. Da das Universum seine Gestalt im Laufe der Zeit ändert – es expandiert, wie die Leserin sicher weiß –, ist nicht von vornherein klar, was Begriffe wie »derselbe Ort zu verschiedenen Zeiten« und »dieselbe Zeit an verschiedenen Orten« bedeuten sollen. Die kleinsten Einheiten der Kosmologie, sozusagen ihre Atome, sind die Galaxien oder gar erst die Galaxienhaufen. Sie bewegen sich als Probekörper mit dem expandierenden kosmischen Substrat, sodass sie relativ zu ihm denselben Ort, der hierdurch definiert wird, beibehalten. Ihnen ordnen wir fundamentale Beobachter zu, die über identische Uhren verfügen. Homogenität soll nun bedeuten, dass die Beobachter ihre Uhren so stellen können, dass alle bei derselben Anzeige ihrer Uhr dasselbe beobachten. Hierdurch ordnen wir jedem Ort eine Uhr zu, welche die »kosmische Zeit« t anzeigt.

Zum Beispiel kann jeder fundamentale Beobachter den mittleren Abstand benachbarter Galaxienhaufen als Funktion der Zeitanzeige seiner Uhr messen. Beobachter B' finde $a'(t')$, und B'' finde $a''(t'')$. Dann gilt nach dem Gesagten $a''(t) = a'(t - \tau)$ für ein gewisses τ, sodass der Beobachter B' durch Wahl des Nullpunkts seiner Zeitrechnung $a''(t) = a'(t)$ erreichen kann. Angewendet auf alle fundamentalen Beobachter ergibt diese Prozedur die universelle Entfernung benachbarter Galaxien $a(t)$ als Funktion der kosmischen Zeit t, die überall definiert ist und von den synchronisierten Uhren der fundamentalen Beobachter abgelesen werden kann. Geschrieben als Funktionen von t sind auch die Ergebnisse aller anderen Messungen dieser Beobachter identisch. Ein Bespiel bilden die Temperaturen $T(t) = T'(t) = T''(t)$ der Kosmischen Hintergrundstrahlung, die bei B' und B'' dann ankommt, wenn sie von ihren Uhren t ablesen.

Das Kosmologische Prinzip ist offensichtlich eine Symmetrieannahme: Wenn es gilt, sind nicht nur die Naturgesetze verschiebungs- und drehsymmetrisch, sondern auch das Universum im Großen ist es. Ob, wie das nach dem bereits erwähnten österreichischem Physiker und Philosophen Ernst Mach benannte Machsche Prinzip es will, die Symmetrien der Naturgesetze von denen des Universums abhängen, wissen wir nicht. Macht man Beschleunigungen gegenüber dem Universum insgesamt für Fliehkräfte verantwortlich, wird man fragen müssen, warum dann nicht auch konstante Geschwindigkeiten dem Universum gegenüber Experimente in geschlossenen Räumen beeinflussen. Symmetrisch gegenüber Verschiebungen der Zeit ist das Universum laut Urknallmodell selbstverständlich nicht. Es besitzt auch keine Symmetrie gegenüber einem Wechsel von einer konstanten Geschwindigkeit zu einer anderen: Dass sich ein Beobachter gegenüber der Hintergrundstrahlung mit konstanter Geschwindigkeit bewegt, kann er bereits dadurch erkennen, dass deren Temperatur von der Richtung, aus der sie bei ihm ankommt, abhängt: Von vorne, aus der Bewegungsrichtung empfangen, ist sie aufgrund des Doppler-Effektes wärmer als von hinten. Und die Galaxien sind aufgrund der Längenkontraktion der Speziellen Relativitätstheorie für den bewegten Beobachter nicht isotrop verteilt. Seltsam also, dass ein geschlossenes Gehäuse einen Beobachter von allen Einflüssen einer Bewegung mit konstanter Geschwindigkeit abschirmt, nicht aber von denen einer beschleunigten Bewegung, einer Drehung seines Gehäuses zum Beispiel.

Ob das Universum von uns aus gesehen isotrop, also im Mittel drehsymmetrisch ist, können wir durch direkte Beobachtungen überprüfen. Von einem fundamentalen Beobachter am Ort der Erde unterscheiden wir uns durch zumindest vier Eigenbewegungen: die Drehung der Erde um ihre Achse, ihre Bewegung um die Sonne, die des Sonnensystems innerhalb der Milchstraße und schließlich die der Milchstraße in ihrem Galaxienhaufen. Berücksichtigt man diese Bewegungen, ist die bei uns ankommende Hintergrundstrahlung in der Tat isotrop. Auch die Verteilung der Galaxien ist von uns aus gesehen im Mittel von der Blickrichtung unabhängig. Ob das Universum hingegen homogen, also überall zu derselben kosmischen Zeit t im Mittel dasselbe ist, entzieht sich der direkten Beobachtung. Denn die Informationen, die uns zur kosmischen Zeit t aus fernen Regionen erreichen, stellen die Verhältnisse dort zu kosmischen Zeiten dar, die um so früher sind, je weiter die Regionen von uns entfernt sind. Wir brauchen also Modellannahmen oder Prinzipien, die auf eine insgesamt experimentell überprüfbare Theorie führen, um die Einflüsse sowohl der räumlichen Struktur des Universums als auch seiner zeitlichen Entwicklung auf unsere Beobachtungen zu entwirren. Das Kosmologische Prinzip mit seiner Annahme der Homogenität führt, wie bereits gesagt und wie in den folgenden Abschnitten näher zu beschreiben ist, auf experimentell überprüfbare Aussagen, die sich bisher bestens bewährt haben. Zusammen mit der Isotropie des Universums *von uns aus gesehen* führt die angenommene Homogenität darauf, dass nach Mittelung über hinreichend große Gebiete alle Orte im Universum zu derselben kosmischen Zeit gleichberechtigt und ununterscheidbar sind: Jeder einzelne Platz, auch unserer, ist typisch. Denn die Isotropie um *einen* Punkt führt zusammen mit der Homogenität auf Isotropie um *jeden*. Das kann sich der Leser leicht überlegen. Dass unsere Position im Universum nicht vor anderen ausgezeichnet ist, besagt bereits das nach dem polnischen Astronomen Nikolaus Kopernikus (1473–1543) benannte Kopernikanische Prinzip. Ohne ein Prinzip wären selbstverständlich unsere Beobachtungen für das Universum als Ganzes irrelevant. Mit dem Kosmologischen Prinzip können sie helfen, die richtigen Lösungen der Gleichungen der Allgemeinen Relativitätstheorie für das Universum, wenn es denn homogen und isotrop ist, festzulegen.

Als paradox mag erscheinen, dass die Fluchtgeschwindigkeiten der Galaxien zu dem Abstand *von uns* proportional sind. Denn statt

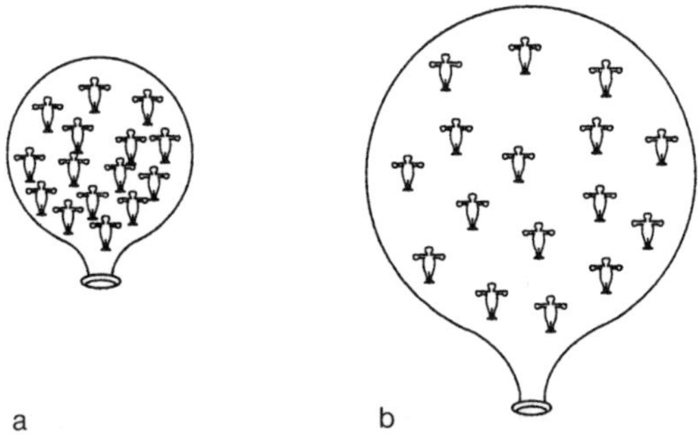

Abbildung 4.6: Das expandierende dreidimensionale Universum als zweidimensionale Oberfläche eines Ballons, der aufgeblasen wird mit aufgeklebten Galaxienhaufen (a)). Bei der Expansion um den Faktor $R(t)/R(t_0)$ zwischen den Zeiten t_0 und t wird ihr Abstand um denselben Faktor größer (b)). Denn der Raum – die Oberfläche des Ballons – wächst, wenn er aufgeblasen wird. Die Galaxienhaufen selbst, die durch die Schwerkraft zusammengehalten werden, nehmen an der Expansion nur unmerklich teil.

für Homogenität spricht dies doch wohl dafür, dass wir einen ausgezeichneten Platz im Universum einnehmen. Das ist aber nicht so. Gegeben sei eine unendlich lange Gummischnur, auf der die Galaxien wie Perlen im Abstand a aufgereiht sind. Nun werde die Gummischnur gleichmäßig auseinander gezogen; der Abstand der Galaxien zur kosmischen Zeit t sei $a(t)$. Diese Anordnung zeichnet keine der Galaxien vor einer anderen aus; die Anordnung ist, wenn man nur auf große Abstände sieht, homogen. In einem eindimensionalen Modell nummerieren wir die Galaxien auf der einen Seite der Milchstraße mit positiven, die auf der anderen mit negativen ganzen Zahlen durch; die Milchstraße selbst bekommt die Nummer null. Dann ist der Abstand der n-ten Galaxie von der Milchstraße $a_n(t) = n \cdot a(t)$, sodass ihre Fluchtgeschwindigkeit $\dot{a}(t) = n \cdot \dot{a}(t) = a_n(t) \cdot [\dot{a}(t)/a(t)]$ zur Entfernung $a_n(t)$ proportional ist. Hätten wir einer anderen Galaxie die Nummer null gegeben, hätten wir dasselbe Ergebnis erhalten: Von jeder Galaxie entfernen sich alle anderen mit einer Geschwindigkeit, die zu ihrer Entfernung proportional ist. Und auch die von n unabhängige, bei mit veränderlicher Geschwindigkeit expandierendem Universum aber von der Zeit abhängige Proportionalitäts»konstante« ist für alle Galaxien zu derselben kosmischen Zeit t dieselbe: $\dot{a}(t)/a(t)$. Die Abb. 4.6 weiter unten dehnt diese Betrachtungen auf zwei Dimensionen aus.

Ein interessantes, aber unrealistisches Modell des Universums, das dem Kosmologischen Prinzip nicht genügt, ist das von dem schwedischen Astronomen Karl Wilhelm Ludwig Charlier (1862–1934) stammende »fraktale« Modell. In ihm bilden Galaxien Cluster, diese Supercluster, die wieder Super-Supercluster, und so weiter, ohne Ende. Ersonnen hat Charlier dieses Modell, in dem die Abstände zwischen den einzelnen Systemen mit wachsender Ordnung immer größer werden, um die in einem statischen Universum unverständliche Beobachtung zu erklären, dass der Himmel nachts dunkel wird (Olberssches Paradox). Das Charlier-Universum genügt dem Kosmologischen Prinzip bereits deshalb nicht, weil kein Volumen groß genug ist, um für das Ganze typisch zu sein.

Homogene und isotrope Räume

Die drei möglichen Werte -1, 0 und 1 des bereits eingeführten Parameters k eines Universums stehen für das Vorzeichen seiner Krümmung. Bevor ich hierauf eingehe, sei die homogene und isotrope Metrik angeschrieben, die in der Allgemeinen Relativitätstheorie an die Stelle der quasieuklidischen der Speziellen tritt, nämlich

$$ds^2 = c^2 dt^2 - R(t)^2 \left(\frac{dr^2}{1 - kr^2} + r^2 (d\Theta^2 + \sin^2 \Phi d\Phi^2) \right), \quad (4.14)$$

die Robertson-Walker- (RW-)Metrik. Hier steht ds^2 für den bereits eingeführten raum-zeitlichen Abstand zweier Ereignisse zu infinitesimal benachbarten Zeiten t und $t + dt$ sowie an Orten r, Θ, Φ und $r + dr$, $\Theta + d\Theta$, $\Phi + d\Phi$, die durch Kugelkoordinaten beschrieben werden. Die Forderungen nach räumlicher Homogenität und Isotropie lassen also genau zwei Größen unbestimmt – den Zahlenwert von k und die Funktion $R(t)$, zu der die oben eingeführte Abstandsfunktion $a(t)$ proportional ist. Diese müssen (und können) durch Eigenschaften des beobachteten Universums sowie die Einsteinschen Gleichungen festgelegt werden. Selbstverständlich nur unter der Annahme, die in die vorausgesetzte Homogenität eingeht, *dass* das beobachtbare Universum für das ganze repräsentativ ist. Für $k = 0$ und $R(t) = 1$ geht die RM-Metrik in die quasieuklidische Metrik der Gl. (4.13) über. Das kann die Leserin mit Hilfe von $x = r \cos \Phi \sin \Theta$, $y = r \sin \Phi \sin \Theta$ und $z = r \cos \Theta$ leicht nachrechnen. Die offensichtliche Drehsymmetrie der Metrik spiegelt die vorausgesetzte Isotropie des Universums wider. Für vorgegebenes $R(t)$ hängt der Abstand ds zweier Punkte mit $d\Theta = d\Phi = 0$ und festem dr zu derselben Zeit, also bei $dt = 0$, nur von r ab. Und zwar so, dass er bei $k = -1$ mit nach unendlich wachsendem r zu null wird. Dass bei der Annäherung von r an seine Obergrenze $r = 1$ bei $k = 1$ der Abstand ds über alle Grenzen wächst, ist ein Artefakt der Koordinatenwahl, das keine Beachtung verdient. Versucht man nämlich die perfekt glatte Oberfläche einer Kugel in der Ebene darzustellen, treten genauso die von Weltkarten bekannten Singularitäten auf, denen keine physikalische Singularität entspricht (siehe auch die Abb. 4.8 weiter unten).

Zur Veranschaulichung der Bedeutung der RW-Metrik wählen wir das übliche zweidimensionale Modell eines expandierenden Universums mit positiver Krümmung. In ihm steht die Oberfläche eines Ballons, der aufgeblasen, oder aus dem Luft abgelassen wird, für den dreidimensionalen »gewöhnlichen« Raum. Galaxienhaufen stellt das Modell durch Metallplättchen (hier mit Beobachtern!) dar (Abb. 4.6), die auf die Oberfläche aufgeklebt sind, und deren Durchmesser an der Expansion *nicht* teilnehmen. Weil unser Thema der Leere Raum ist, wollen wir die Galaxienhaufen als Probekörper auffassen, auf die der Raum wirkt, deren Rückwirkung auf ihn aber vernachlässigt werden kann.

Dass die Krümmung des durch die Kugeloberfläche dargestellten Raumes positiv, dieser also endlich (wenn auch unbegrenzt) ist, bedeutet $k = 1$ für die ihm zugeordnete RW-Metrik: Die Koordinate r kann nicht größer werden als zweidimensional der Umfang des Raumes. Die Metrik setzt voraus, dass jeder Punkt auf der Ballonoberfläche zeitliche und räumliche Koordinaten besitzt. Wir dürfen uns vorstellen, dass alle Galaxienhaufen – alle Metallplättchen – mit derselben Uhr ausgestattet sind, und dass deren Anzeigen als Zeiten t am Ort der Galaxienhaufen interpretiert werden. Damit nun für alle Beobachter in ihren Galaxienhaufen dieselbe RW-Metrik gelte, müssen sie die Anzeigen ihrer Uhren synchronisieren; so nämlich, *dass* für sie alle dieselbe Metrik gilt. Die *Möglichkeit* derselben Metrik für alle derartigen Beobachter wird bereits durch die Gültigkeit der RW-Metrik für einen von ihnen garantiert. Die Metrik selbst folgt, wie erwähnt, für einen Beobachter aus der angenommenen Homogenität des Universums und der von ihm beobachteten Isotropie (zusammen mit immer möglichen Konventionen). Analog zu dem Raum mit $k = 1$ durch die Kugeloberfläche, können Räume mit $k = 0$ und $k = -1$ durch Reduktion auf zwei Dimensionen durch die Ebene ($k = 0$) und einen Sattel ($k = -1$) dargestellt werden (Abb. 4.7). Mit nur wenigen Abwandlungen gilt für deren Expansion dasselbe wie für die der Kugeloberfläche.

Die Expansion des Universums

Jedenfalls ändern sich beim Aufblasen des kosmischen Ballons nicht nur die Orte der aufgeklebten Galaxienhaufen, sondern auch die in die Ballonoberfläche einzuzeichnenden Koordinatenlinien. Beides wirkt zusammen so, dass die Galaxienhaufen ihre auf die Li-

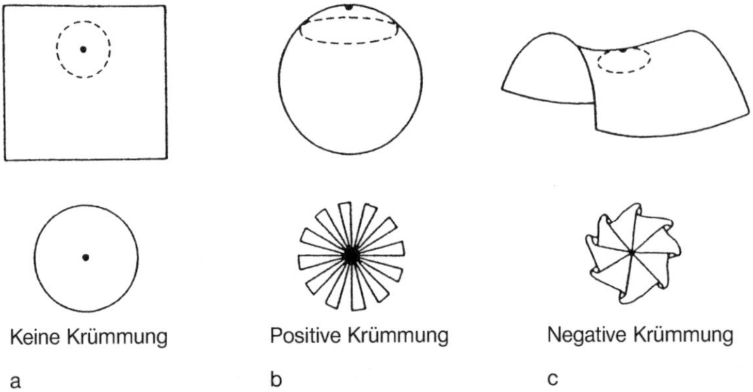

Abbildung 4.7: Veranschaulichung der Räume mit a) $k = 0$, b) $k = 1$ und c) $k = -1$ durch zweidimensionale, in den dreidimensionalen Raum der Anschauung eingebettete Flächen. Während die Ebene (a)) und die Kugeloberfläche (b)) in jedem Punkt ihre konstante Krümmung $k = 0$ bzw. $k = 1$ besitzen, kann ein Raum mit negativer konstanter Krümmung $k = -1$ *nicht* in den dreidimensionalen Euklidischen Raum eingebettet werden: Der Sattel (c)) besitzt nur in dem eingezeichneten Punkt die durch $k = -1$ gekennzeichnete negative Krümmung. Das Verhältnis von Umfang zu Durchmesser eines Kreises in der Ebene ist die Kreiszahl $\pi = 3{,}14\ldots$. Die zweite Zeile der Abbildung zeigt, dass dieses Verhältnis in einem Raum mit positiver Krümmung (b)) kleiner, in einem Raum mit negativer Krümmung (c)) größer ist als π. Daher können die Bewohner eines Raumes durch Messung dieses Verhältnisses *in* ihm herausfinden, wie gekrümmt er ist. Quantitatives zu Krümmung und Umfang folgt weiter unten.

nien bezogenen Koordinaten beibehalten. Als Probekörper schwimmen sie mit dem durch k und $R(t)$ gekennzeichneten kosmischen Strom mit. Ihre Bahnen in Raum und Zeit sind, anders gesagt, Linien freier Bewegung – Geodäten – in dem sich gemäß den Einsteinschen Gleichungen – von ihnen sogleich – entwickelndem Raum. (Genauso ist es bei den durch $k = 0$ und $k = -1$ gekennzeichneten Räumen mit verschwindender und negativer Krümmung.) Weil aber die RW-Metrik die unsymmetrischen Details des Kosmos, zum Beispiel die Einflussnahme der einzelnen Galaxienhaufen auf die Krümmung des Raumes in ihrer Umgebung, nicht berücksichtigt, kann nicht erwartet werden, dass das Schwimmen mit dem kosmischen Strom die einzige Bewegung der Galaxienhaufen ist. Dies könnte nur eine wundersame Konspiration, die es tatsächlich nicht gibt, bewirken.

Folglich bewegen sich die einzelnen Galaxienhaufen nicht genau so, wie es der kosmische Strom will, aber sie tun es zusammengenommen, im Mittel. Dies ist die zuerst 1929 von Hubble beobachtete »Flucht der Galaxien«, die wir heute als ein Indiz für die Expansion des Raumes selbst – statt einfach einer Bewegung in ihm – interpretieren.

Die für uns nach dem Gesagten wichtigste Konsequenz der RW-Metrik ist die »Skalare Krümmung«

$$^3K(t) = k \cdot R(t)^{-2}$$

des dreidimensionalen – sozusagen – räumlichen Raumes. Sie zeigt erstens, dass »unser« Raum für $k = 0$ flach, d. h. mit $^3K(t) \equiv 0$ euklidisch, ist. Zweitens, dass auch ein Raum mit $k \neq 0$ für hinreichend große R aufgrund seiner Krümmung lokal von einem flachen Raum mit $k = 0$ nicht unterschieden werden kann. Bei einer hinreichend großen Expansion eines beliebig vorgegebenen Raumes entsteht, eben durch die Expansion, ein effektiv flacher Raum. Drittens sei bemerkt, dass auch ein flacher Raum sich zusammenziehen oder expandieren kann. Ist der Skalenparameter $R(t)$ nicht zeitlich konstant, ändern die Galaxienhaufen als Probekörper im Raum ihre Abstände unabhängig von dem Wert von k dem Faktor R entsprechend. Wächst oder schrumpft R um einen Faktor, dann ändern sich mit R die Abstände der Galaxienhaufen um denselben Faktor – gemessen zum Beispiel an den Radien der Atome oder den Durchmessern der Galaxienhaufen selbst, auf die sich die Änderung von R nicht auswirkt. Bereits die Galaxienhaufen zusammenhaltende Schwerkraft überwiegt die von der »normalen« Expansion ausgehenden Kräfte bei weitem. Von der neuerdings für möglich gehaltene Expansionskraft, die sogar Atomkerne soll auseinanderreißen können, sehen wir ab.

Räume mit verschiedenen Werten von k und/oder verschiedenen Funktionen $R(t)$ sind verschieden, und das bedeutet, dass der Raum kein eigenschaftsloses Nichts ist, sondern dass es zu seiner Charakterisierung zumindest eines Vorzeichen -1, 0 oder 1 sowie zur gegenwärtigen Zeit t_0 der positiven Zahl $R(t_0)$ bedarf. Weil das dem Raum der Allgemeinen Relativitätstheorie zukommende $R(t)$ von der Zeit t abhängt, besitzt dieser außerdem ein Schicksal.

Dic ahnungsvolle Leserin wird sich gefragt haben, ob k und $R(t)$ unabhängig voneinander und von allem anderen tatsächlich so frei gewählt werden können, wie es bisher schien. Nein, das können sie nicht. Es sind die Einsteinschen Gleichungen der Allgemeinen Relativitätstheorie von 1916, die Verbindungen zwischen k, $R(t)$, den Inhalten des Universums und Einsteins Kosmologischer Konstante Λ herstellen, auf die bald einzugehen sein wird, und die möglicherweise im künftigen Universum eine alles andere überragende Hauptrolle spielen wird.

Die Einsteinschen Gleichungen und einige ihrer Konsequenzen

Die Einsteinschen Gleichungen können als

$$G_{\mu\nu} + \Lambda g_{\mu\nu} = -\frac{8\pi G}{c^4} T_{\mu\nu} \tag{4.15}$$

geschrieben werden, worin die Indizes von 0 bis 3 laufen. Hier steht $g_{\mu\nu}$ für die 16 Koeffizienten der infinitesimalen Koordinatendifferenzen $dx^\mu dx^\nu$ des Linienelementes

$$ds^2 = \sum_{\mu\nu} g_{\mu\nu} dx^\mu dx^\nu$$

der Metrik in Abhängigkeit von den jeweils gewählten Koordinaten. Statt der vier Koordinaten $x_0 = ct$ mit c der Lichtgeschwindigkeit und $\vec{r} = (x^1, x^2, x^3)$ von Zeit und Raum können auch andere gewählt werden, aber deren Anzahl ist von der Wahl unabhängig stets dieselbe. Als $g_{\mu\nu}$ der Speziellen Relativitätstheorie in Gl. (4.13)haben wir die Diagonalmatrix mit den Elementen $(1, -1, -1, -1)$ gewählt; sie kann der Leser von dem $dx^0 = cdt$ und $d\vec{r}$ zugeordneten ds^2 ablesen. Das $g_{\mu\nu}$ der RW-Metrik Gl. (4.14) enthält den Zahlenwert von k sowie die Funktion $R(t)$ als Größen, die beide ohne Einfluss auf die an die Metrik gestellten Forderungen der Isotropie und Homogenität sein können, wie sie wollen. Aber sie müssen den Einsteinschen Gleichungen genügen, und diese enthalten die Funktionen $g_{\mu\nu}$ nicht nur direkt, sondern zudem in Gestalt von $G_{\mu\nu}$ als deren partielle Ableitungen nach den jeweils gewählten Koordinaten. Das Λ der Gleichung ist einfach eine Zahl mit der Dimension des Quadrats einer Fläche – die Kosmologische Konstante die Einstein eingeführt hat, um in Übereinstimmung mit seinen Gleichungen einen zeitlich konstanten Kosmos haben zu können, an den er, mit wohl damals allen, glaubte.

Die Konstante G ist die Gravitationskonstante, und die symmetrische Matrix $T_{\mu\nu}$ mit ihren – wie der Leser sich leicht überlegen kann – zehn unabhängigen Komponenten steht bei der Koordinatenwahl der Gl. (4.13) für die Dichten und Flüsse von »manifester« Energie (Dichte $T_{00} = \rho_M \cdot c^2$, Flussdichte T_{0m}), Impuls (Dichte T_{0m}, Flussdichte T_{mn}) und Druck $p_M = \frac{1}{3}\sum_m T_{mm}$ im Universum, wobei die Indizes m und n die Werte 1 bis 3 annehmen. Aus der Literatur (z. B. [70] und [43]) kann die Leserin entnehmen, genau welche partiellen Ableitungen von $g_{\mu\nu}$ die Komponenten von $G_{\mu\nu}$ ergeben. Schlussendlich führen die Einsteinschen Gleichungen bei aus Symmetriegründen vorgegebener RW-Metrik auf Zusammenhänge von Λ, k und $R(t)$ mit den Komponenten von $T_{\mu\nu}$, das heißt, mit dem materiellen Inhalt des Universums. Der Tensor $T_{\mu\nu}$ eines Universums, das weder eine Richtung noch einen Ort auszeichnet, verschwindet bei der Koordinatenwahl x_0, x, y, z für $\mu \neq \nu$, und es gilt $T_{11} = T_{22} = T_{33} \equiv p_M$, worin p_M nur von der Zeit t abhängt. Dasselbe gilt für die der Materiedichte ρ_M zugeordnete Energiedichte $T_{00} = \rho_M c^2$.

Einstein wollte seinen Λ-Term geometrisch interpretieren und hat ihn deshalb auf die nur von der Metrik abhängende linke, wie er sie genannt hat, »goldene«Seite seiner Gleichung geschrieben. Nach heutiger Auffassung gehört der Term eher auf die rechte, »steinerne«, Seite der Gleichung, die nur vom Inhalt des Universums abhängt. Selbstverständlich – von der Schreibweise einer Gleichung sind ihre Konsequenzen unabhängig, aber der Seitenwechsel zusammen mit zwei offensichtlichen Neudefinitionen

$$G_{\mu\nu} = -\frac{8\pi G}{c^4}[T^M_{\mu\nu} + T^\Lambda_{\mu\nu}] \qquad (4.16)$$

verdeutlicht sehr schön den Wandel der Auffassung: Die gesamte Energie-Impuls-Dichte des Universums entstammt sowohl der Materie in der Form von $T^M_{\mu\nu}$ als auch einer Vakuumenergie Λ in der Form $T^\Lambda_{\mu\nu}$, worin $g_{\mu\nu}$ für die bei der Wahl der Koordinaten der Speziellen Relativitätstheorie Lorentz-invariante Diagonalmatrix $(1, -1, -1, -1)$ steht. Da der Leere Raum für alle Beobachter nicht nur von ihrer Blickrichtung, sondern auch von ihrer Geschwindigkeit unabhängig ist, müssen dessen Beiträge zur Dichte von Energie und Impuls Lorentz-invariant sein. Für die Dichten von Energie u_Λ und Impuls p_Λ des Leeren Raumes muss also $u_\Lambda = -p_\Lambda$ gelten.

Die Entwicklung des Universums wird ohne Einschränkung durch die Einsteinschen Gleichungen beschrieben. Ist dieses homogen und isotrop, nehmen diese vermöge der RW-Metrik die Form

$$\left(\frac{\dot{R}(t)}{R(t)}\right)^2 + \frac{kc^2}{R(t)^2} = \frac{\Lambda c^2}{3} + \frac{8\pi G}{3}\rho_M(t) \qquad (4.17)$$

zusammen mit

$$-2\frac{\ddot{R}(t)}{R(t)} - (\frac{\dot{R}(t)}{R(t)})^2 - \frac{kc^2}{R(t)^2} = -\Lambda c^2 + \frac{8\pi G}{c^2}p_M(t). \qquad (4.18)$$

an. Wahl der Gegenwart $t = t_0$ als Zeit in der ersten Gleichung ergibt mit den Definitionen von H_0 und $\rho_{kritisch}$ in Gl. (4.5) und Gl. (4.4)

$${H_0}^2 + \frac{kc^2}{R(t_0)^2} = \frac{\Lambda c^2}{3} + {H_0}^2\frac{\rho_M(t_0)}{\rho_{kritisch}}, \qquad (4.19)$$

sodass für $\Lambda = 0$ die Übereinstimmung $\rho(t_0) = \rho_{kritisch}$ der gegenwärtigen mit der kritischen Dichte zu $k = 0$ äquivalent ist.

In den durch die RW-Metrik vereinfachten Einsteinschen Gleichungen wirkt ein nicht verschwindendes Λ offensichtlich genauso wie eine zusätzliche Materiedichte

$$\rho_\Lambda = \frac{\Lambda c^2}{8\pi G} \qquad (4.20)$$

zusammen mit einem zusätzlichen Druck

$$p_\Lambda = \frac{-\Lambda c^4}{8\pi G}. \qquad (4.21)$$

Für die zugehörige zusätzliche Energiedichte $u_\Lambda = \rho_\Lambda c^2$ gilt demnach

$$u_\Lambda = -p_\Lambda. \qquad (4.22)$$

Dies haben wir bereits aus der Lorentz-Invarianz der Beiträge des Leeren Raumes zu den Dichten von Energie und Impuls abgeleitet. Mit den obigen Definitionen von ρ_Λ und p_Λ entsteht aus den Einsteinschen Gleichungen (Gl. (4.17)) und (Gl. (4.18)):

$$\left(\frac{\dot{R}(t)}{R(t)}\right)^2 + \frac{kc^2}{R(t)^2} = \frac{8\pi G}{3}\cdot\rho(t) \qquad (4.23)$$

und

$$2\frac{\ddot{R}(t)}{R(t)} + \frac{\dot{R}(t)^2 + kc^2}{R(r)^2} = -\frac{8\pi G}{c^2} \cdot p(t), \tag{4.24}$$

worin $\rho = \rho_M + \rho_\Lambda$ und $p = p_M + p_\Lambda$ definiert wurde. Bemerkt sei, dass wegen Gl. (4.23) ein flaches Universum, also $k = 0$, nur mit $\rho \geq 0$ verträglich ist. Wahl der Gegenwart $t = t_0$ in Gl. (4.23) zusammen mit den Definitionen von H_0 und $\rho_{kritisch}$ in Gl. (4.5) und Gl. (4.4) liefert:

$$1 + \frac{kc^2}{H_0^2} = \frac{\rho(t_0)}{\rho_{kritisch}}. \tag{4.25}$$

Wir sehen also, dass der Raum unabhängig von allem anderen genau dann flach ist (i. e. $k = 0$), wenn die *gesamte* gegenwärtige Energiedichte mit der kritischen übereinstimmt (i. e. $\rho(t_0) = \rho_{kritisch}$). Subtraktion der Gl. (4.24) und Gl. (4.25) voneinander liefert

$$\frac{\ddot{R}(t)}{R(t)} = -\frac{4\pi G}{3c^2}[\rho(t) \cdot c^2 + 3 \cdot p(t)] \tag{4.26}$$

als weiteres signifikantes Ergebnis: Das Universum expandiert zur kosmischen Zeit t genau dann verzögert, wenn die naturgemäß positive gesamte Energiedichte $\rho \cdot c^2$ zu dieser Zeit größer ist als $-3p$. Beschleunigte Expansion zur Zeit t ist also gleichbedeutend mit $\rho \cdot c^2 < -3p$ zu dieser Zeit. Von Gl. (4.22) lesen wir ab, dass das Universum mit $\rho(t) \cdot c^2 + 3p(t) = -2\rho(t) \cdot c^2$ in Perioden beschleunigt expandiert, in denen eine zu Λ analoge Vakuumenergiedichte über alle anderen Energiedichten und zugehörigen Drücke dominiert. Natürlich – Einsteins Λ ist zeitlich und räumlich konstant, sodass Dunkle Energien, die vom Ort und/oder von der Zeit abhängen, vom Standpunkt der Allgemeinen Relativitätstheorie aus gesehen *keine* Vakuumenergien sind. Sie wirken aber wie diese in Perioden, in denen sie sich hinreichend langsam verändern.

Wann immer zu $T_{\mu\nu}$ ein zu $g_{\mu\nu}$ proportionaler Term hinzutritt, wirkt dieser wie eine Kosmologische Konstante. Für unser Thema besonders interessant sind Fälle, in denen die zu Λ proportionalen Vakuumterme in den Einsteinschen Gleichungen sowohl den k-Term, als auch die zu ρ und p proportionalen Terme zumindest für eine gewisse Zeit dominieren. Effektiv trägt zu der gesamten Energie- und Impulsdichte dann nur der Λ-Term bei, und dieser Beitrag ist $\frac{\Lambda c^4}{8\pi G}$ zu T_{00} und $\frac{-\Lambda c^4}{8\pi G}$ zu den diagonalen räumlichen Komponenten $T_{11} = T_{22} = T_{33}$, ist also durch $-pg_{\mu\nu}$ gegeben. Hierin steht p für

$\frac{-\Lambda c^4}{8\pi G}$ und $g_{\mu\nu}$ für die bereits angegebene Diagonalmatrix mit den Elementen $(1, -1, -1, -1)$.

Dies ist ein durchaus vernünftiges Ergebnis, weil wir durch Vernachlässigung aller Materie- und zu k proportionalen Krümmungskomponenten zum Leeren Raum der Speziellen Relativitätstheorie kommen. Dessen Metrik wird durch die Forderung nach Lorentz-Invarianz festgelegt – die Forderung also, dass kein Beobachter feststellen kann, wo er sich befindet, in welche Richtung er blickt und wie schnell er sich mit konstanter Geschwindigkeit bewegt. Die Beobachtung der aktuellen Zeit kann aber nicht ausgeschlossen werden. Denn vermöge der Einsteinschen Gleichungen besitzt ein Universum mit von null verschiedener Kosmologischer Konstante eine nicht-triviale zeitliche Entwicklung. Die Vakuumbeiträge selbst sind aber zeitlich konstant, und das hat eine wichtige Konsequenz für ein Universum, das sein (räumliches) Volumen durch eine Entwicklung ändert, die allein auf seiner Kosmologischen Konstante beruht: Die durch Λ beschriebene Vakuumenergie*dichte* bleibt dieselbe, sodass die gesamte, im Vakuum verborgene Energie sich proportional zum Volumen des Universums ändert. Der »neu entstehende Raum« sagt man im Falle eines aufgrund seiner Vakuumenergie Λ expandierenden Universums gerne salopp »besitzt dieselbe Vakuumenergiedichte wie der Raum, von dem er abstammt«. Geht dann durch einen Prozess, der nicht durch die Einsteinschen Gleichungen beschrieben werden kann, die im Vakuum verborgene Energie in manifeste Energie über, übernehmen die Einsteinschen Gleichungen mit einem entsprechend veränderten $T_{\mu\nu}$ das Regime, und das Universum schwenkt auf eine von diesem $T_{\mu\nu}$ bestimmte Entwicklung ein. In ihm ist aufgrund der Einsteinschen Gleichungen statt der Energiedichte die Gesamtenergie zeitlich konstant.

Dominiert durch Kosmologische Terme wurde die Entwicklung des Universums nach heutigem Verständnis bisher nur in seiner Frühgeschichte. Hier die Konsequenzen: Für $k = 0$ und mit Ausnahme der zu $g_{\mu\nu}$ proportionalen Vakuumbeiträge zu $T_{\mu\nu}$, die in die Λ-Terme aufgenommen wurden, gilt $T_{\mu\nu} = 0$, und dadurch gehen die beiden durch die RW-Metrik vereinfachten Einsteinschen Gleichungen in

$$\left(\frac{\dot{R}(t)}{R(t)}\right)^2 = \frac{\Lambda c^2}{3} \tag{4.27}$$

sowie

$$2\frac{\ddot{R}(t)}{R(t)} + \left(\frac{\dot{R}(t)}{R(t)}\right)^2 = \Lambda c^2 \quad (4.28)$$

über. Für $\Lambda \geq 0$ – dies scheint für alle Epochen der Vergangenheit und Zukunft zu gelten; die Näherungen, die zu Gl. (4.27) geführt haben, lassen jedenfalls nichts anderes zu – werden beide Gleichungen durch

$$R(t) = R(0)e^{t\sqrt{\Lambda c^2/3}} \quad (4.29)$$

gelöst, also durch ein exponentiell expandierendes Universum. Differenzieren zeigt, dass $\frac{\dot{R}(t)}{R(t)}$ und $\frac{\ddot{R}(t)}{R(t)}$ von t nicht abhängen, sodass der Term $\frac{kc^2}{R(t)^2}$ in den Gl. (4.17) und Gl. (4.18) auch bei $k \neq 0$ verglichen mit den anderen Termen beim Einsetzen für große $R(t)$ vernachlässigbar klein wird. Folglich ist die Lösung $R(t)$ der Gleichungen für $k = 0$ eine Näherungslösung der exakten Gleichungen für große t.

Solange keine anderen physikalischen Prozesse eingreifen, expandiert ein Universum mit $\Lambda > 0$ also äußerst rasch und vermehrt dabei seine Vakuumenergie proportional zu seinem Volumen: Statt der Vakuumenergie, ist in einem solchen Universum deren Dichte konstant. Die manifeste Energie hingegen, welche die Expansion hemmt, bleibt bei der Expansion konstant und dünnt mehr und mehr aus. Folglich wird ein Universum mit einer positiven Vakuumenergie, die nicht in andere Energieformen umgewandelt wird, für immer, und immer rascher, expandieren. Wenn nun aber das Universum von einem Zustand mit großer Vakuumenergie zu einem mit geringer übergeht, wird, wie bereits gesagt, die bis dahin im Vakuum verborgene Energie zu manifester Energie – zum Beispiel zu Massenenergie neu erzeugter Teilchen oder zu kinetischer Energie bereits vorhandener, bewirkt dann also eine Aufheizung des Universums.

Der Parameter w

Das Tortendiagramm der Abb. 4.5 unterscheidet zwischen vier Beiträgen zur gegenwärtigen Energiedichte des Universums, denen vier Drücke zuzuordnen sind, die – wie auch die Energiedichten – Funktionen der kosmischen Zeit t sein können und dies im Allgemeinen auch sind. Da in die Gl. (4.23) und Gl. (4.24) der Allgemeinen Relativitätstheorie nur die Summen $\rho(t)$ und $p(t)$ der Beiträge eingehen, reichen für die Anwendung der Gleichungen Modelle für den Inhalt des Universums aus, die geeignet sind, die Summen festzulegen. Charakteristisch für einen vorgegebenen Inhalt des Universums ist die Zustandsgleichung, die einen Zusammenhang zwischen dessen Parametern wie Druck, Energiedichte, Volumen und/oder Temperatur herstellt. Beispielsweise haben wir uns überlegt, dass die Energiedichte elektromagnetischer Strahlung bei einer Expansion des Universums um den Faktor f zu f^{-4} proportional ist. Dominiert also die Energiedichte der Strahlung über alle anderen Energiedichten, wie es nach dem Modell des heißen Urknalls in der »strahlungsdominierten« Frühzeit des Universums gewesen sein soll, kennen wir den Zusammenhang von Energiedichte und Radius des Universums, den wir verallgemeinernd als »Zustandsgleichung der Strahlung« bezeichnen. Ist das Universum hingegen »materiedominiert« in dem Sinn, dass Protonen und Neutronen Träger nahezu aller Energie des Universums sind, ist die Energiedichte des Universums offenbar zum Kehrwert der dritten Potenz der Abmessungen des Universums proportional.

Wenn die Energie des Vakuums in Form einer Kosmologischen Konstante Λ dominiert, sind als Zustandsgleichungen des Inhaltes des Universums Energiedichte und Druck sowohl konstant, als auch entgegengesetzt-gleich, sodass das bereits eingeführte Verhältnis

$$w(t) = p(t)/(\rho(t) \cdot c^2) \tag{4.30}$$

von Druck und Energiedichte in dem Fall den konstanten Wert $w = -1$ besitzt. Im Allgemeinen hängt w selbstverständlich von der Zeit ab, aber Modelle, welche das Anwachsen von $R(t)$ auf das zeitweise Verharren des Universums in einem »falschen« Vakuumzustand zurückführen, führen auf ein w, das sich in der Epoche des Verharrens nur wenig ändert. Versuche, die beschleunigte Expansion des Universums zu verstehen, gehen von Inhalten des Universums aus, die zumindest zeitweise durch ein konstantes w beschrieben werden können. Aber auch ein strahlungsdominiertes Universum sowie ein materiedominiertes besitzen ein konstantes w, nämlich $w = 1/3$ und $w = 0$ in dieser Reihenfolge.

Um aus den Einsteinschen Gleichungen Gl. (4.23) und Gl. (4.24) einen Zusammenhang zu gewinnen, der die eventuelle zeitliche Konstanz von w auszunützen gestattet, multiplizieren wir Gl. (4.23) mit

$R(t)^2$ und differenzieren das Ergebnis nach t. So entsteht:

$$2\dot{R}(t)\ddot{R}(t) = \frac{8\pi G}{3}\dot{\rho}(t)R(t)^2 + 2\frac{8\pi G}{3}\rho(t)R(t)\dot{R}(t). \qquad (4.31)$$

Einsetzen von $\ddot{R}(t)$ aus Gl. (4.26) liefert nach einer kleinen Nebenrechnung:

$$3\dot{R}(t)[\rho(t) \cdot c^2 + p(t)] + R(t)\dot{\rho}(t) \cdot c^2 = 0. \qquad (4.32)$$

Wir benutzen Gl. (4.30), um $p(t)$ zugunsten von w aus dieser Gleichung zu eliminieren und erhalten

$$\frac{\dot{\rho}(t)}{\rho(t)} + 3(1+w)\frac{\dot{R}(t)}{R(t)} = 0. \qquad (4.33)$$

Diese Gleichung kann ohne Schwierigkeit integriert werden. Da $R(t)$ selbstverständlich für alle t positiv ist, können wir sie unter der bereits eingeführten Annahme, dass w von der Zeit nicht abhängt, nämlich als

$$\frac{d}{dt}[\ln|\rho(t)| + 3(1+w)\ln R] = 0 \qquad (4.34)$$

schreiben, und erhalten

$$\ln|\rho(t)| + 3(1+w)\ln R(t) = \gamma \qquad (4.35)$$

als ihr Integral mit γ einer beliebig wählbaren Integrationskonstanten. Die Gleichung gilt sowohl für positive als auch für negative $\rho(t)$. Im ersten Fall ergibt sie

$$\rho(t) = e^{\gamma} \cdot R^{-3(1+w)} \qquad (4.36)$$

und im zweiten

$$\rho(t) = -e^{\gamma} \cdot R^{-3(1+w)}. \qquad (4.37)$$

Den zweiten Fall verfolgen wir nicht weiter, da im Zusammenhang mit der Abb. 4.4 diskutierte Experimente zeigen, dass der Raum flach und somit $k = 0$ ist. Wie bereits bemerkt, gilt unter dieser Voraussetzung $\rho(t) \geq 0$ wegen Gl. (4.23) für alle t. Wir ziehen die Wurzel aus dieser Gleichung und erhalten

$$\frac{\dot{R}(t)}{R(t)} = \pm(8\pi G/3)^{1/2}\rho(t)^{1/2}, \qquad (4.38)$$

worin, weiß man nichts weiter, beide Vorzeichen möglich sind. Einsetzen von $\rho(t)$ aus Gl. (4.36) ergibt:

$$\dot{R}(t) = \pm(8\pi G/3)^{1/2} e^{\gamma/2} R(t)^{-(1+3w)/2}. \tag{4.39}$$

Für $w = -1$ erhalten wir hieraus

$$\dot{R}(t) = \pm(8\pi G/3)^{1/2} e^{\gamma/2} R(t) \tag{4.40}$$

mit den Lösungen

$$R(t) = \alpha e^{\pm(8\pi G/3)^{1/2} e^{\gamma/2} t}, \tag{4.41}$$

worin α eine wegen $R(t) > 0$ positive Integrationskonstante ist. Die für große t exponentiell anwachsende Lösung mit dem positiven Vorzeichen entspricht der bereits aufgefundenen für den inflationären Kosmos in der Gl. (4.29). Für die andere scheint die Natur keine Verwendung zu haben.

Ist $w \neq -1$, wird die Gl. (4.39) nicht durch Exponentialfunktionen, sondern durch Potenzen von t gelöst. Der Lösungsansatz

$$R(t) = \alpha t^{\beta}, \tag{4.42}$$

in dem α notwendig positiv ist, ergibt durch Einsetzen:

$$\dot{R}(t) = \alpha\beta t^{\beta-1} = \pm(8\pi G/3)^{1/2} e^{\gamma/2} (\alpha t^{\beta})^{-(1+3w)/2}. \tag{4.43}$$

Hieraus folgt:

$$\beta = \frac{2}{3(1+w)}, \tag{4.44}$$

zusammen mit einer Formel für α, die darüber hinaus, dass sie lösbar ist, hier nicht interessiert. Gilt nun $w > -1$, so ist β positiv und Gl. (4.43) ergibt $\dot{R}(t) > 0$, sodass das Vorzeichen in Gl. (4.38) positiv ist. Wir können also schreiben:

$$R(t) = \alpha \cdot t^{\frac{2}{3(1+w)}}, \tag{4.45}$$

zusammen mit $H(t) \equiv \dot{R}(t)/R(t) = \beta/t$. Bei dieser Lösung expandiert das Universum zwar mit proportional zu $t^{\beta-1}$ zunehmender Geschwindigkeit, aber der Skalenfaktor $H(t)$ nimmt proportional zu $1/t$ ab. Weiterhin gilt $\ddot{R}(t)/R(t) = \beta(\beta-1)/t^2$.

Der Anfangszeitpunkt des jeweiligen Verhaltens kann und muss durch Anfangsbedingungen an die Lösung einbezogen werden. Ist nun aber w kleiner als -1, folgt $\beta < 0$ und $R(t)$ nimmt wie $t^{-|\beta|}$ mit wachsendem t ab, sodass $\dot{R}(t)$ negativ ist (negatives Vorzeichen in Gl. (4.38)). Die weitere Exegese der Lösungen, insbesondere ihrer $\dot{R}(t)/R(t)$ und $\frac{\ddot{R}(t)}{R(t)}$, sei dem Leser überlassen. Ändert sich w vehement, können durch die im Vakuum verborgenen Energien nicht nur Galaxien, sondern auch Atome und ihre Kerne zerrissen werden. Mangels konkreter Anhaltspunkte gehen wir hierauf nicht weiter ein.

Einstein vs. Poincaré: eine Parabel

Einmal angenommen, zwei Schiffe beginnen ihre Fahrt nebeneinander und in dieselbe Richtung – sagen wir, vom Äquator aus in Richtung Norden. Angenommen auch, ihre Ruder sind und bleiben auf »voraus« gestellt. Dann werden die Schiffe einander näher und näher kommen und schließlich – dies ist ein Gedankenexperiment! – am Nordpol zusammenstoßen.

Wie selbstverständlich, und zugleich wie sonderbar! Denn versetzen wir uns in die Gedankenwelt des Kapitäns Poincaré des einen Schiffes, der darauf besteht, dass die Erdoberfläche eine Ebene ist. Mit ihm könnten wir dieses Näherkommen uns nur dadurch erklären, dass zwischen den beiden Schiffen eine geheimnisvolle Kraft, eine Art Schwerkraft, wirkt, durch die sie einander anziehen. Oder, natürlich, wir könnten uns zu der Meinung des Kapitäns Einstein des anderen Schiffes bekehren lassen, dass es eine solche Kraft nicht gibt, sondern dass das Näherkommen auf der Geometrie der Erdoberfläche beruht –, dass diese nämlich statt flach eine Kugeloberfläche ist.

Hier also zwei Vorstellungen, von denen die eine – die Erde sei flach und es gebe eine anziehende Kraft zwischen den Schiffen – offensichtlich falsch, die andere aber – die scheinbare Anziehung beruhe auf der Kugelgestalt der Erde – offensichtlich richtig ist. Doch wie steht es um das Universum als Ganzes? Wirkt zwischen der Sonne und der Erde eine anziehende Schwerkraft der Fliehkraft entgegen und zwingt durch sie die Erde auf ihre nahezu kreisförmige Bahn? Oder gibt es weder die Schwerkraft noch die Fliehkraft, sondern statt ihrer nur gekrümmte Räume, in denen die Planeten, Galaxien und Galaxienhaufen analog zu den Schiffen im Meer ihre Bahnen ziehen, die innerhalb der jeweiligen Geometrie so gerade wie überhaupt möglich sind?

Kein Experiment kann entscheiden, welche – und ob überhaupt eine – dieser beiden dramatisch verschiedenen Vorstellungen »richtig« ist. Denn sie führen auf dieselben beobachtbaren Phänomene. Die Erde haben wir uns per Satelliten »von außen« ansehen können, und deshalb kann ihre Kugelgestalt nicht bezweifelt werden. Um sie wussten wir aber auch vorher, weil Schiffe hinter dem Horizont verschwinden, und weil die Erde nur als Kugel in ihre kosmische Umgebung eingebettet gedacht werden kann. Doch um den Kosmos insgesamt steht es anders. Ihn können wir uns nicht einmal hypothetisch »von außen« ansehen, sodass wir die ihn betreffende Fragen nur »von innen« angehen können.

Bei dieser Einschränkung steht es schlecht um eine experimentelle Unterscheidung der beiden logischen Möglichkeiten – Kraft oder Geometrie –, der uns so deutlich vor Augen steht. Nehmen wir noch einmal die Kugelgestalt der Erde, auf der sich Schiffe und Flugzeuge kräftefrei[14] dann und nur dann bewegen, wenn sie einem Großkreis wie dem Äquator oder dem Großkreis über Greenwich zum Nordpol folgen. Ins Kosmologische überhöht, wollen wir mit Albert Einstein nach Möglichkeiten fragen, Bewegungen von Massen auf krummen Bahnen nicht auf Kräfte, sondern auf Krümmungen des Raumes zurückzuführen, denen die Massen treulich folgen. Wobei sie, anders als die Schiffe im Meer, steuernde Krümmungen auch selbst produzieren.

»Die Materie befiehlt dem Raum, wie er sich krümmen, und der Raum befiehlt der Materie, wie sie sich bewegen soll« hat der amerikanische theoretische Physiker John Archibald Wheeler geschrieben. Das aber ist nicht die ganze Wahrheit. Denn die Theorie kennt mehrere Möglichkeiten, wie ein Raum ohne Materie gekrümmt sein kann. Albert Einstein konnte die Schwerkraft aus der Physik eliminieren, indem er die Geometrie gekrümmter Räume an ihrer Statt, und wie sie, wirken ließ.

Unsere Wirklichkeit besteht aus Sinneseindrücken und deren wundersamen gesetzmäßigen Zusammenhängen. Dass es solche Zusammenhänge gibt oder doch unwiderlegt zu geben scheint, und dass wir sie oder doch einige von ihnen, kennen können, ist das größte Wunder, das uns die Naturwissenschaften offenbart haben. Indem wir es anerkennen, müssen wir zugeben, dass unsere Formulierungen der Zusammenhänge – ob, in unserem Fall, durch Kräfte oder durch Geometrien – Gedankendinge sind, deren Beziehungen zur Wirklichkeit erkennbar nur in eben diesen experimentell überprüfbaren Zusammenhängen bestehen.

Es kann sowohl sein, dass wir uns zur Formulierung der gesetzmäßigen Zusammenhänge von Sinneseindrücken *keines* Bildnisses oder Gleichnisses bedienen können – so ist es in der Quantenmechanik –, als auch, dass *mehrere*, die einander widersprechen, möglich sind. Beides stellt gleichermaßen in Frage, ob es eine erkennbare Wirklichkeit gibt, die über die durch Sinneseindrücke beschreibbare und deren gesetzmäßige Zusammenhänge hinausgeht.

Die kräftefreie Bewegung der Schiffe auf der Kugeloberfläche der Erde können wir äquivalent als eine Kräften unterworfene in der Ebene dadurch beschreiben, dass wir die Kugeloberfläche K nach dem Vorbild der von Albert Einstein stammenden Abb. 4.8 auf die Ebene E projizieren. Kräfte beeinflussen Abstände, und nur ihnen wollen wir uns weiterhin widmen. Die Figur entstammt dem Festvortrag [20] »Geometrie und Erfahrung«, den Albert Einstein am 27. Januar 1921 an der Preußischen Akademie der Wissenschaften zu Berlin gehalten hat, und mit ihm wollen wir uns der Betrachtung der Zweidimension-Kugelflächengeometrie zuwenden:

> Es sei in der Figur K die Kugelfläche, E eine sie berührende Ebene, welche in der Zeichnung zur Erleichterung der Vorstellung als begrenzte Platte angedeutet ist. Es sei ferner L ein Scheibchen auf der Kugelfläche. Wir denken uns nun auf dem S diametral gegenüberliegenden Punkte N der Kugelfläche einen Lichtpunkt angebracht, der von dem Scheibchen L auf der Ebene E einen Schatten L' wirft. Zu jedem Punkt auf der Kugel gehört ein Schatten desselben auf der Ebene. Bewegt sich das Scheibchen auf der Kugel K, so bewegt

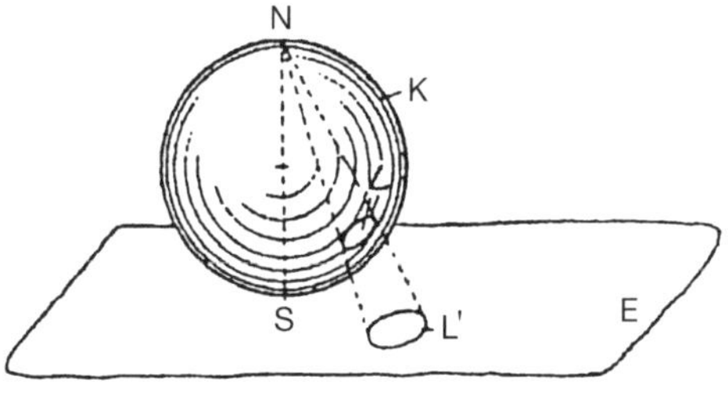

Abbildung 4.8: Die einem Vortrag von Albert Einstein entnommene Figur erläutert der Text.

sich auch das Schattenbild L' auf der Ebene E. Befindet sich das Scheibchen L bei S, so fällt es fast genau mit einem Schatten zusammen. Bewegt es sich von S aus auf der Kugelfläche nach oben, so entfernt sich der Scheibchenschatten L' auf der Ebene von S weg auf der Ebene nach außen und wird dabei immer größer. Nähert sich das Scheibchen L dem Lichtpunkte S, so wandert der Schatten ins Unendliche und wird dabei unendlich groß.

Wir fragen nun: Welches sind die Lagerungsgesetze der Schattenscheibchen L' auf der Ebene E? Nun, offenbar genau dieselben wie die Lagerungsgesetze der Scheibchen L auf der Kugelfläche. Denn es entspricht jeder Originalfigur auf K eine Schattenfigur auf E. Berühren sich zwei Scheibchen auf K, so berühren sich auch ihre Schatten auf E. Die Schattengeometrie auf der Ebene stimmt überein mit der Scheibchengeometrie auf der Kugel. [...] Insbesondere ist die Ebene in bezug auf die Scheibchenschatten endlich, da die Schatten nur in endlicher Zahl auf der Ebene Platz finden können.

Nun wird man sagen: »Das ist Unsinn; die Scheibchenschatten *sind* eben keine starren Figuren. Wir brauchen ja nur einen Maßstab auf der Ebene E zu verschieben, um uns davon zu überzeugen, dass die Schatten immer größer werden, wenn sie von S aus auf der Ebene nach dem Unendlichen wandern.« Wie aber, wenn sich auf der Ebene E die Maßstäbe ähnlich verhielten wie die Schattenscheibchen L'? Dann wäre es nicht mehr zu konstatieren, dass die Schatten bei Entfernung von S aus wachsen; dann hätte diese Aussage überhaupt keinerlei Sinn mehr. Überhaupt ist das einzige, was sich über die Schattenscheibchen objektiv aussagen läßt, eben das, dass sie sich geometrisch genau so verhalten wie starre Scheibchen auf der Kugelfläche im Sinne der euklidischen Geometrie.

Es ist wohl zu überlegen, dass unsere Aussage vom Wachsen der Scheibchenschatten bei der Entfernung von S nach dem Unendlichen an sich keine objektive Bedeutung hat, solange wir keine euklidisch starren Körper, die auf E verschiebbar sind zum Vergleich heranziehen können. In Bezug auf die Lagerungsgesetze der Schatten L' ist der Punkt S auf der Ebene ebensowenig bevorzugt wie auf der Kugelfläche.

Nach Einsteins Figur als Vorbild, können wir die kräftefreie Bewegung eines Schiffes entlang einem Großkreis auf eine Ebene projizieren und finden, dass ihr Bild keine kräftefreie Bewegung in der Ebene ist – keine Bewegung also auf einer Geraden mit konstanter Geschwindigkeit. Beispielsweise ist das Bild des Äquators, eines Großkreises, auch in der Ebene ein Kreis. Folglich braucht es Kräfte, um das Abbild eines den Großkreis Äquator kräftefrei befahrenden Schiffes in der Ebene auf seine Bahn zu zwingen – Kräfte, die zu der Geometrie der Kugeloberfläche äquivalent sind: In der Ebene treten Kräfte an die Stelle von Krümmungen.

Käfer auf einer heißen Herdplatte, die sich mit ihrem Beiwerk bei zunehmenden Temperaturen ausdehnen, bei sinkenden zusammenziehen, ansonsten aber temperaturunempfindlich sind, können als Modelle physikalischer Systembestandteile dienen, deren Größe von außen gesehen von ihrer Position abhängt. Und zwar so, dass die geometrischen Aussagen der Käfer mit denen ihrer Urbilder übereinstimmen: Würde die Ebene E der Abb. 4.8 von innen nach außen kreisförmig immer heißer, sodass die Abmessungen des Flecks dorthin so zunähmen, wie die Figur es will, würden die Kräfte der Wärme auf geometrischen Aussagen in der Ebene führen, die mit denen ihrer Urbilder in der Kugeloberfläche übereinstimmten.

Der amerikanische Physiker und Nobelpreisträger von 1965 Richard P. Feynman (1918–1988) hat in seinen berühmten Physikvorlesungen den umgekehrten Fall der nach außen abnehmender Temperaturen einer heißen Herdplatte durchdekliniert. Und zwar als Echo eines Essays des französischen Mathematikers, Physikers und Philosophen H. Poincaré (1854–1912), der in [53] die Unterscheidbarkeit euklidischer »ebener« und nichteuklidischer »gekrümmter« Weltmodelle so verworfen hat:

> Was soll man von der folgenden Frage denken: Ist die Euklidische Geometrie richtig? Die Frage hat keinen Sinn. Ebenso könnte man fragen, ob das metrische System richtig ist und die älteren Systeme falsch sind. Wir wollen uns z. B. eine in eine große Kugel eingeschlossene Welt denken, welche folgenden Gesetzen unterworfen ist: Die Temperatur ist darin nicht gleichmäßig, sie ist im Mittelpunkt am höchsten und vermindert sich in dem Maße, als man sich von ihm entfernt, um auf den absoluten Nullpunkt herabzusinken, wenn man die Kugel erreicht, in der die Welt eingeschlossen ist. [...] Sei R genauer der Halbmesser der begrenzenden Kugel, sei r die Entfernung des betrachteten Punktes vom Mittelpunkt dieser Kugel, dann soll die absolute Temperatur proportional zu $(R^2 - r^2)$ sein. Endlich setze ich voraus, dass ein Objekt, welches von einem Punkt nach einem anderen mit verschiedener Temperatur übertragen wird, sich sofort ins Wärme-Gleichgewicht mit seiner neuen Umgebung setzt. Nichts ist in dieser Hypothese widerspruchsvoll oder undenkbar. Ein bewegliches Objekt wird also immer kleiner in dem Maße, wie es sich der begrenzenden Kugel nähert. Beachten wir vor allem, dass diese Welt ihren Einwohnern unbegrenzt erscheinen wird, wenn sie auch vom Gesichtspunkte unserer gewöhnlichen Geometrie aus als begrenzt gilt. Wenn diese Einwohner sich der begrenzenden Kugel nähern wollen, kühlen sie ab und werden immer kleiner. Die Schritte, welche sie machen, sind also auch immer kleiner, so dass sie niemals die begrenzende Kugel erreichen können.

Die Abb. 4.9 ist eine Computer-künstlerische Darstellung einer solchen Welt. Feynmans Käfer verfügen über Stäbe, die nebeneinander gelegt gleich lang – besser: gleich kurz – sind. Sie leben auf einer Herdplatte mit von innen nach außen abnehmender Temperatur. Die Abmessungen aller Körper auf der Herdplatte, Stäbe und Käfer eingeschlossen, sollen von uns aus gesehen so von der Temperatur abhängen, dass sie bei höherer Temperatur größer sind als bei niedriger; die Stäbe also mit zunehmender Temperatur länger werden. Die Käfer definieren wie wir die Verbindungsgerade zweier Punkte A und B als den kürzesten Weg von einem zum andern. Die Länge eines Weges ist für sie identisch mit der Zahl der Stäbe, die sie auf ihm hintereinander legen können. Da nun aber, so sagen wir, die Länge der Stäbe zur heißen Mitte hin zunimmt, brauchen die Käfer von A nach B auf einem Weg, der von unserer geraden Linie in diese Richtung abweicht, weniger Stäbe als auf eben diesen geraden Linien – die Geraden der Käfer als ihre kürzesten Linien sind von uns aus gesehen zur Mitte hin verbogen (Abb. 4.10a)). Die Geometrie, die sie betreiben, bedient sich selbstverständlich ihrer eigenen, durch die Stablänge definierten Geraden –, sodass ihre »Winkelsumme im Dreieck« kleiner ist als die 180 Grad unserer Schulmathematik (Abb. 4.10b)). Genauso ist die Winkelsumme in den durch Großkreise gebildeten Dreiecken der Kugeloberfläche größer als 180 Grad (Abb. 4.10c)).

Abbildung 4.9: Wie die Wesen Poincarés und Feynmans werden die Engel und Teufel dieser Computerzeichnung von Douglas Dunham um so kleiner, je näher sie dem Rand ihrer Welt kommen.

Quantitatives zur Raumkrümmung

Wir kehren zur Abb. 4.7 zurück. Der gebrochen gezeichnete Kreis mit dem Radius R um einen Punkt ist in einem zweidimensionalen Raum die Menge der Punkte mit dem Abstand R vom gegebenen Punkt. Ist $U(R)$ der Umfang des Kreises, gilt in der Ebene $R = U(R)/(2\pi)$. Nicht aber, wie die Abb. 4.7b) und c) zeigen, in Räumen mit positiver oder negativer Krümmung. Wir definieren $r = R - U(R)/(2\pi)$ und finden $r > 0$ für Kreise in der Kugeloberfläche mit $k = 1$ und $r < 0$ für den Kreis der Abb. 4.7c) mit $k = -1$. Die »Gaußsche Krümmung« K besitzt dasselbe Vorzeichen k wie r und kann von der für kleine R gültigen Formel

$$U(R) = 2\pi R(1 - K \cdot R^2/6) \tag{4.46}$$

nach Messung oder Berechnung von $U(R)$ abgelesen werden. Wenn die Krümmung eines Raumes ortsabhängig ist, dann selbstverständlich auch sein K. Das K der Oberfläche einer Kugel mit Radius a wird in der Legende zur Abb. 4.11 mit dem Ergebnis $K = 1/a^2$ berechnet.

Die mit Messlatten ausgestatteten Käfer in einem Raum können dessen Gaußsche Krümmung K bestimmen. Wir diskutieren nur das Vorzeichen von K, das offenbar mit dem von $r = K \cdot R^3/6$ übereinstimmt. Bei der Temperaturverteilung der Abb. 4.10a) ist es im Innern eines Kreises um den Mittelpunkt heißer als auf dem Kreis selbst, sodass die Messlatten dort – so sagen wir – länger sind und folglich die Käfer weniger als die $U(R)/(2\pi)$ entsprechende Anzahl von ihnen brauchen, um einen Punkt des Umfanges des Kreises mit seinem Mittelpunkt zu verbinden. Daher finden sie $r < 0$. Nimmt die Temperatur hingegen von innen nach außen zu, ergibt sich bei ansonsten derselben Anordnung $r > 0$. Die Krümmungen von Ebene mit $K = 0$ und Kugeloberfläche mit $K > 0$ sind offenbar vom Ort unabhängig, sodass sie Räume mit konstanter Krümmung bilden. Räume mit konstanter negativer Krümmung $K < 0$, die es ebenfalls gibt, können, wie bereits gesagt, nicht in einen dreidimensionalen Euklidischen Raum eingebettet werden. Offenbar ist denn auch die Krümmung der Fläche der Abb. 4.7c) ortsabhängig.

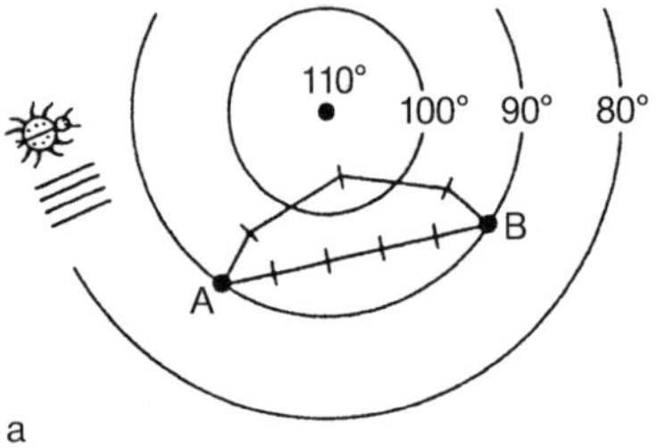

a

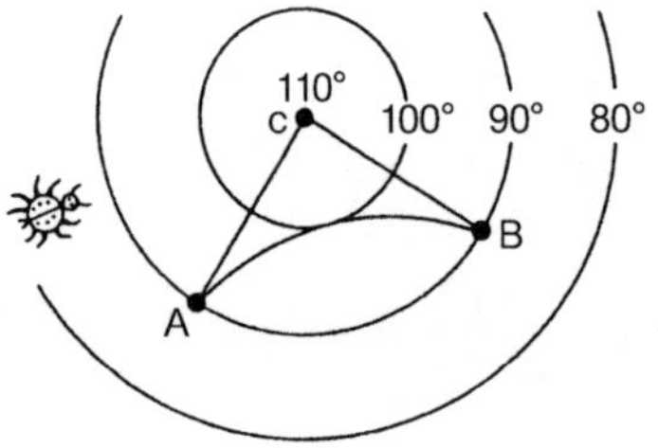

b

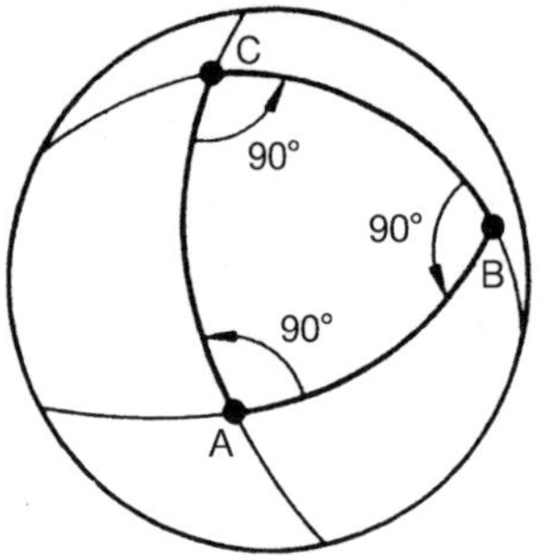

c

Abbildung 4.10: a) Käfer auf einer heißen Herdplatte bestimmen den kürzesten Weg von A nach B dadurch, dass sie Stäbe hintereinander legen. Am kürzesten ist der Weg, auf dem sie die wenigsten Stäbe brauchen. Weil die Stäbe nach innen hin wegen der dort zunehmenden Temperatur länger werden, biegt dieser Weg gegenüber der Verbindungsgraden, die wir auf die Herdplatte zeichnen, nach innen ab: Auf ihm brauchen sie nur vier statt fünf Stäbe. b) Mit Dreieckseiten als kürzesten Verbindungen, ist die Winkelsumme im Dreieck der Käfer kleiner als 180 Grad. Dadurch wissen sie, dass ihr Raum entweder gekrümmt ist, oder dass ihre Maßstäbe nach innen hin länger werden. c) Die Winkelsumme in dem aus Großkreisen gebildeten Dreieck auf der Kugeloberfläche ist mit 270 Grad *größer* als 180 Grad.

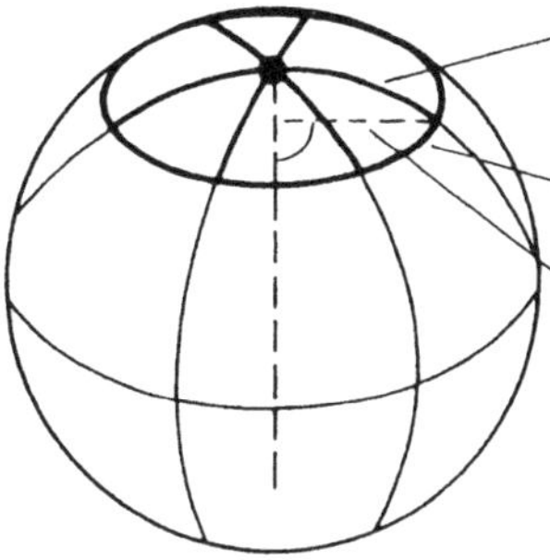

Abbildung 4.11: Der Nordpol P einer Kugel mit Radius a um den Ursprung eines Koordinatensystems habe die Polarkoordinaten $(r, \theta, \phi) = (a, 0, 0)$. Misst man Winkel im Bogenmaß, haben genau die Punkte mit den Polarkoordinaten $(a, R/a, 0 \leq \phi < 2\pi)$ auf der Kugeloberfläche den Abstand R von P, bilden dort also einen Kreis mit Radius R um P als Mittelpunkt. Im dreidimensionalen Raum, in den die Kugeloberfläche eingebettet ist, bilden die Punkte ebenfalls einen Kreis. Sein Radius ist $a \cdot \sin(R/a)$, sein Umfang also $U(R) = 2\pi \cdot a \cdot \sin(R/a)$. Werden R und U auf der Kugeloberfläche wie im Zusammenhang mit der Abb. 4.10 beschrieben mit kurzen Messlatten gemessen und die Einheiten so gewählt, dass der Umfang eines Großkreises $2\pi \cdot a$ ist, ergeben sich dieselben Werte. Auf jeden Fall gilt $r = R - U(R)/(2\pi) = R \cdot [1 - (a/R) \cdot \sin(R/a)]$. Aus $\sin(R/a) < R/a$ folgt $r > 0$ und die für kleine R/a gültige Entwicklung $\sin(R/a) = (R/a) - (R/a)^3/6$ ergibt näherungsweise $r = R \cdot (R/a)^2/6$ für $(R/a) \ll 1$ oder $U(R) = 2\pi \cdot R \cdot [1 - (1/a^2) \cdot R^2/6]$, wovon wir $K = 1/a^2$ ablesen. Die Gaußsche Krümmung der Kugeloberfläche ist also konstant, größer als null und geht für $a \to \infty$ in die Krümmung $K = 0$ der Ebene über – wie es sein muss.

Energie und Druck im Leeren Universum – die Kosmologische Konstante

Einsteins Kosmologische Konstante Λ ist eine reelle Zahl mit der Dimension einer inversen Fläche, die beliebig positiv, negativ oder null sein kann. Er hat sie 1917 eingeführt, weil seine Gleichungen ohne sie kein zeitlich konstantes Universum erlauben, an das er, mit wohl allen damals, glaubte. Später soll er die Einführung von Λ als die »Größte Eselei« seines Lebens bezeichnet haben. Denn hätte er sein Λ, das er immer als störend empfand, *per fiat* gleich null gesetzt, hätte er die Expansion des Kosmos vorhersagen können, die 1929 von Hubble entdeckt worden ist. Berühmt ist Einsteins Kommentar (zitiert nach [50], S. 292) zu theoretischen Spekulationen des Jahres 1923 auf der Relativitätstheorie als Grundlage, die ein expandierendes Universum als realistische Möglichkeit erscheinen ließen: »Wenn schon keine quasistatische Welt, dann fort mit dem Kosmologischen Term«.

Die Kosmologische Konstante beschreibt die Energie des Raumes unseres Universums unter der Annahme, dass alle manifeste Energie – sozusagen alle Substanz – aus ihm entfernt wurde. In den Gleichungen Einsteins für die Entwicklung des Universums ist sie ein freier Parameter. Abschätzung ihres Wertes ergibt sofort, dass die zugehörige Energiedichte dem Betrage nach die manifeste Energiedichte $\rho(t_0)$ zur gegenwärtigen Zeit t_0 nicht um Größenordnungen übersteigen kann. Würde sie das nämlich, so wäre der Raum so stark gekrümmt, dass der Leser statt dieser Zeilen seinen Hinterkopf erblicken würde. Denn wie jede andere Energie krümmt auch die im Vakuum verborgene den Raum, und leitet dadurch Lichtstrahlen um.

Was also bleibt vom gegenwärtigen Universum, wenn von allen manifesten Energien abgesehen wird? Für die Theorie ist das eine überaus knifflige Frage, denn ihre Beantwortung setzt voraus, dass bekannt ist, was unter der *Energie Null* zu verstehen sei. Dass der Nullpunkt der Energie beliebig gewählt werden kann, ist dann und nur dann richtig, wenn die Allgemeine Relativitätstheorie nicht berücksichtigt wird. Diese aber kennt einen absoluten Nullpunkt der Energie, und der ist dadurch zu definieren, dass von einem Objekt mit der Energie null keine Schwerkraft ausgeht. Ein solches Objekt krümmt, anders gesagt, den Raum nicht. Folglich gibt es eine gewisse Energiedichte des Universums insgesamt, deren Zahlenwert (in willkürlich gewählten Einheiten, ab einem willkürlich gewählten Nullwert) die *Energiedichte Null* für die Allgemeine Relativitätstheorie repräsentiert.

Zur manifesten Energiedichte des Universums tragen die Galaxien genauso bei wie Staub und Strahlungsfelder sowie die noch unbekannte Dunkle Materie. Die Zustandsgleichungen der jeweiligen Energieformen ordnen ihren Dichten ρ, ganz wie die Gasgesetze den Gasen, von der Temperatur T abhängige Drücke p zu. Weil die manifeste Energie ihrer Natur nach positiv ist, geht von ihr – Newtonsch gesagt – eine anziehende Schwerkraft aus, und diese verlangsamt die Expansion des Universums; möglicherweise bis zur Umkehr.

Die Vakuumenergiedichte ist nun erstens ein weiterer, möglicherweise, aber nicht tatsächlich, negativer Beitrag zur Gesamtenergiedichte in Einsteins Gleichungen. Zweitens, und wichtiger, ordnet ihre Zustandsgleichung ihr einen von T unabhängigen Druck p zu, der bei positiver Vakuumenergiedichte aber, anders als jeder Druck einer manifesten Energie, *negativ* ist –, was wir bei der Vorstellung der Einsteinschen Gleichungen vorweggenommen haben. Bei negativer Vakuumenergiedichte ist das zugehörige p hingegen positiv. Weil nun das Λ des real existierenden Universums nach allem, was wir wissen, sicher nicht negativ ist, interessiert nur die erste Alternative. Das bei positivem Λ negative p bewirkt erstaunlicherweise, dass Massen sich gegenseitig abstoßen – je weiter sie voneinander entfernt sind, desto größer ist die Abstoßung. Wir haben bereits gesehen, wie dieser bizarre Effekt einer Antigravitation mathematisch aus den Einsteinschen Gleichungen folgt, und wenden uns jetzt Details der Rolle zu, die dem jeweiligen Druck bei der Expansion des Universums zukommt.

Wie bereits gesagt, sind die Drücke, die manifeste Energien und ihre Träger im Universum ausüben, ausnahmslos positiv, will sagen, nach außen gerichtet. Das kann auch so ausgedrückt werden, dass sie nach Wert und Betrag abnehmen, wenn das Volumen eines einschließenden Behälters zunimmt. Auf dessen Wände üben sie eine nach außen gerichtete Kraft aus, durch die sie bei Druckunterschieden Arbeit leisten können. Die innere Eigenschaft Druck eines – sagen wir – Gases hängt nun aber nicht davon ab, ob es Druckunterschiede gibt. Nur durch sie kann Druck zwar wirken, aber den Druck selbst gibt es unabhängig von ihnen. Er kann durch Probekörper wie Barometer gemessen werden, die sozusagen einen Standarddruck einführen, mit dem der herrschende Druck verglichen werden kann. Weil nun aber Druck ohne Druckunterschiede wirkungslos ist, konnte bis Galilei, Torricelli, Pascal, Guericke und Mitstreitern unbekannt bleiben, dass wir »untergetaucht am Boden des Luftmeeres« leben. Bei einem Druck, der Dosen zerquetscht, fristet in der Tiefe der Meere unbehelligt von ihm allerlei Getier sein Dasein.

Ich habe an diese Selbstverständlichkeiten erinnert, um einem möglichen Fehlschluss zuvorzukommen: Dass nämlich der positive Druck des manifesten Inhaltes des Universums dessen Expansion unterstütze, es zusätzlich zu seinem aus dem Urknall stammenden Anfangsschwung auseinandertreibe. Aufgrund der Gleichungen

Einsteins ist das Gegenteil der Fall. Sie implizieren nämlich, dass, wie für $k = 0$ und $\Lambda = 0$ bereits die Gl. (4.18) zeigt, ein positiver Druck p einen negativen Beitrag zu $\frac{\ddot{R}}{R}$ liefert, sich also *verzögernd* auf die Expansion auswirkt und folglich in dieselbe Richtung wirkt wie eine positive manifeste Energiedichte, der er ja aufgrund der Zustandsgleichung zukommt; wenn auch um Größenordnungen schwächer. Natürlich – das Universum, das alles ist, was es gibt, kennt keinen Außenraum, in den hinein Drücke wirken könnten.

Nun zu dem negativen Druck p_Λ, auf den, wie bereits festgestellt, eine auf einer positiven Kosmologischen Konstante Λ beruhende Energiedichte $u_\Lambda = \frac{\Lambda c^4}{8\pi G}$ führt. Der zu dem obigen analoge Fehlschluss wäre, dass der negative Druck der Expansion sozusagen saugend entgegenwirkt; dass er versucht, das Universum entgegen der auseinander treibenden, auf dem positiven Λ beruhenden Kraft zusammenzuhalten. Wieder ist vermöge der Einsteinschen Gleichungen das Gegenteil der Fall, und kann es wegen der Allgegenwart von p_Λ sein.

Die Zustandsgleichung des Leeren Raumes $p_\Lambda = -u_\Lambda$, die wir bereits erwähnt haben, ist überraschend einfach, insbesondere enthält sie die Temperatur nicht. Temperatur beruht auf ungeordneter Bewegung, und die kennt weder der Leere Raum noch das Higgs-Feld, wenn wir von der Quantenmechanik absehen, die mit der Allgemeinen Relativitätstheorie in exakten überprüf- und anwendbaren Zusammenhang zu bringen bekanntlich bisher nicht gelungen ist. Um $p_\Lambda = -u_\Lambda$ abzuleiten, benutzen wir die Vorrichtung der Abb. 4.12 als Barometer zur Messung von p_Λ. Eingeschlossen in den mit einem beweglichen Stempel abgeschlossenen Hohlraum sei ein Gebiet mit von null verschiedener Vakuumenergiedichte u_Λ; in dem strikt hypothetischen Außenraum – es handelt sich hier um ein Gedankenexperiment! – gelte $u_\Lambda = 0$. Beim Casimir-Effekt flubbert zwischen den Platten das quantenmechanische Vakuum; hier flubbert nichts, alles liegt ruhig da – so zumindest das Modell, das notgedrungen von der Quantenmechanik absieht. Ungeachtet ihres Ursprunges, sei es Einsteins Λ oder, wie noch zu beschreiben, das Higgs-Phänomen, ist die grundlegende Eigenschaft einer Vakuumenergie, dass nicht sie selbst, sondern ihre Dichte bei der Expansion des Universums ungeändert bleibt: Der neu entstehende Raum hat dasselbe u_Λ wie der, von dem er abstammt. Die Kosmologische Konstante Λ, und mit ihr u_Λ, sind Naturkonstanten wie die Lichtgeschwindigkeit, die

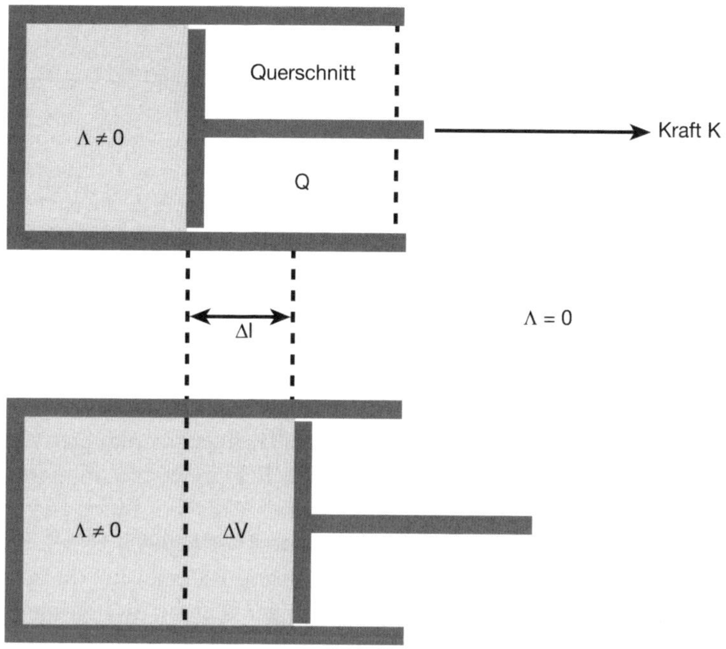

Abbildung 4.12: Wie das Barometer für den Druck der Vakuumenergie diesen misst, beschreibt der Text.

keinerlei Einfluss ausgesetzt ist. Der Vakuumanteil der Energie der Higgs-Felder hängt hingegen von äußeren Einflüssen ab. Hierauf wird einzugehen sein.

Dies vorausgesetzt, bewirkt Bewegung des Stempels der Abbildung um $\triangle l$ nach außen, in das Gebiet mit verschwindender Vakuumenergie hinein, zweierlei. Erstens wächst das Volumen des Gebietes mit $p_\Lambda \neq 0$ um $\triangle V = Q \triangle l$, worin Q der Querschnitt des Behältnisses sowie des Stempels ist. Damit ist zweitens eine Vergrößerung der Energie des Innenraumes um $\triangle E = u_\Lambda \triangle V$ verbunden. Im Außenraum ist die Energie dieselbe geblieben, sodass diese insgesamt um $\triangle E$ angewachsen ist. Sie hat der Dämon, der den Stempel nach außen gezogen hat, aufgebracht, indem der Vergrößerung des Volumens eine Kraft K auf der Strecke $\triangle l$ entgegenwirkte. Sie beruht auf dem Druck p_Λ, den der Innenraum mit $\Lambda \neq 0$ auf den Stempel ausübt, sodass $K = \quad p_\Lambda Q$. Die Arbeit, die der Dämon entgegen K auf der Strecke $\triangle l$ leisten muss, ist $K \triangle l$, sodass Zusammenfügen der Gleichungen

$$\triangle E = K \triangle l = -p_\Lambda Q \triangle l = -p_\Lambda V = u_\Lambda \triangle V$$

und damit

$$p_\Lambda = -u_\Lambda$$

ergibt.

Während die Dichte $u_{manifest}$ des manifesten Energieinhaltes des Universums vom Ort und von der Zeit abhängt, ist die Energiedichte u_Λ des Vakuums überall und immer dieselbe. Dies jedenfalls, wenn wir von den unbekannten quantenmechanischen Fluktuationen der Gravitationsfelder – genauer: der Metrik $g_{\mu\nu}$ – absehen, was wir weiterhin wollen. Die Bildung von Galaxienhaufen, Galaxien, Sternen, Planeten und so weiter beruht letztlich auf Dichteschwankungen von $u_{manifest}$, durch die dichtere und dünnere Regionen geschaffen werden. Die dichteren Regionen ziehen vermöge der von ihnen ausgehenden größeren Schwerkraft mehr Materie erfolgreich an als die dünneren, und wachsen, wachsen, wachsen, während die dünnen mehr und mehr abnehmen. Aus derartigen Dichteschwankungen, mit denen das Universum aus der Phase der Inflation hervorgetreten ist, sind die Strukturen im Universum entstanden, die wir heute beobachten. Zusammenstürzende Materie heizt sich auf, ihre Wärmestrahlung tritt im Gesamtbild des frühen Stadiums des Universums, wie es die neuesten Karten der Kosmischen Hintergrundstrahlung zeigen, sichtbarer hervor als die anderer, kühlerer Regionen – ein Gesamtbild von so großartiger Konsistenz, dass es einen seiner Proponenten zu dem Ausspruch verleitet hat, er habe in ihm das »Antlitz Gottes« erblickt. Weil sich dieses Antlitz von dem, das frühere Karten offenbart haben, nur für ausgepichte Fachleute aufschlussreich unterscheidet, und weil es nur in Farbe, die uns hier nicht zu Gebote steht, beeindruckt, stellen wir es nicht bildlich dar. Die – so finden wir unser Thema wieder – zeitlich und räumlich konstante Energiedichte u_Λ klumpt hingegen nicht, und trägt, da überall gleich, zu Klumpungen auch nicht bei. Anders die unsichtbare, vulgo dunkle, Materie: Würde sie bei Klumpungen nicht mitwirken, könnte die Entstehung von Galaxienhaufen und so weiter mangels Materie nicht verstanden werden.

Zurück aber zu der ab 1998/99 neu erworbenen experimentellen Information. Sie stellt die Abb. 4.13 dar, die ich dem informativen Artikel [57] von Adam G. Riess entnommen habe (dort farbig). »Dies ist ein ungewöhnlicher Augenblick in der Geschichte der Kosmologie« kommentiert Riess die neu erworbenen Erkenntnisse, »ein Augenblick, in dem wir beginnen, die Entwicklung des Universums von einem empirischen anstelle von einem nur theoretischen Gesichtspunkt aus zu betrachten«. Die traditionelle »theoretische« Kosmologie hat, beginnend mit Einstein, die Kosmologische Konstante stets gleich null gesetzt. Ist sie hingegen positiv, so bewirkt nach dem Gesagten das zugehörige *negative* p eine *Beschleunigung* der Expansion des Universums bei großen Abständen – im Widerstreit selbstverständlich zu der durch die Gravitation bewirkten Verzögerung.

In Ansehung der in [57] und Abb. 4.13 dargestellten Ergebnisse, kann die kritische Dichte als Funktion der Expansionsrate nur noch als Normierungsfaktor dienen. Für die Entwicklung des Universums besonders wichtig ist der Unterschied zwischen einer »gewöhnlichen«, durch manifeste Energie abgebremsten Expansion und einer durch ein positives Λ vermöge ihres negativen p bewirkten: Die erste erhält, wie bereits gesagt, die *Energie*, die zweite die Energie*dichte*. Das bedeutet, dass bei fortdauernder Expansion die manifeste Energie immer weiter ausgedünnt, ihr Einfluss auf die Geschwindigkeit der Expansion also immer geringer wird, sodass das p der gleichbleibenden Dichte der Vakuumenergie irgendwann einmal das Regiment übernehmen muss. Erstaunlicherweise sind gerade jetzt, in unserer kosmischen Epoche, die verborgene und die manifeste Energiedichte ungefähr gleich.

Die effektive Kosmologische Konstante

In allen Epochen können wir drei Beiträge zu der Vakuumenergie des Universums unterscheiden. Erstens den Beitrag von Einsteins »eigentlicher« Kosmologischer Konstante, die wir Λ genannt haben, und von der wir theoretisch überhaupt nichts wissen, nicht einmal, ob sie negativ, null oder positiv ist. Zweitens den negativen Beitrag[15] der voll ausgebildeten Skalaren Felder, bzw., und genauso fraglich, den positiven ihrer Abwesenheit. Drittens den Beitrag der »Nullpunktsenergien« der Elementarteilchen, die in den fundamentalen Naturgesetzen auftreten. Zu ihnen gehören auch die Teilchen der Schwerkraft, die Gravitonen. Weil in der Quantenfeldtheorie ganz allgemein die Felder fundamentaler sind als die ihnen

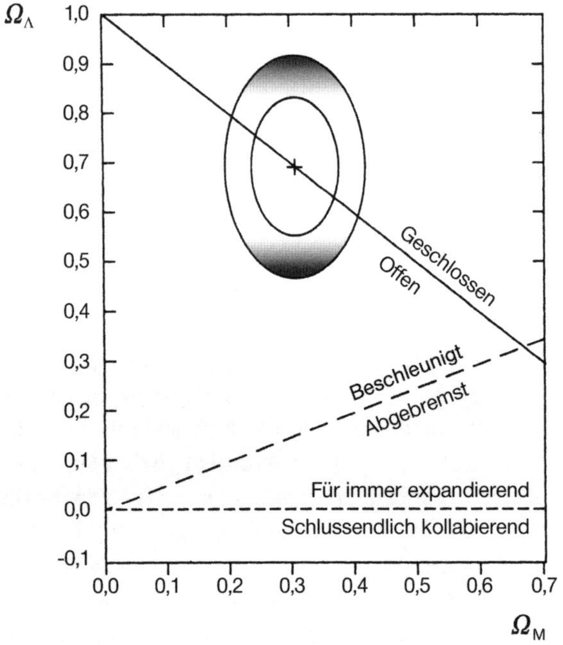

Abbildung 4.13: Von den Werten der Parameter Ω_Λ und Ω_M hängt ab, ob das räumliche Universum wie eine Kugeloberfläche geschlossen, wie ein Sattel offen oder – dazwischen – für $\Omega_\Lambda + \Omega_M = 1$ flach ist. Beobachtungen der Jahre 1998/99 haben gezeigt, dass das zuvor wegen »theoretischer Gesichtspunkte« angenommene Wertepaar ($\Omega_\Lambda = 0, \Omega_M = 1$), also ohne Kosmologische Konstante, mit Beobachtungen der Helligkeiten von Supranovaexplosionen in fernen Galaxien nicht in Einklang gebracht werden kann: Diese sind nicht so lichtstark, wie sie aufgrund ihrer Entfernungen sein müssten, wenn diese aus den Rotverschiebungen der Galaxien, in denen die Explosionen beobachtet werden, unter der Annahme berechnet wurden, dass, mit Ausnahme einer kurzen inflationären Epoche die Expansion des Universums in seiner ganzen Geschichte unter dem alleinigen Einfluss der Schwerkraft gestanden, deren Geschwindigkeit also immer nur abgenommen hat. Insgesamt ist der Wissensstand der, dass der eingezeichnete Punkt ($\Omega_\Lambda = 0.7, \Omega_M = 0.3$) den besten Fit zu den bekannten Daten ergibt; die Kurven um ihn herum kennzeichnen Fehlergrenzen. Einklang von Lichtstärken und Rotverschiebungen folgt daraus, dass das Universum oberhalb der Grenzlinie »Beschleunigt/Abgebremst« eine beschleunigte Expansion durchgemacht hat. Unterhalb ihrer, im Bereich abnehmender Geschwindigkeit, muss der Bereich aufgeteilt werden in Bereiche, die Universen beschreiben, die in aller Zukunft expandieren werden und solche, deren Universen kollabieren werden. Nicht eingezeichnet in die aus [57] übernommene Abbildung ist das Gebiet um den der Leserin vertrauten Punkt ($\Omega_\Lambda = 0, \Omega_M = 1$), dem das Schicksal eines Universums ohne Kosmologische Konstante entnommen werden kann. Entwicklungen seit 1999 haben die Fehlergrenzen verkleinert und die Bereiche der Beobachtungen vergößert, aber nichts grundsätzlich Neues erbracht.

zugeordneten Teilchen, sollte ich eigentlich die Felder an den Anfang stellen, und von Massen etc. als von Parametern sprechen, die den Feldern zugeordnet sind. Die Felder, um die es hier geht, und die zu der »effektiven« Kosmologischen Konstante Λ_{eff} beitragen, sind keinesfalls nur jene, die – bzw. deren Teilchen – es in unserem gegenwärtigen Universum zufällig gibt, sondern alle, die es nach Auskunft des fundamentalen Naturgesetzes des Universums geben kann, die also in dem Gesetz selbst auftreten. In der Liste der Elementarteilchen, die die *Lagrange-Funktion des Universums* auch ist, tritt das Elektron auf, nicht aber ein Teilchen, das außer der Masse, die doppelt so groß sein möge, alle Eigenschaften des Elektrons besitzt. Mit den fundamentalen Objekten tragen zu der Kosmologischen Konstante der Elementarteilchen auch alle aus ihnen zusammengesetzten Objekte bei.

Im Zwischenreich

Als dieses Buch als Nachfolger »mit Formeln« meines Buches von 1994 [29] »Die Entdeckung des Nichts – Leere und Fülle im Universum« konzipiert wurde, bestand das Universum laut herrschender Meinung aus nichts als Leuchtender und Dunkler Materie in unbekannter Proportion, aber jedenfalls so, dass $\Omega = \Omega_M = 1$ und in heutiger Sprechweise $\Omega_\Lambda = 0$ ist. Dem widersprachen zwar die experimentellen Ergebnisse, aber mit so großen Fehlern, dass die einfache Theorie triumphieren konnte. Abweichler diskutierten zwar die Möglichkeit, dass Ω insgesamt nicht 1 ist, aber $\Omega = \Omega_M$ galt als unverletzlich.

Heute wissen wir, wie dargestellt, viel mehr, aber unser Wissen verstehen wir noch weniger als zuvor. Nehmen wir die Kosmologische Konstante oder ihre Imitatoren: Warum ist sie so klein, dass sie Leben erlaubt, aber nicht Null? Null könnten wir hoffen, durch Naturgesetze zu verstehen, aber wenige Prozente des größten Leben erlaubenden Wertes? Statt physikalischer, drängen sich »anthropische« Erklärungen auf, die aber unser Thema nicht sind. Deshalb nur kurz: Wie, wenn durch Urknall auf Urknall – welch eine seltsame Bezeichnung wäre das dann! – ein Universum nach oder neben dem anderen entstünde, sodass wir nicht darüber staunen müssten, dass unseres Leben erlaubt. Wir staunen ja auch nicht darüber, dass wir auf einem

Planeten im Sonnensystem leben, der Wasser besitzt und dadurch Leben erlaubt.

Der Tagespresse, und besonders den Artikeln von Rüdiger Vaas in »bild der wissenschaft« kann die Leserin die jeweils neuesten Erkenntnisse zur Zukunft des Universums nach der Entdeckung der beschleunigten Expansion entnehmen. An dieser Aufholjagd können Bücher sich nicht beteiligen. Jetzt, im März 2004, sieht es so aus, als sei w zeitlich konstant und blieben Atome immer und ewig intakt. Das aber muss nicht so sein, und ob es so ist, wissen wir nicht.

Die übergroßen Beiträge der Vakuumenergien der Elementarteilchen zur effektiven Kosmologischen Konstante

Weil die Felder der Elementarteilchen Photonen, Elektronen, Gluonen, Quarks und so weiter im Leeren Raum unabwendbar fluktuieren, tragen ihre Energien zur Energiedichte des Vakuums und damit zur effektiven Kosmologischen Konstante bei. Es stellt sich heraus, dass die Einzelbeiträge, deren Abschätzung wir uns jetzt zuwenden wollen, die experimentelle Obergrenze für die gesamte effektive Kosmologische Konstante um mehr als hundert Größenordnungen übersteigen. Wie dieses Rätsel zu lösen sei, ist nicht bekannt. Anders als die Beiträge der real ausgebildeten Higgs-Felder, denen wir uns alsdann zuwenden werden, sind die Nullpunktsenergien der Felder von der Temperatur des Universums unabhängig.

Jedes System, das mit einer Kreisfrequenz ω schwingen kann, besitzt in seinem Zustand niedrigster Energie die Nullpunktsenergie $\hbar\omega/2$. Damit, wie oben beschrieben, der Zustand niedrigster Energie Lorentz-invariant sei, sind die hieraus folgenden Beiträge zu $T_{\mu\nu}$ notwendig zu $g_{\mu\nu}$ proportional, tragen also zur effektiven Kosmologischen Konstante Λ_{eff} bei. Tatsächlich liefert das $T_{\mu\nu}$ eines jeden Elementarteilchens einen berechenbaren Beitrag zu Λ_{eff}. Der Beitrag von Bosonen ist positiv, der von Fermionen negativ, und es sei erwähnt, dass in einer Theorie namens Ungebrochene Supersymmetrie, in der Bosonen und Fermionen gepaart auftreten, die Summe der Beiträge aller Teilchen zu Λ_{eff} verschwindet. Weil aber in der wirklichen Welt die Ungebrochene Supersymmetrie nicht gilt, sind wir mit der Tatsache konfrontiert, dass es viele Beiträge zu Λ_{eff} gibt, die – sozusagen – nichts voneinander wissen. Sie können abgeschätzt werden mit dem Ergebnis, dass der Betrag eines jeden von ihnen die experimentelle Obergrenze für den Betrag von Λ_{eff} um etwa 120 Größenordnungen übersteigt.

Auf den ersten Blick ist das nicht weiter schlimm, weil Einsteins eigentliche Kosmologische Konstante Λ so gewählt werden kann, dass sie die Summe dieser Beiträge zumindest nahezu aufhebt. Zu Bedenken veranlasst jedoch, dass hierzu eine Feinabstimmung zahlreicher, nach heutigem Verständnis voneinander unabhängiger Beiträge erforderlich ist, die 120 Stellen weit reicht. Etwas Derartiges kennt die Physik bisher nicht, und deshalb liegt der Schluss nahe, dass eine noch unbekannte »Neue Physik« einen kleinen Wert der effektiven Kosmologischen Konstante nicht nur ermöglicht, sondern sogar erzwingt. Eine Diskussion zahlreicher Möglichkeiten, unter ihnen das berühmt-berüchtigte Anthropische Prinzip, von dem schon die Rede war, findet die Leserin in [72].

Hier soll durch Harmonische Oszillatoren, die für Felder von Photonen stehen, der Ursprung der übergroßen Beiträge der Elementarteilchen zu Λ_{eff} erläutert werden. Die durch den Casimir-Effekt nachgewiesenen elektromagnetischen Nullpunktsschwingungen treten im unendlichen Raum mit allen Frequenzen zwischen null und unendlich auf. Damit ist die (nur durch ein Integral darstellbare) Summe aller Vakuumenergien $\hbar\omega/2$ von vornherein unendlich. Um dies zu vermeiden, stellen wir uns vor, wir bräuchten nur Schwingungen einzubeziehen, deren Auslenkungen $A(t,x)$ für alle Zeiten t an den Orten $x = 0$ und $x = L$ der x-Achse eines Koordinatensystems verschwinden. Bei der Berechnung der Energiedichte werden wir am Ende den Grenzübergang $L \to \infty$ durchführen.

Anschaulich sind dies Schwingungen eingespannter Saiten. Die tatsächlichen Verhältnisse im unendlichen dreidimensionalen Raum werden wir durch Verallgemeinerung auf einen Kubus zu beschreiben versuchen.

Die Schwingungsgleichung in einer räumlichen Dimension

$$\left(\frac{\partial^2}{\partial t^2} - c^2 \frac{\partial^2}{\partial x^2}\right) A(t,x) = 0$$

enthält als einzigen Parameter die Gruppen- sowie Phasengeschwindigkeit c der durch sie beschriebenen Anregungen. Sie gilt für die elektromagnetischen Potenziale und Felder im quellenfreien Raum genauso wie für die Auslenkung einer schwingungsfähigen Saite. Die

Gleichung zeigt, dass im quellenfreien eindimensionalen Raum elektromagnetische Schwingungen angeregt werden können. Klassisch beschreibt die Lösung $A(t, x) \equiv 0$ den Zustand niedrigster Energie, den der quellenfreie Raum annehmen kann. Die Quantenmechanik weist hingegen jeder Eigenschwingung ihre Nullpunktsenergie zu. Die niedrigste Energie, die der quellenfreie Raum nach Auskunft der Quantenmechanik annehmen kann, ist also die Summe (bzw. das Integral) der Nullpunktsenergien aller seiner Eigenschwingungen.

Um sie zu berechnen, wählen wir für c die Lichtgeschwindigkeit, und schließen den quellenfreien Raum – hier noch eine Linie – in Gedanken zwischen zwei leitende Platten an $x = -L/2$ und $x = L/2$ ein, die $A(t, -L/2) = A(t, L/2) = 0$ für alle Zeiten t erzwingen. Die allgemeine Lösung der Schwingungsgleichung kann als Linearkombinationen von Lösungen der Form $A_n(t, x) = u_n(t) f_n(x)$ geschrieben werden. Wir werden sogleich sehen, dass der Ansatz $f_n(x) = a_n \sin(k_n(x + L/2)) + b_n \cos({k_n}'(x + L2))$, worin a_n, b_n, k_n und ${k_n}'$ Zahlen sind, zum Ziel führt. Aus $A(t, 0) = A(t, L) = 0$ folgt $b_n = 0$ sowie $k_n = n\pi/L$ mit n einer ganzen positiven Zahl. (Die Wahl $n = 0$ führt auf die uninteressante triviale Lösung, und ein eventuelles negatives Vorzeichen von n kann in a_n aufgenommen werden.) Für $u_n(t)$ folgt

$$\left(\frac{\partial^2}{\partial t^2} + c^2 {k_n}^2 \right) u_n(t) = 0,$$

die Gleichung eines Harmonischen Oszillators mit der Frequenz $\omega_n = ck_n = nc\pi/L$. Die Quantisierung nach Standardvorschriften liefert $E_n = \hbar\omega_n/2 = n\hbar c\pi/2L$ als die zum Schwingungstyp mit der Nummer n gehörende Nullpunktsenergie. Der Beitrag aller Schwingungsmöglichkeiten mit Frequenzen bis zu ω_N zu der Nullpunktsenergie der Linie zwischen den Platten im Abstand L ist also für Abschneidewerte N, die wesentlich größer als 1 sind,

$$\sum_{n=1}^{N} \hbar\omega_n/2 = \frac{\hbar c\pi}{2L} \sum_{n=1}^{N} n = \frac{\hbar c\pi}{2L} \frac{N(N+1)}{2} \approx \frac{\hbar c\pi}{4L} N^2 = \frac{L\hbar}{4\pi c} \omega_N^2.$$

Dem entspricht die Streckendichte

$$\rho^{(1)} = \frac{\hbar}{4\pi c} \omega_N^2 \tag{4.47}$$

der Vakuumenergie, die offensichtlich für $N \to \infty$ divergiert. Das ist für sich allein nicht so schlimm, wie es aussieht, weil die der Rechnung zugrunde liegende Physik sowieso nicht bis hin zu beliebig großen Energien gelten kann. Daher liefern die Beiträge zur Summe mit Werten von N, die so groß sind, dass das zugehörige ω_N den Gültigkeitsbereich der bekannten Physik übersteigt, keine glaubhaften Beiträge zur Energiedichte des Vakuums, und es ist nur vernünftig, die Summe beim Erreichen solcher N abzubrechen. Unverstanden aber ist, wie *klein* zur Vermeidung eines Konfliktes mit der experimentellen Obergrenze der Vakuumenergie die Energie ist, bei der die Summe abgebrochen werden muss. Davon nach der Rechnung in drei Dimensionen.

Es ist leicht, unsere Überlegungen hierauf zu übertragen. Zuvor aber soll die Gültigkeit eines dabei erforderlichen Rechentricks in einer Dimension als Beispiel demonstriert werden. Es geht um die Abschätzung der Beiträge von Summanden mit großem n zur Vakuumenergie durch ein Integral. Wegen $k_n = \frac{n\pi}{L}$ liegen $\frac{L \cdot dk}{\pi}$ diskrete Werte k_n zwischen k und $k + dk$. Weil, wie wir gesehen haben, die Summe $\sum_{n=1}^{N} \hbar\omega_n/2$ zu ${\omega_N}^2$ proportional ist, müssen wir bei wachsendem N dasselbe, bereits bekannte Ergebnis erhalten, wenn wir die Summation statt bei $n = 1$ bei einem groß, aber fest gewähltem n beginnen, das natürlich von vornherein deutlich kleiner als N sein sollte. Insbesondere muss die Proportionalitätskonstante richtig herauskommen. Denn der Fehler, den wir bei einem verspäteten Beginn der Summation machen, hängt von N nicht ab, ist also ein konstanter Summand, während die Summe selbst mit N quadratisch anwächst. Nach dieser Vorbetrachtung sollte die Abschätzung

$$\sum^{N} \hbar\omega_n/2 \approx \int^{k_{max}} \frac{L \cdot dk}{\pi} \hbar\omega/2 =$$

$$= \frac{L\hbar c}{2\pi} \int^{k_{max}} k \cdot dk = \frac{L\hbar c}{4\pi} {k_{max}}^2 = \frac{L\hbar}{4\pi c} {\omega_N}^2,$$

in der wir $k_{max} = \frac{N\pi}{L}$ gewählt haben, und die tatsächlich das richtige Ergebnis geliefert hat, einsichtig sein.

Nun also die Rechnung in drei Raumdimensionen. Die Verallgemeinerung des eindimensionalen Differenzialoperators $\frac{\partial^2}{\partial x^2}$ ist der drehsymmetrische Laplace-Operator $\triangle = \frac{\partial^2}{\partial x^2} + \frac{\partial^2}{\partial y^2} + \frac{\partial^2}{\partial z^2}$, und die

Wellengleichung lautet

$$\left(\frac{\partial^2}{\partial t^2} - c^2\triangle\right) A(t, \vec{r}) = 0.$$

Wir begrenzen das zu betrachtende Gebiet durch leitende Platten als Oberflächen eines Kubus der Seitenlänge L und wählen das Koordinatensystem so, dass die Koordinatenachsen zu den Kanten des Kubus parallel sind und dessen Mittelpunkt die Koordinaten $x = y = z = 0$ besitzt. Die Leserin kann sich leicht davon überzeugen, dass in strikter Analogie zum Obigen alle Lösungen der Gleichung im Innern des Kubus, die auch die Randbedingungen $A(t, \vec{r}) = 0$ an dessen Oberfläche des Kubus erfüllen, als Linearkombinationen der Produktlösungen $A_{(l,\,m,\,n)}(t, \vec{r}) = u_{(l,\,m,\,n)}(t) \sin(k_l(x + L/2)) \sin(k_m(y + L/2)) \sin(k_n(z + L/2))$ geschrieben werden können. Hier ist $(l,\ m,\ n)$ ein Tripel positiver ganzer Zahlen, und wir haben den Vektor $\vec{k}$ durch $\vec{k} = (l,\ m,\ n)\frac{\pi}{L}$ definiert.

Die Frequenzen $\omega_{(l,\,m,\,n)} = \frac{c\pi}{L}\sqrt{(l^2 + m^2 + n^2)}$ der durch $(l,\ m,\ n)$ beschriebenen Schwingungsformen folgen durch Einsetzen in die Wellengleichung mit dem Ergebnis

$$\left(\frac{\partial^2}{\partial t^2} + c^2 k^2\right) u_{(l,\,m,\,n)}(t) = 0,$$

worin k für den Betrag von $\vec{k}$ steht. Die Minimalenergie des durch (l, n, m) beschriebenen Oszillators ist also $\hbar\omega_{(l,\,m,\,n)}/2$, und die Oszillatoren bis zu der durch die Maximalwerte $(L,\ M,\ N)$ beschriebenen Obergrenze tragen in ihrem Grundzustand

$$\sum_{(l,\,m,\,n)=(1,1,1)}^{(L,\,M,\,N)} \hbar\omega_{(l,\,m,\,n)}/2$$

zu der im Kubus enthaltenen Minimalenergie bei. Für große L, M und N kann die Berechnung der Summe nahezu genauso wie oben durch die Approximation durch ein Integral vollzogen werden. Im Intervall von k_x bis $k_x + dk_x$ befinden sich $L \cdot dk_x/\pi$ diskrete Werte von k_x, und genauso bei den anderen zwei Komponenten von $\vec{k}$. Also enthält das durch (k_x, k_y, k_z) und $(k_x + dk_x, k_y + dk_y, k_z + dk_z)$ begrenzte dreidimensionale Gebiet insgesamt $(L/\pi)^3 \cdot dk_x dk_y dk_z \equiv (L/\pi)^3 d^3k$ diskrete Werte von k, und durch Ausführung des Integrals in Polarkoordinaten folgt

$$\sum^{(L,\,M,\,N)} \hbar\omega_{(l,\,m,\,n)}/2 \approx \int^{k_{max}} \frac{L^3 c\hbar}{2\pi^3} k d^3k =$$

$$= \frac{L^3 c\hbar}{2\pi^3} \cdot (4\pi) \cdot \int^{k_{max}} k^3 dk = \frac{L^3 c\hbar}{2\pi^2} k^4_{max} = \frac{L^3 \hbar}{2\pi^2 c^3} \omega^4_{max}$$

mit der zugehörigen dreidimensionalen Energiedichte

$$\rho^{(3)} = \frac{\hbar}{2\pi^2 c^3} \omega^4_{max}$$

als Ergebnis.

Bei welcher Energie sollte die Summe abgebrochen werden? Spätestens dann, wenn quantenmechanische Aspekte der Gravitation beginnen, eine Rolle zu spielen. Indem wir die durch $\omega_{max} = m_{Pl}c^2/\hbar$ in Frequenzen umgerechnete Masse der Planck-Skala in $\rho^{(3)}$ einsetzen und das Ergebnis in Massendichte umrechnen, finden wir $\rho^{(3)}/c^2 \approx 10^{92}$ gcm^{-3}, einen Wert der nach Auskunft von [11] um den bereits erwähnten Faktor 10^{120} größer ist als die experimentelle Obergrenze. Natürlich kann man argumentieren, dass wir einfach eine viel zu hohe Abschneideenergie angenommen haben. Wollen wir aber ein Ergebnis in der Nähe der experimentellen Obergrenze erreichen, müssen wir $\rho^{(3)}$ um den Faktor 10^{120} erniedrigen. Dadurch wird die Abschneideenergie um den Faktor 10^{30} kleiner, und was das bedeutet, drückt man am einfachsten in atomaren Einheiten aus, wenn man sich daran erinnert, dass die der Masse des Protons entsprechende Energie etwa 1 GeV beträgt. Weil etwa 10^{19} Protonen die Masse m_{Pl} besitzen, erhalten wir 10^{-2} eV als Energie, bei der wir die Integration abbrechen müssen, um nicht in Widerspruch mit der experimentellen Obergrenze der Vakuumenergie zu geraten. Diese Energie liegt weit unterhalb der Bindungsenergie des Wasserstoffatoms von 13,6 eV und damit in einem Energiebereich, in dem die Quantenelektrodynamik Triumphe feiert. Insgesamt stehen wir mit der Kosmologischen Konstante/Dunklen Energie vor einem von drei Rätseln, die weit über die heute bekannte Physik hinauszuweisen scheinen. Das zweite Rätsel ist die Massenskala der Elementarteilchen. Sie hat, wie wir wissen, ebenfalls mit dem Inhalt des Leeren Raumes zu tun, mit den Higgs-Feldern. Das dritte Rätsel bilden die *geisterhaften Fernwirkungen* der Quantenmechanik, die mit den Namen Einstein, Rosen, Podolsky [22] sowie Bell [5] verknüpft sind.

Higgs-Felder und das frühe Universum

Higgs-Felder sind generell Nebenprodukte der Brechung von Eichsymmetrien. Nach Auskunft der – wie oft gesagt wird – Astroteilchenphysik verdanken die vier heute deutlich verschiedenen Wechselwirkungen – die Gravitative, die Schwache, die Elektromagnetische und die Starke Wechselwirkung – ihre Unterschiede drei Symmetriebrechungen, die in der Geschichte des Universums aufgetreten sind. Zuerst, unmittelbar nach dem Urknall, nur 10^{-44} Sekunden nach ihm, bei Temperaturen oberhalb der Planck-Temperatur von 10^{32} Grad (ob nun Celsius oder absolut) waren alle vier Wechselwirkungen zu nur einer mit einer einzigen Kopplungskonstanten und mit der Masse null aller Teilchen verschmolzen. Bei dieser Temperatur ist durch einen Prozess, den erst die zukünftige vereinigte Theorie der Schwerkraft und der anderen Wechselwirkungen wird einsichtig machen können, die Symmetrie zwischen der Schwerkraft und den anderen drei Kräften – selbst vereinigt in Gestalt einer GUT – verloren gegangen. Vermutlich waren auch hier Higgs-artige Felder im Spiel, aber die Details sind unbekannt. Diese beginnen wir nach 10^{7} Spannen dieser Kürze zu verstehen, also ab 10^{-37} Sekunden nach dem Urknall. Bei der damaligen Temperatur von 10^{28} Grad sind aus der GUT die starke und die (noch vereinigte) Elektroschwache Theorie hervorgegangen – beide ab jetzt unterscheidbar durch die Stärken der ihnen eigentümlichen Wechselwirkungen und die Massen ihrer Teilchen. Der Mechanismus dieser Symmetriebrechung ist zwar nicht genau bekannt (denn auch die tatsächlich im Universum realisierte GUT ist das nicht), aber Einigkeit besteht darüber, dass anlässlich ihrer Higgs-Felder aufgetreten sind. Diese Geschichte wiederholt sich: Auch bei dem Zusammenbruch der Symmetrien der Elektroschwachen Theorie mit dem Resultat unterscheidbarer Elektromagnetischer und Schwacher Wechselwirkungen in der Sekunde 10^{-10} nach dem Urknall bei 10^{15} Grad Temperatur sind Higgs-Felder aufgetreten, die zwar und selbstverständlich nicht dieselben sind wie die der GUT-Symmetriebrechung, qualitativ aber durch dieselben Gleichungen beschrieben werden können.

Die Richtung, welche das Higgs-Feld bei der Symmetriebrechung in dem abstrakten Raum der Teilcheneigenschaften zufällig wählt, hat für die Teilchen manifeste Konsequenzen. Ohne sie können durch Symmetrietransformationen verknüpfte Teilchen nicht unterschieden werden; mit ihr unterscheidet sich zum Beispiel das Elektron vom Elektron-Neutrino durch verschiedene Werte einer erhaltenen Ladung – der elektrischen. Das Standardmodell der Elementarteilchentheorie ist außerdem so eingerichtet, dass das Elektron-Neutrino wie alle Neutrinos masselos ist, das Elektron aber eine Masse besitzt (wie alle Leptonen außer den Neutrinos). Sind, wie es sich herauszustellen begonnen hat, die Neutrinos nicht alle masselos, bleibt wegen der Kleinheit ihrer Massen verglichen mit denen ihrer elektrisch geladenen Partner, die Verankerung beider Unterschiede – durch Ladung und Masse – im Vakuum bestehen. Das Vakuum mit seinen Higgs-Feldern »weiß« auch, welche Austauschteilchen – Gluonen, Photonen, W- und Z-Bosonen – Masse besitzen, und welche nicht: Diejenigen, die zu exakten Symmetrien gehören, sind masselos, die anderen nicht.

Kristallisationen und topologische Defekte

Wenn wir, beginnend mit einer Temperatur oberhalb der Curie-Temperatur, das Schicksal eines Ferromagneten bei abnehmender Temperatur verfolgen, ergibt sich folgendes Bild: Anfangs verschwindet die Magnetisierung; der Ferromagnet ruht wie eine Kugel im Minimum ihres Potenzialfeldes und besitzt dieselbe Drehsymmetrie wie seine freie Energie F (siehe S. 101). Ist der Ferromagnet groß genug, so sind die (unvermeidlichen) Schwankungen um diesen Wert vernachlässigbar klein – außer *bei* der Curie-Temperatur. Fällt die Temperatur unter die Curie-Temperatur, nimmt F die Gestalt der Abb. 3.16b) an und das System begibt sich in einen der Zustände, die in der Rinne des Hutes angesiedelt sind – zum Beispiel in den der Kugel der Abbildung. Hierdurch und hierbei bricht es die Symmetrie, die für sein F gilt. Überlagert und erzeugt wird dieses globale Verhalten des Ferromagneten durch unvermeidliche lokale Schwankungen des Feldes seiner Magnetisierung.

Was über den Raum verteilt genau geschieht, hängt entscheidend von den Geschwindigkeiten der einzelnen Übergänge ab. Wenn sich F so schnell ändert, dass der Zustand des Systems hinterherhinkt, kommt es zu Prozessen, die in anderen Zusammenhängen als Siedeverzögerungen bekannt sind. Auf derartige Details soll hier nur insoweit eingegangen werden, als wir nicht erwarten können, dass sich in »großen« Systemen überall dieselbe Richtung der Magnetisierung durch die Spontane Symmetriebrechung einstellt. In hinreichend weit entfernten Gebieten des Ferromagneten werden verschiedene Zustände realisiert werden, und in ihrer Nachbarschaft als Keime weiterer Realisierungen wirken – wie wir es von Kristallisationsprozessen kennen, die von Keimen ausgehend wachsen und ihre (zufälligen und voneinander unabhängigen) Richtungen ihren Abkömmlingen aufprägen. Treffen nun zwei derartig wachsende Einflussgebiete aufeinander, so werden die Richtungen, die sich ausgebildet haben, an den Grenzlinien nicht dieselben sein, sodass sich Verwerfungen bilden; so genannte topologische Defekte. Derartige Defekte können in einem System zwar wandern, nicht aber verschwinden – es sein denn, sie treffen auf einen anderen Defekt, der die entgegengesetzte Windungszahl besitzt, der beispielsweise ein Linksknoten statt eines Rechtsknotens wäre. Da das Naturgesetz für die Magnetisierung will, dass alle Elementarmagnete parallel stehen, sind die Grenzgebiete, in denen sie das nicht tun, Gebiete großer Energiekonzentration.

Einem Richtungsstreit wie dem der Spins begegnen wir auch im Universum. Bei dessen Übergang von dem Zustand ohne Higgs-Feld zu einem mit voll ausgebildetem Feld muss dieses neben seinem festgelegten Betrag auch eine gewisse Phase annehmen. Vom Ort $\vec{r}$ und von der Zeit t ist die Phase des Feldes im Zustand niedrigster Energie genauso unabhängig wie sein Betrag. Das aber impliziert, dass das Universum seinen Zustand niedrigster Energie nicht global, sondern nur lokal annehmen wird – genau genommen wird es ihn also *nicht* annehmen. Denn die Entwicklung des Feldes bei absinkender Temperatur wird in voneinander entfernten Gebieten nicht dieselbe sein. Das ist für den Betrag des Feldes irrelevant: Ihn legt bereits das Minimum der Energiekurve fest, und das überall genauso, weil sie überall dieselbe ist. Grenzflächen zwischen Gebieten mit verschieden festgelegten Beträgen des Higgs-Feldes entstehen also nicht.

Ganz anders aber steht es um die Phase des Feldes. Denn sie kennt keinen Richtwert, auf den sie zuwandern müsste, damit die Energie minimal sei; ihr schlussendlicher Wert ist ein Zufallsprodukt, das aber festlegt, welche Teilchen welche Massen besitzen und welche Wechselwirkungen stark und welche (im Wortsinn) schwach sind. Weil die Phase keinen Richtwert kennt, wird der sie festlegende Zufall in verschiedenen Gebieten verschieden sein. Und es wird nach Art der Kristallisationskeime eine einmal angenommene, lokal konstante Phase die noch fluktuierenden Phasen in ihrer Umgebung zur Übereinstimmung mit ihr selbst zwingen. Folglich werden Gebiete im Universum mit jeweils derselben Phase ihres Higgs-Feldes entstehen und so lange wachsen, bis sie auf andere Gebiete stoßen, in denen die Phase einen anderen konstanten Wert angenommen hat. Das Resultat sind topologische Defekte. Der Sprung im Wert der Phase des Higgs-Feldes an den Grenzflächen impliziert große Energiekonzentrationen eben dort. Übrigens wirkt nicht die Phase selbst in die Theorie hinein, sondern die von ihr abhängige Transformation, die sie eliminiert, tut das; die eliminierte Phase hinterlässt sozusagen Spuren in der Theorie. Ob es tatsächlich im Universum topologische Defekte gibt, ist umstritten.

Higgs-Felder und Inflation

Geht das Universum von einem Extremwert der Energie zu einem anderen, tieferen über, muss es die dadurch frei werdende Energie loswerden, und tut das durch Wiederaufheizen und/oder die Produktion von Elementarteilchen als Träger manifester Energie. Pendel geben im Laufe der Zeit ihre Energie durch Reibung an der Luft, also als Wärme, ab. Auch bei Ordnungsprozessen wie bei dem Übergang von Wasser zu Eis bei null Grad Celsius wird Energie in der Form von Wärme frei. Im Universum insgesamt ist es ähnlich, nur dass

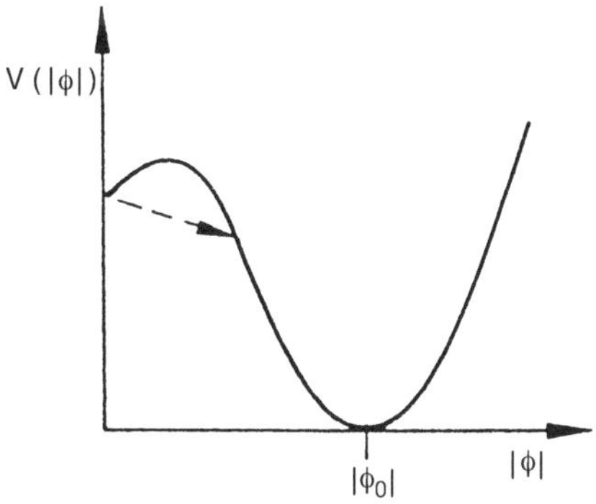

Abbildung 4.14: Ein in der inflationären Kosmologie verwendetes Potenzial

seine Energieabgabe, wie bereits gesagt, zusätzlich zu den schnelleren und ungeordneteren Bewegungen vorhandener Teilchen die Produktion neuer Teilchen bewirkt. Es kann sogar sein, dass die für die Existenz eines Objektes erforderliche Energie kleiner ist als die, die sein Sichordnen freisetzt.

Hierzu noch einmal das Szenario der Einleitung, das zwar die Alltagsphysik, die fundamentale aber nicht verbiegt. Bei null Grad Celsius kann Wasser sowohl flüssig als auch fest sein. Wenn es vom flüssigen in den festen Zustand übertritt, gibt es Wärme – Kristallisationswärme – ab. Folglich ist Eis bei null Grad Celsius energieärmer als flüssiges Wasser: Der Vakuumzustand des Wassers bei und unterhalb dieser Temperatur ist Eis. Weil der Ferromagnet bei seinem Phasenübergang keine latente Energie freisetzt, taugt er übrigens nicht als Beispielsystem für unseren gegenwärtigen Zweck.

Soweit die unverbogene Alltagsphysik. Nun haben wir uns vorgestellt, es gebe eine Substanz X, die wie Wasser bei einer gewissen Temperatur in zwei Formen auftreten kann: ungeordnet, d.h. »flüssig«, und geordnet, d. h. »fest«. Anders aber als bei Wasser soll es so sein, dass die Substanz X zu ihrer schieren Existenz aufgrund von Einsteins $E = mc^2$ sehr, sehr wenig Energie braucht – weniger sogar, als beim Übergang von ihrem ungeordneten zum geordneten Zustand als »Kristallisationswärme« freigesetzt wird. Dann würde es sich energetisch auszahlen, wenn die Substanz X spontan aus dem Leeren Raum entstünde und einen X-Kristall bildete. Raum in seinem Zustand niedrigster Energie, seinem Vakuumzustand, wäre dann nicht leer im konventionellen Sinn – er enthielte ja den realen X-Kristall, dessen Anwesenheit die Gesamtenergie herabsetzte.

Für Wasser als X gilt das selbstverständlich nicht; bei ihm ist der Energiegewinn durch Kristallisation lächerlich gering verglichen mit seinem $E = mc^2$ – abgesehen außerdem davon, dass Wasser nur zusammen mit Anti-Wasser aus dem Nichts entstehen könnte. Aber ungefähr so soll es um die Higgs-Felder bestellt sein.

Eine für die Entwicklung des Universums wichtige Frage ist, ob es nach der Ausbildung der Minima der Abb. 3.21c) für eine gewisse Zeit in dem Maximum des Potenzials der Abbildung verharrt hat. Wenn man das will, kann es durch geeignete Modifikationen der Kurve im Bereich ihres Maximums erreicht werden; einer Kurve, deren wahrer Verlauf sowieso nicht bekannt ist. Sagen wir, in einem Zwischenbereich der Temperatur bildet das Maximum der Abb. 3.21c) vorher oder nachher eine Delle wie in der Abb. 4.14 aus. Nun mag infolge sinkender Temperatur zuerst die Delle abnehmen, oder zuvor noch das Universum per Tunneleffekt den Potenzialwall überwinden – auf jeden Fall verharrt es für eine gewisse Zeit in dem symmetrischen Zustand ohne Higgs-Feld. Indessen gibt es Zustände mit niedrigerer Energie, die das Universum annehmen kann, und folglich muss es während des Verharrens vermöge der oben abgeleiteten Gleichung $R(t) = R_0 e^{t\sqrt{\Lambda c^2/3}}$ durch seine im Vakuum aufgestaute Energie expandieren – um so schneller, je größer diese Energie ist. Von der Abb. 4.15 lesen wir ab, dass das Universum um die 10^{-37} Sekunden nach seiner Entstehung begonnen hat, innerhalb der nachfolgenden 10^{-35} Sekunden seine Abmessungen um den Faktor 10^{50} zu vergrößern. Hierbei ist alles, was es zuvor enthielt, bis zur Unauffindbarkeit verdünnt worden. Zum Beispiel ist die Dichte Magnetischer Monopole, sollte es sie zuvor bemerkbar häufig gegeben haben, durch die Vergrößerung des Universums auf praktisch null zurückgesetzt worden.

Wird positive Vakuumenergie in manifeste Energie umgewandelt, ändert sich abrupt deren Einfluss auf die Entwicklung des Universums – aus der (durch den negativen Druck der Vakuumenergie bewirkten) Abstoßung wird normale gravitative Anziehung. Die Anziehung wird später in der Geschichte des Universums ihre wohlbekannte Rolle spielen.

Eine bemerkenswerte Konsequenz der inflationären Vergrößerung des Universums um den Faktor 10^{50} in nur 10^{-35} Sekunden ist auch, dass es (nahezu) unabhängig von seiner Krümmung zuvor nach der Vergrößerung von einem flachen Universum nicht unterschieden werden kann. Diese Auswirkung haben wir bei der Diskussion der Skalaren Krümmung ${}^3K$ bereits herausgestellt; sie soll die Abb. 4.16 veranschaulichen. Wir wiederholen, dass der Raum, der durch eine effektive Kosmologische Konstante – hier die im »Falschen Vakuum« verborgene Energie – neu entsteht, dieselbe Energiedichte besitzt wie der Raum, von dem er abstammt. Folglich wird am Ende der Inflation bei dem Übergang des Higgs-Feldes vom durch die Abb. 3.21c) zu Abb. 3.21d) symbolisch dargestellten Zustand sehr viel Energie frei – eben die Kristallisationswärme des Higgs-Feldes. Sie führt zur Produktion von Elementarteilchen und heizt das Universum, das sich in den Bruchteilen von Sekunden seiner Existenz *vor* der Inflation bereits

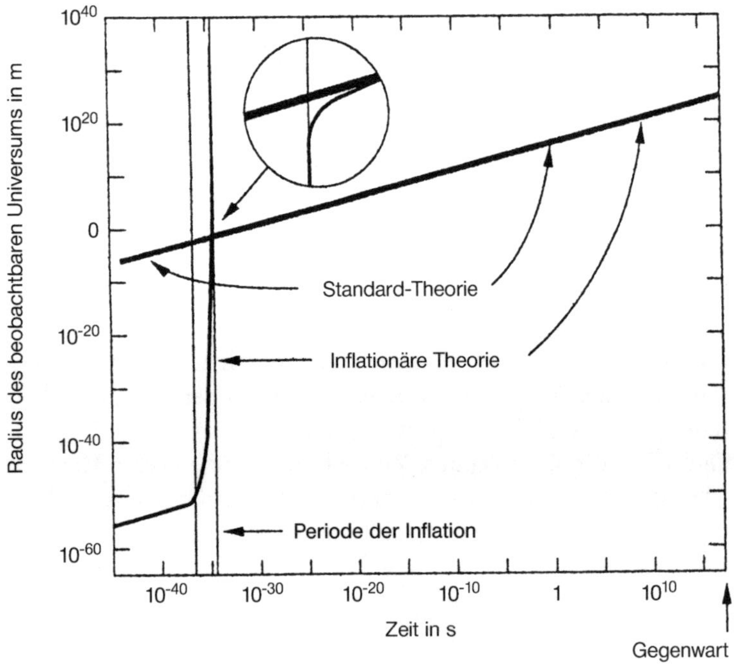

Abbildung 4.15: Die Entwicklung der Größe in Metern des heute beobachtbaren Universums in seiner Frühzeit nach Auskunft zweier Theorien: erstens des Standardmodells des heißen Urknalls und zweitens der inflationären Theorie, um die es uns besonders geht. Die genauen Zahlenwerte der Abbildung sind nicht verlässlich, weil sie von den Details der noch unbekannten GUT abhängen.

abgekühlt hatte, wieder auf –, sodass am Ende der Inflation die Entwicklung des Universums in jene einmündet, die es nach Auskunft des Modells des heißen Urknalls ohne Inflation von Anfang an durchlaufen hat und weiterhin durchlaufen wird. Auch dies veranschaulicht die Abb. 4.15.

Ein irreales Schreckensszenario

Wie das frühe Universum, kann auch das heutige in einem Minimum mit einer Vakuumenergie gefangen sein, die größer ist als

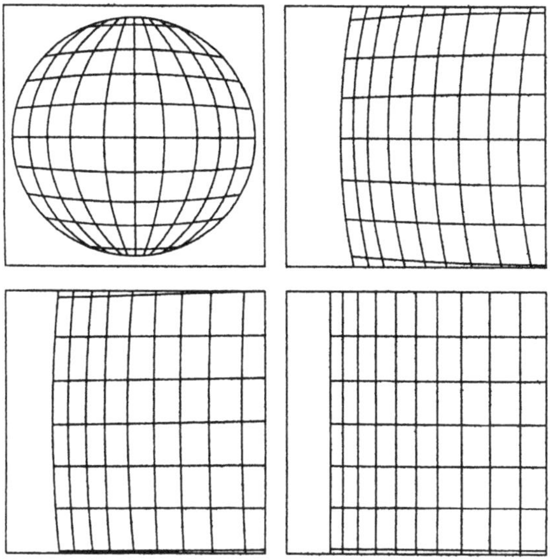

Abbildung 4.16: Beim Aufblasen des Ballons wird seine Oberfläche flacher.

eine geringere Energie, die es annehmen kann, sodass Übergänge zu einer geringeren Energie zumindest im Prinzip weiterhin möglich sind. Hat es seit der Frühzeit nur deshalb keinen derartigen Übergang gegeben, weil das Universum bisher nirgendwo der Energiedichte nahe gekommen ist, die zur Überwindung (oder der quantenmechanischen Durchtunnelung) des Potenzialwalls erforderlich ist, der das erreichte Minimum von dem nächsten, tiefer gelegenen trennt? Hier eröffnen sich zwei aufregende Fragen. Erstens: Gibt es ein absolutes Minimum der Vakuumenergie des Universums, und wurde es – zweitens – bereits im gegenwärtigen Universum erreicht, sodass keine Übergänge zu einem Vakuumzustand mit abermals tieferer Energie möglich sind, weil es keinen solchen gibt? Keiner kann das wissen, aber in der Frage, ob zukünftige oder gar bereits geplante Experimente[16] einen derartigen Weltenbrand auslösen könnten, stimme ich allen Kommentatoren aus den Naturwissenschaften zu: Nein, keinesfalls.

Eine fruchtbare Spekulation von 1973

Die wohl kühnste Anwendung der Idee vom fluktuierenden Vakuum hat zuerst der amerikanische theoretische Physiker Edward Tryon im Jahre 1973 ersonnen (siehe z. B. [29] und die dort angegebene Literatur). Er hat viele Nachfolger gefunden mit seiner Frage, ob das Universum vielleicht nichts weiter sei als eine Fluktuation des physikalischen Vakuums. Aber die Lebensdauer einer Fluktuation ist laut Unschärferelation zwischen Energie und Zeit zu ihrer Energie umgekehrt proportional – wie kann es da sein, dass es das Universum mit all seiner offensichtlichen Energie bereits seit mehr als zehn Milliarden Jahre gibt? Vielleicht, so Tryon, ist die Gesamtenergie des Universums null oder nahezu null. Denn zu den positiven Masse- und Bewegungsenergien der Materie muss deren negative Lageenergie hinzugerechnet werden mit einem Ergebnis, das nahe bei null oder null sein kann –, wie es experimentell tatsächlich ist. Wenn so, ist das Universum möglicherweise nur eine Fluktuation des ewigen Vakuums, für das immer dieselben Naturgesetze gelten. Zu einer sinnvollen naturwissenschaftlichen Aussage kann diese Spekulation werden, indem und wenn sie als Teil einer überprüf- sprich widerlegbaren Theorie auftritt. Es ist ja nicht so, dass jede Einzelaussage einer Theorie einen empirisch überprüfbaren Sinn besitzen muss, damit sie sinnvoll sei und wir sie für wahr halten dürfen; nur die Theorie als ganze muss dazu empirisch überprüfbar sein und die Einzelaussage unabdingbar enthalten. Wissenschaftliche Einzelwahrheiten sind ja immer nur Wahrheiten relativ zu der Theorie, die sie feststellt. Den Kriterien für die Gültigkeit der Theorien selbst können und wollen wir hier nicht nachgehen. Unüberprüfbare Einzelaussagen können zu deren Beleg jedenfalls nichts beitragen, und müssen das auch nicht, um ebenso gültig zu sein wie die Theorie selbst. Ein für dieses Buch relevantes anderes Beispiel bildet der Leere Raum bei der Temperatur absolut null. Da diese Temperatur nicht erreichbar ist, können wir, was die Theorie über ihn sagt, aus prinzipiellen Gründen nicht überprüfen. Trotzdem ist es nicht sinnlos, weil es durch die Erfolge bzw. Misserfolge der Theorie insgesamt mit überprüft wird. Die Theorie sagt auch, dass der Übergang von endlichen Temperaturen zu der Temperatur absolut null glatt ist, sodass die Extrapolation experimenteller Resultate hin zu dieser Temperatur sinnvoll ist und glaubhafte Resultate liefert. Das ist keinesfalls bereits aus allgemeinen Gründen so, wie ein von dem englischen theoretischen Physiker Michael Berry stammendes Beispiel drastisch verdeutlicht: Wenn ich einen Apfel halb aufgegessen habe und finde im Rest 1/2 Wurm, ist das eklig. Noch ekliger ist es, wenn ich 1/4 Wurm finde; und so weiter. Mein Ekel sollte folglich am größten sein, wenn ich im Apfelrest kein bisschen Wurm finde.

5
Unsichtbares

Alle unsere Vorstellungen in der Physik benötigen eine gewisse Dosis gesunden Menschverstandes bei ihren Anwendungen; sie sind nicht rein mathematische oder abstrakte Vorstellungen.

(Richard P. Feynman in [25], S. 159)

Der Raum ist unsichtbar, wir können bestenfalls hoffen, etwas über ihn durch Probekörper zu erfahren, die wir in ihm aussetzen. Massen wirken, wie die Allgemeine Relativitätstheorie lehrt, auf den Raum zurück, sodass als Probekörper nur Massen taugen, die so klein sind, dass ihre Rückwirkung auf den Raum vernachlässigt werden kann. Sie schwimmen sozusagen mit dem Raum mit, geben Auskunft über ihn und seine Entwicklung im Laufe der Zeit.

Doch wie vollständig ist die Auskunft, die Probekörper über den Raum (und die notabene ebenfalls unsichtbare Zeit) geben können? Was können wir aus den allein beobachtbaren Abständen der Probekörper voneinander über den Raum selbst – wenn es ihn denn gibt – und die Möglichkeiten von Bewegungen in ihm erfahren? Diese Frage wird seit Newton diskutiert und immer wieder unter verschiedenen Voraussetzungen beantwortet. Wie aber auch immer die endgültige Antwort ausfallen wird (oder ausgefallen ist), die Physik kommt seit Newton bestens ohne sie aus –, wenn auch Newton fälschlich dachte, er könne seinem »Absoluten Raum« durch die Gesetze der Bewegung und der Gravitation einen objektiven Sinn verleihen. Dessen Geschwindigkeit, wenn nur nach Betrag und Richtung konstant, ist ja gerade aufgrund von Newtons Mechanik unbeobachtbar.

Zur Begründung der Speziellen Relativizätstheorie und zunächst auch der Allgemeinen, hat Albert Einstein sich vorgestellt, er könne den Raum durch Messlatten und die Zeit durch Uhren sozusagen sichtbar machen. Dies sollte sich, wie unter der Überschrift »Lochbetrachtung« weiter unten beschrieben, als Irrtum erweisen.

Ich muss ausholen, um dies zu erläutern. Die Physik hat parallel zur Entwicklung der Quantenmechanik zur Kenntnis nehmen müssen, dass ihre Theorien als Interpolationen zwischen Beobachtungs- oder Basissätzen, die jedermann verstehen kann, Begriffe einbeziehen müssen, die nicht explizit durch derartige Sätze definiert werden können –, obwohl die Interpreten der Quantenmechanik genau das angestrebt haben. Sinnkriterium für in physikalischen Theorien auftretende Begriffe ist nicht irgendeine Konstruierbarkeit aus Erfahrungssätzen, sondern die Möglichkeit, mit Hilfe der Begriffe Zusammenhänge zwischen Erfahrungssätzen abzuleiten, die ohne sie nicht folgen. Was das genau bedeuten soll, ist schwer und nur im Einzelfall verständlich zu sagen, zugleich aber für die Physik nicht sonderlich wichtig: Wird zu einer physikalischen Theorie ein Ausspruch wie »Das Nichts nichtet« hinzugefügt, der insofern sinnlos ist, dass mit ihm dieselben experimentell überprüfbaren Aussagen folgen wie ohne ihn, so mag er denn stehen bleiben. Es geht der Physik ja nicht um den ontologischen Status ihrer Begriffe, sondern nur um die Gesamtheit der aus ihren Theorien ableitbaren Zusammenhänge zwischen Beobachtungssätzen. Diese Zusammenhänge sind so real wie die Gegenstände der unmittelbaren Erfahrung, wie Stolpersteine oder Stühle, aber die den Begriffen der Theorie entsprechenden Objekte, deren Natur nicht definitorisch auf Beobachtungssätze zurückgeführt werden kann, beziehen ihre insofern eingeschränkte Realität allein aus der Theorie.

Wie es um die Begriffe physikalischer Theorien im Vergleich zu den ihnen entsprechenden Beobachtungssätzen steht, soll die Abb. 5.1 veranschaulichen. Theorien bilden ein Konglomerat von Begriffen und Aussagen, die durch Interpretation auf Aussagen führen, die durch Beobachtungen überprüft werden können, und die auf die Begriffsbildungen zurückwirken. Objektiv fassbar ist von diesen Zusammenhängen nur der von der Theorie hin zu den Beobachtungssätzen; der umgekehrte von Beobachtungen zur Theorie ist eine durch die Psychologie oder Träume – das Periodische System ist seinem Entdecker Dmitri Ivanovich Medeleyev zuerst im Traum erschienen – der Forscher verdunkelte, oftmals unordentliche Privatsache. Das hier nur nebenbei. Freiheit von internen und externen Widersprüchen – keine internen logischen und keine externen empi-

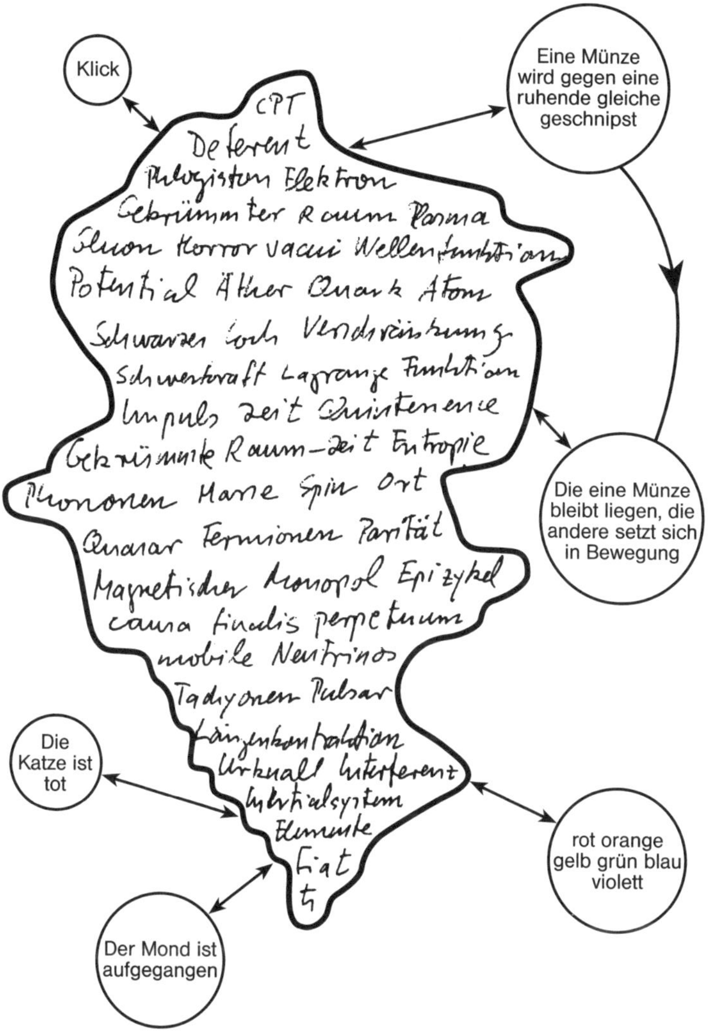

Abbildung 5.1: Die gegenwärtigen physikalischen Theorien häufen Begriffe an, die mit experimentellen Befunden in dem losen Zusammenhang eines Gebens und Nehmens stehen. Ziel der Physik ist eine Theorie von Allem (Theory of Everything, TOE), die mit einem logisch widerspruchsfreien System von Annahmen auskommt und zugleich im Prinzip »alles erklärt« – wobei selbstverständlich erst im Nachhinein gesagt werden kann, was das genau bedeutet. »Die exakte Naturwissenschaft [geht] davon aus, dass es schließlich immer, auch in jedem neuen Erfahrungsbereich möglich sein werde, die Natur zu verstehen, dass aber dabei gar nicht von vornherein ausgemacht sei, was das Wort ›verstehen‹ bedeutet.« So Werner Heisenberg in seinem Vortrag von 1953 »Das Naturbild der heutigen Physik« ([33], S. 110).

rischen mit Beobachtungssätzen – ist die hauptsächliche Forderung, die an physikalische Theorien gestellt werden muss. Hinzukommen können Forderungen nach Einfachheit, nach expliziter Definierbarkeit ihrer Begriffe durch Beobachtungssätze, nach der Lokalität der Ausbreitung ihrer Wirkungen, und vieles anderes mehr. Oben rechts deutet die Abb. 5.1 durch ein Beispiel den bereits erwähnten Zusammenhang an zwischen einer physikalischen Ursache und ihrer Konsequenz – ein Zusammenhang, der genauso real ist wie die Münzen selbst das sind. Mehr, als dass beide »genauso« real sind, wird hier nicht behauptet. Worin beider Realität letztlich besteht, mag offen bleiben.[17]

Weniger allgemein stellt die Abb. 5.2 das Verhältnis einer physikalischen Theorie und ihrer Interpretation zu ihrem – wie ich sagen will – »Machschen Inhalt« grafisch dar. Der Machsche Inhalt einer Theorie soll für alles stehen, was von ihr durch Beobachtungen überprüft werden kann. Die Stellungen von Sonne, Mond und den Planeten relativ zueinander – genauer: ihre Abstände – statt im Absoluten Raum Newtons bilden ein instruktives Beispiel für den Machschen Inhalt der Newtonschen Himmelsmechanik. Der Absolute Raum, in dem Newton seine Massepunkte und Himmelskörper angesiedelt hat, gehört zu den Begriffen der Theorie, die nicht explizit durch Beobachtungsdaten – also durch deren Machschen Inhalt – definiert werden können. Insbesondere kann ihm aufgrund

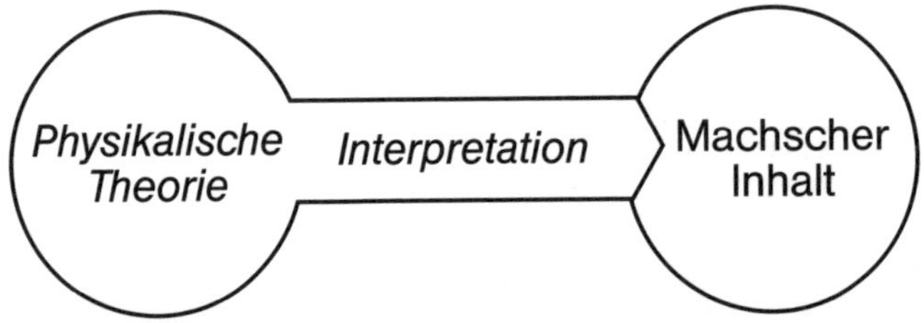

Abbildung 5.2: Wenn einmal die TOE der Abb. 5.1 gefunden sein wird, erklärt sie als Physikalische Theorie zusammen mit ihrer Interpretation alles, was überhaupt erklärt werden kann. Vorerst aber müssen wir uns mit Teiltheorien begnügen, die beschränkte Bereiche der Wirklichkeit – sozusagen Ebenen der Erkenntnis, die wir Machsche Inhalte nennen, – gesetzmäßig zu beschreiben und insofern zu erklären vermögen. Warum das möglich ist, warum also nicht alles mit allem unauflösbar verbandelt ist, ist eines der größten Rätsel der gegenwärtigen Naturwissenschaften.

der Gesetze der Theorie keine Geschwindigkeit zugewiesen werden. Wohl aber eine Beschleunigung! Diese Merkwürdigkeit der Theorie hat Ernst Mach dazu veranlasst, ihr eine Metatheorie überzustülpen, in der der Fixsternhimmel an die Stelle des Absoluten Raumes tritt. Der Fixsternhimmel soll festlegen, was es bedeutet, sich beschleunigt zu bewegen und deshalb Kräften ausgesetzt zu sein. Denn nach Auskunft der Machschen Naturphilosophie – allgemeiner: des Positivismus – sind nur Relativbewegungen wahrnehmbar und damit wirklich. Als wahrnehmbar akzeptiert der Positivismus nach allem Anschein auch Beobachtungen von durch Teleskope bewaffnete Augen, nicht aber durch deren Bewaffnung durch Zeiger, die Beschleunigungen anzeigen. Warum? Obwohl ich – für einen Physiker – recht viele Texte von Naturphilosophen absorbiert habe, kenne ich keinen, der den mir einzig möglich erscheinenden rationalen Grund für eine solche Unterscheidung auch nur erwähnt hätte: Dass der Sternenhimmel durch die Vielzahl vereinzelt stehender Sterne inhomogen, der Raum Newtons aber homogen ist. Denn erst Inhomogenitäten eines Bezugskörpers können Bewegungen relativ zu ihm sichtbar machen. Ohne diese Unterscheidung ist der Sternenhimmel für Newtons Theorie ein genauso müßiger metaphysischer Begriff wie sein Absoluter Raum. Anders wäre es nur vermöge einer Theorie, die sich von der Newtons unterschiede, und der es gelänge, die Trägheitskräfte Gleichung für Gleichung auf die Verteilung von Massen im Universum, welche die Theorie für ihre Anwendung brauchte, zurückzuführen –, ob diese Massen nun gleichmäßig oder ungleichmäßig im Universum verteilt wären. Die Experten sind uneins darüber, ob Mach eine solche gegenüber der Newtons veränderte Theorie angestrebt hat – formuliert hat er sicher keine, die Newtons ersetzen könnte –, oder ob er nur Newtons Theorie auf ein, nach seiner Ansicht, sichereres Fundament stellen wollte. Uneins sind sie auch darüber, inwiefern Einsteins Allgemeine Relativitätstheorie den Anforderungen Machs an sinnvolle Theorien genügt. Ich denke, dass Mach zumindest die Theorie mit von null verschiedener Kosmologischer Konstante aus prinzipiellen epistemologischen Gründen hätte verwerfen müssen.

Mach hat gefordert, dass keine Theorie ein Naturgesetz unterstellen dürfe, das nicht zumindest im Prinzip durch Beobachtungen begründet werden kann. Begründet statt nur überprüft. Keine Atome also, weil sie nicht beobachtet werden konnten – »Haben Sie welche gesehen?« soll er Ludwig Boltzmann gefragt haben –, die aber heute einzeln beobachtet werden. Zulassen will er nur Theorien, die durch eine Umkehrung des Pfeils »Interpretation« begründet werden können, wobei er wie noch heute viele seiner Interpreten die Fragwürdigkeit eines jeden »induktiven« Schließens außer Acht lässt. Induktive Schlüsse aber zugelassen, fehlt es nicht an Untersuchungen, welche die Newtonschen Gesetze für beobachtbare Bewegungen aus den Veränderungen von Abständen von Probekörpern abzuleiten gestatten.

Koordinatenwahl

Gilt die Newtonsche Mechanik, so ist es möglich, durch Beobachtung der gegenseitigen Abstände von hinreichend vielen Körpern im Raum wie Sonnen, Planeten und Monde absolute Koordinaten x, y, z im Sinne Newtons zu definieren (z. B. [2]). Dies soll durch ein einfaches Beispiel erläutert werden. Gegeben sei ein Himmelskörper mit der großen Masse M, dessen Bewohner andere leichte – ihre Möndchen– observieren, die sich gegenseitig nur unmerklich beeinflussen mögen. Die Verhältnisse se so, dass ohne in Widerspruch zur Mechanik Newtons zu geraten angenommen werden darf, dass der Himmelskörper der Beobachter absolut ruht. Alles, was seine Bewohner direkt beobachten können, seien die Abstände ihrer Möndchen von ihm im Laufe der Zeit t. Der Abstand eines von ihnen sei $r(t)$; zur Vereinfachung nehmen wir an, dass sich alle Himmelskörper in einer Ebene bewegen. Wir werden sehen, dass es den Beobachtern auf ihrem Himmelskörper *bei vorausgesetzter Gültigkeit der Newtonschen Mechanik* möglich ist, aus den beobachteten Abständen $r(t)$ Koordinaten x, y in der Ebene der Bewegung ihrer Möndchen so zu konstruieren, dass für deren $x(t), y(t)$ die Newtonschen Bewegungsgleichungen

$$\ddot{x}(t) = -\gamma x(t)/r(t)^3 \quad \text{und} \quad \ddot{y}(t) = -\gamma y(t)/r(t)^3 \qquad (5.1)$$

gelten. Hierin ist $\gamma = M \cdot G$ eine Konstante und $r(t) = \sqrt{x(t)^2 + y(t)^2}$ ist der bereits eingeführte beobachtete Abstand des jeweils betrachteten Möndchens von dem Himmelkörper der Beobachter. Der Ort dieses Himmelskörpers selbst ist $x(t) = y(t) = 0$ für alle Zeiten. Es geht, zur Klarheit sei es noch einmal gesagt, darum, ob und wie es möglich ist, aus Beobachtungen nur von Abständen $r(t)$ ein Koordinatensystem x, y so einzuführen, dass die Koordinaten $x(t), y(t)$ von Himmelskörpern den Bewegungsgleichungen

(5.1) genügen. Gültigkeit dieser Gleichung voraussetzend, machen wir uns zunächst daran, eine Gleichung für die alleinigen direkten Beobachtungsgrößen $r(t)$ abzuleiten. Hierzu stellen wir fest, dass aus den Newtonschen Gleichungen sowohl der Energiesatz

$$(\dot{x}^2 + \dot{y}^2)/2 - \gamma/r = E \tag{5.2}$$

als auch der Flächensatz

$$x\dot{y} - y\dot{x} = C \tag{5.3}$$

folgt, worin E und C Konstante sind. Das kann durch Differenzieren der Newtonschen Bewegungsgleichungen leicht überprüft werden.

Um nun eine Gleichung nur für r zu erhalten, führen wir durch

$$x = r\cos\phi \quad \text{und} \quad y = r\sin\phi \tag{5.4}$$

ebene Polarkoordinaten r, ϕ ein, worin die Zeitvariable, wie bereits zuvor, unterdrückt wurde.

Einsetzen in die Erhaltungssätze liefert

$$(\dot{r}^2 + r^2\dot{\phi}^2)/2 - \gamma/r = E \tag{5.5}$$

sowie

$$R^2\dot{\phi} = C, \tag{5.6}$$

sodass wir auch

$$(\dot{r}^2 + C^2/r^2)/2 - \gamma/r = E. \tag{5.7}$$

schreiben können.

Unser Ziel ist eine Gleichung für $r(t)$ *ohne* Konstante, die nicht bereits wie γ in den Newtonschen Gleichungen auftreten. Durch Differenzieren nach t entfällt E, und wir erhalten eine Gleichung, die wir als

$$R^3\ddot{r} + \gamma r = C^2 \tag{5.8}$$

schreiben können. Abermaliges Differenzieren nach t liefert schließlich die gesuchte Gleichung

$$r^3\frac{d^3r}{dt^3} + 3r^2\dot{r}\ddot{r} + \gamma\dot{r} = 0 \tag{5.9}$$

für r ohne, verglichen mit Gl. (5.1), zusätzliche Konstante. Anders als die Bewegungsgleichungen zweiter Ordnung Newtons für die Orte von Massen im Raum unter dem Einfluss beliebiger Kräfte ist diese Gleichung eine Differenzialgleichung dritter Ordnung, sodass zur Festlegung eines Ablaufs $r(t)$ die Vorgabe von $r(t_0)$ und $\dot{r}(t_0)$ zu einer Zeit t_0 nicht ausreicht: die zweite Zeitableitung $\ddot{r}(t_0)$ muss hinzukommen. Wir nehmen an, dass unsere hypothetischen Beobachter die Gültigkeit dieser Gleichung für das $r(t)$ zunächst eines ihres Möndchen durch Beobachtungen herausgefunden haben. Könnten sie nur dieses eine beobachten, träte für sie nur ein gewisser Vorrat von simultanen Werten $r(t), \dot{r}(t), \ddot{r}(t)$ auf, und sie könnten nicht wissen, ob dieser Wertevorrat zu einem zu unterstellenden Naturgesetz dazugehört, oder ob auch andere Wertezusammenstellungen möglich sind, die selbstverständlich zu anderen Abläufen und Bahnen gehören würden. Vertrauen hierauf können andere Systeme – ihre anderen beobachteten Möndchen – mit anderen Werten schaffen. Auch dann aber bleibt es ein mutiger Schritt, beliebige Werte als Anfangswerte zuzulassen, sodass jeder Wahl ein Ablauf entspricht, der sich im Einklang mit dem Naturgesetz der Gl. (5.9) aus den Anfangswerten ergibt.

Als gute Mathematiker stellen unsere Beobachter fest, dass genau die $r(t)$, die ihre Gleichung erfüllen, auch Lösungen der Gl. (5.8) mit geeignet gewähltem C sind. Folglich ist C keine Naturkonstante wie Newtons G, hier in $\gamma = M \cdot G$ aufgegangen, sondern steht für die Anfangsbedingung $\ddot{r}(t_0)$, die in der Differenzialgleichung (5.9) dritter Ordnung zu den beiden Anfangsbedingungen $r(t_0)$ und $\dot{r}(t_0)$ der gegenwärtigen Differenzialgleichung zweiter Ordnung hinzutritt. Das Vorzeichen von C legt laut Gl. (5.3) die Richtung der Bewegung fest. Henri Poincaré unterstellt in seinem Buch [53], aus dem wir die obigen Betrachtungen übernommen haben, dass es niemals möglich sein werde, zwischen wirklichen Naturkonstanten und etwelchen, nur in unserem Teil des Universums verbindlichen, Anfangsbedingungen zu unterscheiden.

Nun geht es Zug um Zug: Von den Bahnen ihrer Möndchen wählen die Beobachter eine ellipsenförmige aus, und rechnen Winkel ab deren Perihel. Die Wahl einer Richtung aufgrund der Naturgesetze ist nötig, da erst sie eine feste Richtung im Raum auszeichnen können. Denn erst sie legen fest, was es bedeutet, sich nicht zu drehen. Nach der Wahl der festen Richtung führen die Beobachter über ebene Polarkoordinaten die x und y der Gl. (5.4) als Newtonsche absolute Koordinaten ein und stellen fest, dass durch sie beschrieben, die Bewegungen ihrer Möndchen ausnahmslos den Newtonschen Gleichungen (5.1) genügen.

Keine Anwendung der Newtonschen Mechanik hängt davon ab, ob ihre absoluten Bewegungen aus Relativbewegungen der beteiligten Körper abgeleitet werden können (was sie bei keiner Anwendung werden). In Newtons Mechanik treten Begriffe wie »Inertialsystem« auf, und indem sie bei der Anwendung auf ein System unterstellt, dass dieses eins sei, überprüft sie diese Hypothese. Wie überall in der Physik, ja den Naturwissenschaften, ist aber auch hier Sicherheit unerreichbar.

Eine Tautologie? Ontologisch selbstverständlich: Aus dem Widerstand von Massen gegen Beschleunigungen soll folgen, dass es einen absoluten Raum gibt, der Beschleunigungen ihm gegenüber denselben Sinn verleiht wie die Autobahn den Beschleunigungen ihr gegenüber. Umgekehrt sollen dann die Beschleunigungen gegenüber dem absoluten Raum den Widerstand von Körpern gegen Beschleunigungen begründen. Erschöpft ist die Bedeutung, die der Absolute Raum in der Mechanik Newtons besitzt, hiermit aber nicht. Seine Einführung enthebt Newton der Notwendigkeit, absolute Koordinaten durch Abstände von Probekörpern zu definieren. Er will das, kann es aber nicht und geht darüber hinweg –, ohne dass seine Mechanik Schaden nähme. Denn an ihren Früchten sollt ihr auch die physikalischen Theorien erkennen: Werden Korrekturen zu der Annahme erforderlich, dass ein bestimmtes System ein Inertialsystem sei – etwa Korrekturen zu dem Modell der Erdoberfläche als Inertialsystem durch das Auftreten von Flieh- und Corioliskräften – muss statt Newtons Mechanik nur die Annahme verworfen werden, dass dieses spezielle System ein Inertialsystem sei.

Was aber, wenn verschiedene Theorien denselben Machschen Inhalt ergeben (Abb. 5.3)? Hier sind zwei Fälle zu unterscheiden. Erstens kann es sein, dass die Theorien nicht nur physikalisch, sondern auch logisch äquivalent sind. Nicht nur die Machsche Realität, die sie implizieren, ist dann dieselbe, sondern auch ihre Strukturen sind das, die Theorien sind isomorph. Verschieden können dann noch die Bilder sein, die sie suggerieren, aber das ist alles. Ist der Raum gekrümmt und die Naturgesetze sind überall dieselben, oder ist der Raum glatt und die Naturgesetze hängen vom Ort ab, was, wie wir wissen, und wenn wir von topologischen Unterschieden absehen, die Insassen eines Raumes nicht unterscheiden können? Unsere Psychologie versetzt uns bei derartigen Fragen unweigerlich in die Situation von Beobachtern *von außen* und suggeriert dadurch ontologische Unterschiede, die *von innen* nicht wahrgenommen werden können. Ob und inwiefern unser Tellerrand überwunden werden kann, muss, bis das eventuell gelingt, dahingestellt bleiben. Wir haben keine Wahl, als uns mit unseren besten Theorien zu begnügen.

Zweitens können die beiden Theorien echt verschieden in dem Sinn sein, dass ihre Strukturen nicht isomorph sind. Beschränkt man sich auf Prozesse der Klassischen Thermodynamik als Machschen Inhalt, bilden die Thermodynamik selbst und die Statistische Mechanik zusammen ein wohlbekanntes Beispiel für zwei nicht-isomorphe Theorien mit demselben Machschen Inhalt. Natürlich besitzt, wie wir heute wissen, die Statistische Mechanik weitaus mehr experimentell überprüfbare Konsequenzen als die Klassische Thermodynamik

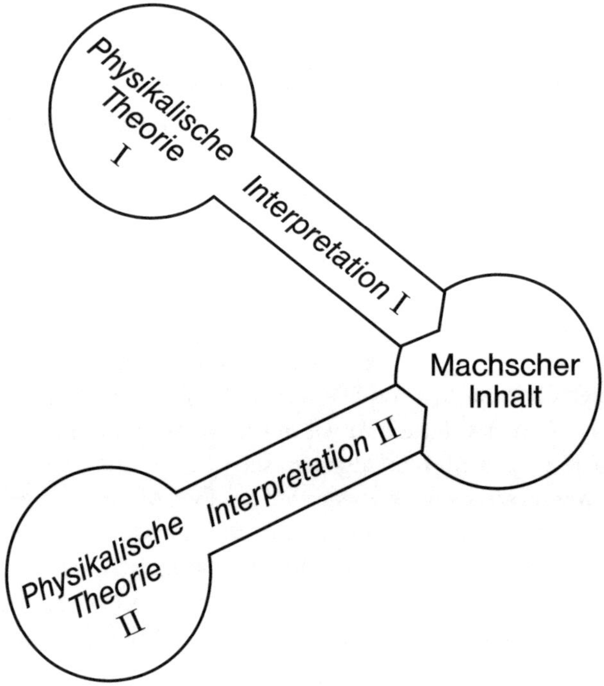

Abbildung 5.3: Zwei ontologisch verschiedene Theorien mit isomorphen oder auch nicht-isomorphen Strukturen können auf dieselben experimentell überprüfbaren Aussagen führen. Unsichtbare Größen, die sie einführen, wie »der Raum«, »die Zeit« und/oder »lokale Potenziale« beziehen ihre Realität ganz aus der Theorie; es ist sinnlos, von ihnen ohne Beziehung zur Theorie auch nur zu sprechen. Ihre Daseinsberechtigung *innerhalb* der Theorien, in denen sie auftreten, steht hingegen außer Frage.

– hier ist es gelungen, über den Tellerrand hinauszusehen –, aber das ist nicht unser Thema. Für uns wichtig an dem wohlbekannten Beispiel ist allein die Hierarchie der beiden Theorien: Sie können zu einer zusammengefasst werden, in der die Struktur der Statistischen Mechanik jener der Thermodynamik übergeordnet ist. Indem wir uns weiterhin auf die Prozesse der Klassischen Thermodynamik als Machschen Inhalt beschränken, reicht diese aus, um den Bezug der gesamten Theorie zur Realität herzustellen; die Struktur der Statistischen Mechanik ist dann eine Dreingabe, die verwendet werden kann, um die Struktur der Klassischen Thermodynamik abzuleiten, die aber keinen zusätzlichen, sozusagen ureigenen Machschen Inhalt besitzt.

Die Theorien, um die es uns vor allem gehen soll, weil sie mit dem Auftreten theoretischer Entitäten wie dem Raum selbst oder von Objekten in ihm zu tun haben, sind von dieser Art: *eine* Theorie mit *einem* Machschen Inhalt, aber mit Schichten von Strukturen. Eine unterste Struktur reicht aus, um den Machschen Inhalt der ganzen Theorie abzuleiten. Darüber wölben sich empirisch gesehen überflüssige Strukturen: die der Statistischen Mechanik in unserem Beispiel über die der Klassischen Thermodynamik.

Nicht erfasst durch dieses Beispiel wird die Möglichkeit, dass derselbe Machsche Inhalt durch *dieselbe* Theorie verschieden, aber äquivalent beschrieben werden kann – Automorphie tritt an die Stelle von Isomorphie. Äquivalent sind die Beschreibungen derselben mechanischen Systeme durch verschiedene Koordinatensysteme in derselben Theorie, die aus einander durch Drehungen hervorgehen. Hier eröffnet sich das schöne Thema physikalischer Symmetrien, das unseres aber nicht ist. Drehungen von Koordinatensystemen entsprechen physikalisch Drehungen um die umgekehrten Winkel des jeweils beschriebenen Systems, das mit dem ursprünglichen übereinstimmen kann, aber nicht muss. Beispiele folgen sogleich. Auf jeden Fall aber führen sie aus dem Bereich der vorgegebenen Machschen Inhalte nicht hinaus. Transformationen des Beobachters, hier beschrieben durch Drehungen des Koordinatensystems, nennen Physiker »passive« Transformationen, die ihnen entsprechenden inversen des beobachteten Systems »aktive«.

Transformationen einer Theorie, die denselben Machschen Inhalt anders, aber äquivalent beschreiben, können erstens in ihrer aktiven Form diesen Inhalt System für System und Ablauf für Ablauf ungeändert lassen. Zweitens können sie zumindest manche Systeme und/oder Abläufe des Machschen Inhalts in andere desselben Inhalts überführen. Unbeobachtbar sind solche Transformationen für und nur für Beobachter, die derselben Transformation unterworfen wurden wie der Machsche Inhalt. Die Symmetrien von Naturgesetzen können durch diese Form der Unbeobachtbarkeit charakterisiert werden. Hierher gehören Transformationen, die durch gedrehte, nicht aber durch *sich drehende* Bezugssysteme beschrieben werden können.

Nehmen wir als einfaches Beispiel die Mechanik Newtons, eingeschränkt auf eine unbewegliche Sonne und einen Planeten in der Ebene, in der sich beide bewegen. Die für dieses System geltenden Naturgesetze Newtons werden durch Drehungen um den Sonnenmittelpunkt nicht geändert, sodass mit jedem Ablauf, den sie erlauben, auch jener erlaubt ist, der sich durch eine solche Drehung aus dem ursprünglichen ergibt. Ein Beobachter, der im Schlaf mit dem System gedreht wurde, kann daher nach dem Erwachen durch kein Experiment feststellen, ob die Transformation durchgeführt wurde. Wir können auch sagen, dass dies *allein aufgrund der Naturgesetze* auf keine Art und Weise entschieden werden kann. Als weitere Vereinfachung wollen wir nicht beachten, wie der Planet seine jeweilige Bahn durchläuft, uns also auf die Bahnen selbst beschränken. Der Machsche Inhalt der Theorie ist dann einfach die Menge aller Ellipsen um den Sonnenmittelpunkt als Brennpunkt. Drehungen um ihn in der Ebene überführen offenbar erlaubte Bahnen in erlaubte, lassen den Machschen Inhalt der eingeschränkten Theorie insgesamt also ungeändert, ihre einzelnen Bahnen im allgemeinen aber nicht, sodass vermöge ihrer entschieden werden kann, ob eine, und welche, Drehung durchgeführt wurde. Wenn wir uns weiterhin auf Kreisbahnen als Machschen Inhalt der Theorie beschränken, wirken sich Drehungen auf keine Beobachtungsgröße aus, sodass auch durch Vergleich von »vorher« und »nachher« nicht entschieden werden kann, ob eine Drehung durchgeführt wurde. Drehungen in der Ebene um den Sonnenmittelpunkt führen als Transformationen der Koordinaten des Planeten die für das System geltende Newtonsche Theorie also in eine äquivalente über, die dieselben physikalischen Situationen anders beschreibt – durch die gedrehten statt durch die ursprünglichen Koordinaten.

Es ist vielleicht nicht unnötig, eine Methode anzugeben, welche – in unserem Beispiel – eine um ihren Brennpunkt gedrehte Ellipse von der ursprünglichen zu unterscheiden gestattet, ohne sich auf mehr als deren Machsche Inhalte zu berufen. Beschränkt man sich auf das ursprüngliche und das gedrehte System *jeweils für sich allein,* kann Unterscheidung in der Tat unmöglich sein. Wir könnten einen Fixsternhimmel einführen, der Drehungen als Drehungen ihm gegenüber erkennbar macht – das ist tatsächlich die Methode der Astronomie –, wollen aber möglichst ohne zusätzliche Objekte, die es mal geben mag, mal aber nicht, auskommen. Deshalb dies: Wir fügen zu jedem der ursprünglichen Systeme das durch die Transformation veränderte hinzu und unterstellen, dass die zugehörigen Vergleiche es erlauben, auf die verändernde Transformation zurückzuschließen. Hierzu mögen vom Einzelfall abhängige Klimmzüge erforderlich sein – Verschiebungen beispielsweise, um Überlappungen und gegenseitige Beeinflussungen zu vermeiden –, aber wir wollen es hierbei belassen und Transformationen der Theorie, deren aktive Interpretation ihren Machschen Inhalt System für System und/oder Ablauf für Ablauf ungeändert lassen, von jenen unterscheiden, die zwar den Machschen Inhalt insgesamt in sich selbst überführen, innerhalb seiner aber verändernd wirken.

Nicht unser Thema sind, wie bereits angedeutet, die Symmetrietransformationen der Naturgesetze vom zweiten Typ. Ob es sie überhaupt gibt, hängt von Formulierungen ab. So muss der Absolute Raum in Formulierungen der Newtonschen Gesetze nicht auftreten, kann das aber. Tritt er auf, kann seine Geschwindigkeit, wenn nur konstant, ebenfalls laut Newton, nicht beobachtet werden. Dementsprechend ist es sinnlos, von demselben Ort zu verschiedenen Zeiten auch nur zu sprechen: Wenn ich im Flugzeug einen Film in einem Monitor an dauernd derselben Stelle sehe, verändert diese Stelle von der Erde aus gesehen infolge der Bewegung des Flugzeuges ihren Ort. Doch wenn die Theorie so formuliert wurde, dass die Änderung der Geschwindigkeit in ihr überhaupt einen Ausdruck finden kann, führen Transformationen, die sie ändern, Elemente des Machschen Inhalts der Theorie in andere über – und lassen als Symmetrietransformation der Naturgesetze den Machschen Inhalt insgesamt ungeändert. Vielleicht sollte ich die Voraussetzung hier noch einmal nennen, dass alle Transformationen, von denen wir in diesem Zusammenhang überhaupt sprechen, Symmetrietransformationen der jeweils unterstellten Naturgesetze sind, sodass sie deren Machschen Inhalt insgesamt sowieso ungeändert lassen.

Indem also dem Absoluten Raum keine Geschwindigkeit zugeschrieben werden kann, ist es auch unmöglich, ihm Realität zuzusprechen. Er ist ein Konstrukt, das seine Realität auf eine höchstmerkwürdige Art und Weise sowohl der Theorie verdankt – indem er in ihr auftritt – als auch von ihr abgesprochen bekommt, indem sie ihn für unbeobachtbar erklärt. Newton, dem dieses Dilemma vor Augen stand, hat nach Auswegen gesucht, aber keine gefunden. Als real, indem sie wirkt, kann nur die Äquivalenzklasse aller Räume mit beliebigen, nach Betrag und Richtung konstanten Geschwindigkeiten aufgefasst werden; die, anders gesagt, Äquivalenzklasse aller Inertialsysteme. Diese Betrachtungen unterscheiden sich von früher angestellten nur durch Formulierungen. Inhaltlich neu ist die Möglichkeit von Transformationen von Theorien, die deren Machschen Inhalt nicht nur insgesamt, sondern sogar Einzelheit für Einzelheit ungeändert lassen; wie auch immer die Theorie formuliert wurde. Ja, es gehört zu dem Fundus derartiger Theorien namens Eichtheorien, dass sie Transformationen – Eichtransformationen – erlauben, die sich auf überhaupt kein Beobachtungsdatum auswirken; sie können geradezu aus Forderungen nach derartigen Symmetrien abgeleitet werden. Hierzu braucht die Theorie orts- und zeitabhängige Größen, die Potenziale, die durch die Eichtransformationen so abgeändert werden, dass ihre Abänderung keine Beobachtungsgröße verändert. Hierum soll es im nächsten Unterkapitel gehen.

Eichtheorien

Elektrische und magnetische Felder $\vec{E}$ und $\vec{B}$ stehen in engem Kontakt zu ihren Machschen Inhalten dadurch, dass sie bei Vorgabe des theoretischen Zusammenhangs der Maxwellschen Gleichungen, dem sie angehören (und Vorgabe der zugehörigen Abbildungsvorschriften auf mögliche Sinneserfahrungen; eigentlich dieselbe Sache), durch Beobachtungsdaten bestimmt werden können. Denn nicht nur implizieren die elektromagnetischen Felder die Bewegungen von elektrischen Ladungen in ihnen, sondern auch umgekehrt ermöglichen (aufgrund der Lorentzkraft auf ruhende und/oder bewegte Ladungen q, Gl. (5.15)) die Bewegungen von Ladungen eindeutige Rückschlüsse auf die elektromagnetischen Felder, in denen sie erfolgen. Dies so sehr, dass die Theorie der elektromagnetischen Felder als isomorph zu ihrem Machschen Inhalt bezeichnet werden kann. Hinzukommt selbstverständlich die Möglichkeit, die Felder $\vec{E}$ und $\vec{B}$ aus vorgegebenen Ladungsverteilungen sowie Rand- und Anfangsbedingungen zu berechnen.

Nun eröffnet Maxwells Theorie der elektromagnetischen Felder die bereits erwähnte, zunächst trivial, dann aber phantastisch anmutende Möglichkeit, die Felder aus Potenzialen zu gewinnen. Damit stellt sich die Frage nach der Realität der Potenziale, soll heißen nach ihrer Abbildbarkeit auf Machsche Inhalte. Ihr ist dieser Abschnitt gewidmet. Auf konkrete Beispiele folgt der Versuch einer allgemeinen Charakterisierung. Es wird sich zeigen, dass zwar nicht einzelnen Potenzialfunktionen, wohl aber Äquivalenzklassen von ihnen eine sich auf Beobachtungsdaten auswirkende Realität zugesprochen werden kann, ja sogar muss. Diese Äquivalenzklassen lassen sich bei Vorgabe des theoretischen Rahmens explizit aus Beobachtungsdaten konstruieren – von keiner theoretischen Konstruktion kann mehr erwartet werden –, müssen also als so real gelten, wie alle derartigen Größen, und erlauben doch keine Rückschlüsse auf *lokale* Größen, aus denen sie folgten.

Zwar in der Elektrodynamik Maxwells, nicht aber in der Quantenmechanik lassen sich lokale Potenziale als überflüssige mathematische Konstruktionen ohne Realitätsbezug zurückweisen. Denn bereits auf dem Niveau der elektromagnetischen Felder erweist sich die Maxwellsche Theorie als perfekt lokal – alle Wechselwirkungen breiten sich von Punkt zu Nachbarpunkt aus, keine Einflussnahme erfolgt mit einer Geschwindigkeit oberhalb der Lichtgeschwindigkeit. Wichtig ist allein, dass eine lokale Beschreibung möglich ist; dass sie die Möglichkeit anderer nicht-lokaler impliziert, verdient kein Interesse.

Konkret: Die Maxwellschen Gleichungen (Gl. (2.3) und Gl. (2.4)) behalten ihre Gültigkeit auch bei Anwesenheit von elektrischen Ladungen und/oder Strömen im betrachteten Gebiet. Daher kann das magnetische Feld $\vec{B}(\vec{r},t)$ immer als

$$\vec{B}(\vec{r},t) = \operatorname{rot} \vec{A}(\vec{r},t) \tag{5.10}$$

geschrieben werden. Hierin ist $\vec{A}(\vec{r},t)$ das bereits erwähnte Vektorpotenzial, dem als einzige Bedingung auferlegt ist, dass seine Rotation das $\vec{B}$-Feld richtig ergibt. Folglich kann zwischen dem Feld $\vec{A}(\vec{r},t)$ und dem um den Gradienten $\operatorname{grad} \phi(\vec{r},t)$ einer Funktion $\phi(\vec{r},t)$ veränderten Feld

$$\vec{A}(\vec{r},t)' = \vec{A}(\vec{r},t) + \operatorname{grad} \phi(\vec{r},t) \tag{5.11}$$

durch keine Beobachtung unterschieden werden: Sie liefern denselben Machschen Inhalt der Maxwellschen Gleichungen.

Weiter: Trägt man $\vec{B}(\vec{r},t)$ in der Form $\vec{B}(\vec{r},t) = \mathrm{rot}\,\vec{A}(\vec{r},t)$ in die Gl. (2.4) ein, so kann die sich ergebende Relation als[18]

$$\mathrm{rot}\,(\vec{E}(\vec{r},t) + \frac{\partial}{\partial t}\vec{A}(\vec{r},t)) = 0 \tag{5.12}$$

geschrieben werden. Also kann der Ausdruck $\vec{E}(\vec{r},t) + \frac{\partial}{\partial t}\vec{A}(\vec{r},t)$, dessen Rotation verschwindet, als Gradient einer Funktion geschrieben werden, die wir oben als $V(\vec{r},t)$ bezeichnet haben, nun aber $-A_0(\vec{r},t)$ nennen wollen. Umstellung ergibt

$$\vec{E}(\vec{r},t) = -\mathrm{grad}\,A_0(\vec{r},t) - \frac{\partial}{\partial t}\vec{A}(\vec{r},t) \tag{5.13}$$

als mögliche Darstellung des $\vec{E}$-Feldes. Wenn wir sie verwenden, kann sich die Modifikation des Vektorpotenzials $\vec{A}(\vec{r},t)$ durch die Addition des Gradienten $\mathrm{grad}\,\phi(\vec{r},t)$ *für sich allein* auf das beobachtbare $\vec{E}$-Feld auswirken. Diese Wirkung heben wir dadurch auf, dass wir *zusammen mit* der Änderung des Vektorpotenzials das »skalare« Potenzial $V(\vec{r},t) = -A_0(\vec{r},t)$ durch $-A_0(\vec{r},t) + \frac{\partial}{\partial t}\phi(\vec{r},t)$ ersetzen. Bei diesen simultanen Ersetzungen, die wir mit den bereits eingeführten Definitionen $\vec{r} = (x^1, x^2, x^3)$ und $x^0 = t$ sowie $x^\mu = (x^0, x^1, x^2, x^3)$, worin der Index μ von 0 bis 3 läuft, als

$$A_\mu(x) \longrightarrow A_\mu(x)' = A_\mu(x) + \frac{\partial}{\partial x^\mu}\phi(x) \tag{5.14}$$

schreiben können, bleiben $\vec{E}(x)$ und $\vec{B}(x)$ mit $x \equiv x^\mu$ ungeändert. Als $A_\mu(x)$ haben wir $(-A_0(x), \vec{A}(x))$ definiert. Da nun aber bereits die Felder $\vec{E}$ und $\vec{B}$ den Machschen Inhalt der Maxwellschen Gleichungen vermöge der Lorentz-Kraft auf eine Ladung q, die sich mit der Geschwindigkeit v bewegt,

$$\vec{K} = q(\vec{E} + [\vec{v}, \vec{B}]), \tag{5.15}$$

sowie vermöge der Maxwellschen Gleichungen selbst mit ihren Ladungen und Strömen vollständig bestimmen, können die Felder $A_\mu(x)$ auf keine Art und Weise durch Experimente festgelegt werden, sind also unbeobachtbar. Beobachtbar sind allein die Äquivalenzklassen solcher Felder, deren Elemente sich um Ableitungen $\frac{\partial}{\partial x^\mu}\phi(x)$ beliebiger Funktionen $\phi(x)$ unterscheiden. Denn die Äquivalenzklassen stehen mit den Feldern $\vec{E}(x)$ und $\vec{B}(x)$ in einem wechselweise eindeutigen Zusammmenhang.

Im Zustand niedrigster Energie eines elektromagnetischen Systems verschwinden die Felder $\vec{E}$ und $\vec{B}$ überall und zu allen Zeiten, sodass in diesem Zustand $A_\mu(x) = \frac{\partial}{\partial x^\mu}\phi(x)$ mit beliebigem $\phi(x)$ gilt. Man kann annehmen, dass der Leere Raum mit ϕ-Feldern ohne beobachtbare Wirkung ausgestattet ist, muss das aber nicht. Bereits mit ihren Feldern $\vec{E}(x)$ und $\vec{B}(x)$ erlaubt die Theorie ja eine perfekt lokale Formulierung ohne Fernwirkungen; die lokale Formulierung durch die Potenziale $A_\mu(x)$ ist ebenfalls möglich, bedient sich aber notwendig unbeobachtbarer Größen. Will man das auf dem Niveau der Potenziale vermeiden, muss man auf die lokalen $A_\mu(x)$ zugunsten ihrer nicht-lokalen Äquivalenzklassen verzichten. Insgesamt erweisen sich *in der Maxwellschen Theorie* die Potenziale $A_\mu(x)$ als mathematische Objekte, deren Einführung zwar Rechnungen vereinfacht, nach einem Gewöhnungsprozess[19] das Gedächtnis entlastet und die Übereinstimmung der Theorie mit der Speziellen Relativitätstheorie offensichtlich macht, andererseits aber unnötig einen Konflikt zwischen Beobachtbarkeit und Lokalität heraufbeschwört. In der Quantenmechanik, der wir uns alsbald zuwenden werden, ist ein solcher Konflikt unvermeidbar.

Zuvor aber eine Bemerkung zum »Determinismus« der Formulierung der Theorie durch Potenziale $A_\mu(x)$. Die Mechanik Newtons von Massepunkten im ansonsten leeren Raum[20] ist in dem Sinne deterministisch, dass bei vorgegebenen Kräften die Orte und Geschwindigkeiten aller Massepunkte zu einer Zeit beliebig festgelegt werden können und, sind sie so festgelegt, dadurch die Orte (und mit ihnen natürlich auch die Geschwindigkeiten) für alle Zeiten, spätere wie frühere, bestimmt sind. Analoges gilt für die Felder $\vec{E}(\vec{r},t)$ und $\vec{B}(\vec{r},t)$ bei vorgegebenen Ladungs- und Stromdichten. Auch die Wellenfunktionen der Quantenmechanik sind bei von Beobachtungen ungestörter zeitlicher Entwicklung in einem analogen Sinne deterministisch. Nicht aber die Potenziale der Maxwellschen Theorie! Denn die für sie geltenden Gleichungen besitzen nach dem Gesagten mit $A_\mu(x)$ alle $A_\mu(x) + \frac{\partial}{\partial x^\mu}\phi(x)$ mit beliebigen, auch zeitabhängigen Feldern/Funktionen $\phi(x)$ als Lösungen. Selbst wenn also die Potenziale $A_\mu(x)$ zusammen mit beliebig vielen ihrer Zeitableitungen für ein gewisses $t = x^0$ und alle $\vec{r} = (x^1, x^2, x^3)$ vorgegeben sind, wird dadurch ihre weitere zeitliche Entwicklung nicht festgelegt.

Potenziale in der Quantenmechanik

Das Magnetfeld eng gewickelter langer, stromdurchflossener Spulen ist innerhalb ihrer konzentriert. Zurück fließt es mit derselben Gesamtstärke über den ganzen Raum verteilt, sodass es im Außenraum bei unendlich langen Spulen verschwindet. Derartigen, zugegeben idealisierten Anordnungen wenden wir uns jetzt zu: ein unendlich langer gerader Schlauch, in dem ein $\vec{B}$-Feld konzentriert ist, und $\vec{B} = 0$ außerhalb seiner.

Kein Problem, dieses Szenario vermöge der Maxwellschen Gleichungen durch Felder und Ströme lokal *und* realistisch zu beschreiben. Eine lokale Beschreibung durch Potenziale ist offenbar auch möglich. Sie kann so aussehen: Unterstellt, der Raum ist Träger von zeitlich konstanten Vektorpotenzialen $\vec{A}(\vec{r})$, für die Gl. (5.10) gilt. Dann ist es sinnvoll, von dem Wegintegral

$$\chi(\vec{r}_Q, \vec{r}_P; \Gamma) = \int\limits_{\vec{r}_P,\, \Gamma}^{\vec{r}_Q} d\vec{s}\, \vec{A}(\vec{r}) \qquad (5.16)$$

von $\vec{A}$ von dem Punkt $\vec{r}_P$ zu dem Punkt $\vec{r}_Q$ über den Weg Γ zu sprechen. Für unser Thema besonders interessant sind Integrale, die von einem Punkt $\vec{r}_P$ außerhalb des $\vec{B}$-Fadens ausgehend diesen vermeiden und zu demselben Punkt, also $\vec{r}_Q = \vec{r}_P$, zurückführen. Ihr Wert hängt nur davon ab, ob und wie oft sie den $\vec{B}$-Faden einschließen. Diejenigen, die ihn nicht einschließen, verschwinden; die ihn einmal einschließen, ergeben den magnetischen Fluss Φ durch die Querschnittsfläche F des Fadens, d. h. das Oberflächenintegral

$$\Phi = \int_F d\vec{f}\, \vec{B}(\vec{r}) \qquad (5.17)$$

von $\vec{B}$ über F. Wege, die den Faden mehrfach einschließen, ergeben das Mehrfache von Φ. Sie schließen wir als triviale Erweiterungen künftig aus.

Beides kann leicht eingesehen werden. Nehmen wir nämlich das Wegintergral $\oint_\Gamma d\vec{s}\, \vec{A}(\vec{r})$ von $\vec{A}$ über einen geschlossenen Weg Γ, der ganz außerhalb des $\vec{B}$-Fadens liegt. Dann ergibt der Satz von Stokes

$$\oint_\Gamma d\vec{s}\, \vec{A}(\vec{r}) = \int_{F(\Gamma)} d\vec{f}\, \mathrm{rot}\, \vec{A}(\vec{r}) = \int_{F(\Gamma)} d\vec{f}\, \vec{B}(\vec{r}). \qquad (5.18)$$

Hierin steht $F(\Gamma)$ für die von dem geschlossenen Weg Γ eingeschlossene Fläche. Umschließt Γ den $\vec{B}$-Faden mit seiner Fläche F einmal, ergibt das Integral wie in Gl. (5.17) den magnetischen Fluß Φ. Ist F nicht eingeschlossen, verschwindet das Integral offenbar. Wir erinnern an die Formel

$$\int_{\vec{r}_P,\,\Gamma}^{\vec{r}_Q} d\,\vec{s}\ \mathrm{grad}\,\phi(\vec{r}\,) = \phi(\vec{r}_Q) - \phi(\vec{r}_P) \tag{5.19}$$

für das Wegintegral eines Gradienten von einem Anfangspunkt $\vec{r}_P$ zu einem Endpunkt $\vec{r}_Q$ über einen beliebigen Weg Γ, sodass

$$\oint_\Gamma d\,\vec{s}\ \mathrm{grad}\,\phi(\vec{r}\,) = 0 \tag{5.20}$$

für einen beliebigen geschlossenen Weg Γ.

Daher ergeben alle Mitglieder $\vec{A}(\vec{r}\,) + \mathrm{grad}\,\phi(\vec{r}\,)$ der Äquivalenzklasse eines $\vec{A}(\vec{r}\,)$ bei Integration über einen beliebigen geschlossenen Weg dasselbe $\oint_\Gamma d\,\vec{s}\,\vec{A}(\vec{r}\,)$; also 0, wenn der Weg den $\vec{B}$-Faden nicht einschließt und Φ bei einmaligem Einschluss. Während also das Integral der Gl. (5.19) von einem Punkt $\vec{r}_P$ zu einem *anderen* Punkt $\vec{r}_Q$ von der Eichung, will sagen von der Wahl der Funktion ϕ, abhängt, sind die Integrale über *geschlossene* Wege eichinvariant: Statt von dem Repräsentanten einer Äquivalenzklasse hängen sie nur von der Äquivalenzklasse selbst ab.

Kein Wort bisher von der Quantenmechanik, sondern nur Vorbereitung auf den Nachweis, dass in ihr erst das $\vec{A}$-Feld eine *lokale* Beschreibung beobachtbarer – und, nebenbei, beobachteter – Phänomene ermöglicht. In Gebieten mit $\vec{E} = \vec{B} = 0$ verschwindet die Kraft laut Gl. (5.15) auf klassische Teilchen, sodass sie sich dort mit nach Betrag und Richtung konstanter Geschwindigkeit unabhängig davon bewegen, welche Werte $\vec{E}$ und $\vec{B}$ anderswo besitzen, und von welchen Ladungs- und Stromdichten sie erzeugt werden. Allgemeiner hängt das Verhalten klassischer Teilchen nach Auskunft der Maxwellschen Theorie nur von den $\vec{E}$- und $\vec{B}$-Feldern *an ihrem jeweiligen Ort* ab. Dies meinen wir, wenn wir sagen, die Maxwellsche Theorie könne durch die $\vec{E}$- und $\vec{B}$-Felder ohne Fernwirkungen, also lokal, beschrieben werden. Die $\vec{A}$-Felder braucht man dazu nicht.

Nicht aber so für Teilchen der Quantenmechanik. Vorab sei gesagt, dass die allgemeine quantenmechanische Unbestimmtheit des

Ortes nicht ausreicht, den Unterschied des Verhaltens klassischer und quantenmechanischer Teilchen in Gebieten mit $\vec{E} = \vec{B} = 0$ zu erklären: Er tritt auch auf, wenn die Wahrscheinlichkeit, das Teilchen zu finden, in allen Gebieten mit von null verschiedenen $\vec{E}$- und $\vec{B}$-Feldern beliebig klein ist. Bewegt sich, aus welchen Gründen auch immer, ein elektrisch geladenes Teilchen auf einem Weg Γ von $\vec{r}_P$ nach $\vec{r}_Q$, hängt die Änderung der Phase seiner Wellenfunktion von dem $\vec{A}$-Feld auf Γ ab. Und zwar so, dass die Wellenfunktion vermöge des $\vec{A}$-Feldes den Phasenfaktor $e^{i(q/\hbar)\chi(\vec{r},\vec{r}_P;\Gamma)}$ (mit dem χ der Gl. (5.16)) hinzuerwirbt, worin q für die elektrische Ladung des Teilchens steht: Ist $\psi(\vec{r}_Q)$ die Wellenfunktion am Ort $\vec{r}_Q$ bei $\vec{A} = 0$ auf Γ, so ist sie

$$e^{i(q/\hbar)\chi(\vec{r},\vec{r}_P;\Gamma)} \cdot \psi(\vec{r}_Q) \tag{5.21}$$

für $\vec{A}$ beliebig auf Γ.

Dies zeigt eine Nebenrechnung. Leser, die der Quantenmechanik fernstehen, können sie ohne Verlust überschlagen. Zur Vereinfachung der Schreibweise bezeichnen wir $\vec{r}_Q$ vorübergehend mit $\vec{r}$ und bemerken:

$$\operatorname{grad}\chi(\vec{r},\vec{r}_P;\Gamma) = \vec{A}(\vec{r}). \tag{5.22}$$

Sei nun $\psi_0(\vec{r},t)$ eine Lösung der freien zeitabhängigen Schrödinger-Gleichung (Gl. (3.52)). Wir definieren

$$\psi(\vec{r},t;\vec{r}_P,\Gamma) = e^{i(q/\hbar)\chi(\vec{r},\vec{r}_P;\Gamma)}\psi_0(\vec{r},t) \tag{5.23}$$

und berechnen ($\vec{\nabla}$ und grad sind zwei Bezeichnungen desselben Differentazionsoperators)

$$\left[\vec{\nabla} - \frac{iq}{\hbar}\vec{A}(\vec{r})\right]\psi(\vec{r},t;\vec{r}_P,\Gamma) = e^{i(q/\hbar)\chi(\vec{r},\vec{r}_P;\Gamma)}\vec{\nabla}\psi_0(\vec{r},t), \tag{5.24}$$

sodass auch

$$\left[\vec{\nabla} - \frac{iq}{\hbar}\vec{A}(\vec{r})\right]^2\psi(\vec{r},t;\vec{r}_P,\Gamma) = e^{i(q/\hbar)\chi(\vec{r},\vec{r}_P;\Gamma)}\vec{\nabla}^2\psi_0(\vec{r},t). \tag{5.25}$$

Verwendung der freien Schrödinger-Gleichung (Gl. (3.52)) für ψ_0 liefert schließlich Gl. (3.53) mit $V = 0$ und $e = q$.

Wenn einem Teilchen der Quantenmechanik mehrere Wege von einem Punkt $\vec{r}_P$ zu einem anderen (oder auch demselben) Punkt $\vec{r}$ offen stehen – wir begnügen uns mit zweien I und II –, wird es sie beide mit gewissen Wellenfunktionen $\psi_{\mathrm{I}}(\vec{r})$ und $\psi_{\mathrm{II}}(\vec{r})$ nehmen, die aus der gemeinsamen Wellenfunktion $\psi_{\mathrm{I}}(\vec{r}_P) = \psi_{\mathrm{II}}(\vec{r}_P)$ am Ursprungsort wie angegeben folgen, wobei wir zur zeitunabhängigen Formulierung der Quantenmechanik übergegangen sind. Die Wellenfunktion an dem beiden Wegen I und II gemeinsamen Endpunkt $\vec{r}$ ist bis auf einen Normierungsfaktor, den wir unterdrücken,

$$e^{i(q/\hbar)\chi_{\mathrm{I}}}\psi_{\mathrm{I}} + e^{i(q/\hbar)\chi_{\mathrm{II}}}\psi_{\mathrm{II}}. \tag{5.26}$$

Wir haben die Bezeichnungen vereinfacht, indem wir die allen Funktionen gemeinsamen Argumente fortgelassen und die Wege I und II durch Indizes angezeigt haben. Für das Folgende ist es erforderlich, zwischen Betrag und Phase der Wellenfunktionen ψ zu unterscheiden. Wir schreiben

$$\psi_{\mathrm{I}} = e^{i(q/\hbar)\alpha_{\mathrm{I}}}|\psi_{\mathrm{I}}|, \tag{5.27}$$

und genauso für den Weg II. Damit können wir die Wellenfunktion in Gl. (5.26) als

$$\psi_\Gamma \equiv e^{i(q/\hbar)\chi_{\mathrm{I}}} \cdot e^{i\alpha_{\mathrm{I}}} \cdot |\psi_{\mathrm{I}}| \left[1 + e^{i(q/\hbar)(\chi_{\mathrm{II}}-\chi_{\mathrm{I}})} \cdot e^{i(\alpha_{\mathrm{II}}-\alpha_{\mathrm{I}})}|\psi_{\mathrm{II}}/\psi_{\mathrm{I}}|\right] \tag{5.28}$$

schreiben.

Wir wenden uns der Phasendifferenz $\chi_\Gamma = \chi_{\mathrm{II}} - \chi_{\mathrm{I}}$ zu und schreiben zunächst χ_{I} ausführlich als

$$\chi_{\mathrm{I}} = \chi(\vec{r}, \vec{r}_P; \mathrm{I}) = \int_{\vec{r},\,\mathrm{I}}^{\vec{r}_Q} d\,\vec{s}'\,\vec{A}(\vec{r}\,') = -\int_{\vec{r}_P,\,\mathrm{I}'}^{\vec{r}} d\,\vec{s}'\,\vec{A}(\vec{r}\,'), \tag{5.29}$$

worin I′ für den in Gegenrichtung durchlaufenen Weg I steht.

Also gilt:

$$\chi_\Gamma = \oint_\Gamma d\,\vec{s}\,'\,\vec{A}(\vec{r}\,') = \int_{F(\Gamma)} d\,\vec{f}'\,\vec{B}(\vec{r}\,'). \tag{5.30}$$

Hier steht Γ, wie bereits weiter oben, für den aus I′ und II zusammengesetzten geschlossenen Weg von $\vec{r}_P$ ausgehend zurück zu demselben Punkt. Als Umlaufintegral ist die Phasendifferenz χ_Γ manifest eichinvariant und, wie Gl. (5.18) zeigt, mit dem von Γ eingeschlossenen magnetischem Fluss, also 0 oder Φ, identisch.

Während nach Auskunft der Maxwellschen Theorie die Differenz χ_Γ nichts weiter ist als ein anderer Ausdruck für den eingeschlossenen Fluss und insbesondere bei Beschränkung auf den Außenraum, nicht gemessen werden kann, erlauben Teilchen der Quantenmechanik eben dies.

Um das zu sehen, wenden wir uns dem berühmten Zweilochexperiment mit Elektronen zu (Abb. 5.4). Beobachtbar sind in der Quantenmechanik generell nicht die Wellenfunktionen selbst, sondern nur ihre absoluten Quadrate, die zu den relativen Häufigkeiten von Beobachtungsergebnissen proportional sind. So auch hier. Einzelne Elektronen, die eine Quelle an $\vec{r}_P$ verlassen, können den Schirm entweder durch das eine oder durch das andere Loch in der Blende erreichen. Auf dem Schirm befinden sich Nachweisgeräte für Elektronen mit Koordinaten y, von denen eines symbolisch dargestellt ist.

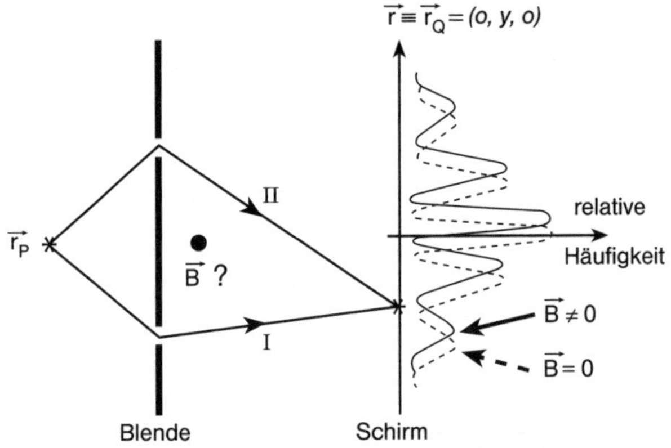

Abbildung 5.4: Das Zweilochexperiment der Quantenmechanik mit und ohne Magnetfeld $\vec{B}$ beschreibt der Text. Obwohl weder die Elektronen selbst, noch ihre Wellenfunktionen in den Bereich des Magnetfeldes eindringen, hängt das sich auf dem Schirm durch sie eins nach dem anderen aufbauende Interferenzmuster davon ab, ob das Magnetfeld eingeschaltet ist. Auf diese nicht nur auf den ersten Blick erstaunliche Konsequenz der Quantenmechanik haben 1959 Y. Aharonov und D. Bohm in einer vielbeachteten Arbeit [1] hingewiesen (nach einer kaum beachteten Arbeit des Jahres 1949 von W. Ehrenberg und R. E. Siday, die im Wesentlichen denselben Effekt diskutiert haben ([58], S. 137). Experimentell nachgewiesen wurde der nach Aharonov und Bohm benannte Effekt zuerst von R. G. Chambers in [13]. Ein neuerer Nachweis ist [23].

Sie weisen die Elektronen eins nach dem anderen nach, wobei die Intensität der Quelle so gering sein soll, dass niemals mehrere zugleich unterwegs sind. Jedem y, an dem ein Elektron nachgewiesen wurde, sind die Wege I und II zugeordnet, auf denen es das dort aufgestellte Nachweisgerät erreicht haben kann. Die relativen Häufigkeiten, mit denen die einzelnen Nachweisgeräte ansprechen, sind, wie bereits angedeutet, zu dem absoluten Quadrat der Wellenfunktion an ihrem Ort proportional. Mit der Definition $\delta = \alpha_{\text{II}} - \alpha_{\text{I}} + (q/\hbar)(\chi_{\text{II}} - \chi_{\text{I}})$ berechnen wir

$$
\begin{aligned}
|\psi_\Gamma|^2 &= |\psi_{\text{I}}|^2 \left[1 + |\psi_{\text{II}}/\psi_{\text{I}}|^2 + (e^{i\delta} + e^{-i\delta})|\psi_{\text{II}}/\psi_{\text{I}}|\right] \\
&= |\psi_{\text{I}}|^2(1 + |\psi_{\text{II}}/\psi_{\text{I}}|^2)\left[1 + 2|\psi_{\text{II}}/\psi_{\text{I}}|/(1 + |\psi_{\text{II}}/\psi_{\text{I}}|^2)\cos\delta\right].
\end{aligned}
$$

Diese unübersichtliche Formel macht einer einsichtigen Platz, wenn wir die Variation der Beträge der Wellenfunktionen im Vergleich zu der ihrer Phasen nicht berücksichtigen. So genähert, ist das absolute Quadrat von ψ_Γ proportional zu $1 + \cos\delta$.

Die Phasendifferenz $\delta_0 = \alpha_{\text{II}} - \alpha_{\text{I}}$ ohne Magnetfeld beruht auf den beiden möglichen Bewegungen des Elektrons auf den Bahnen I und II. Darüber hinaus, dass sie die gestrichelte Häufigkeitskurve der Abbildung liefert, interessiert sie hier nicht. Uns geht es um den Einfluss des magnetischen Flusses Φ bei eingeschaltetem Magnetfeld auf die Kurve. Da sich das δ mit Magnetfeld von δ_0 um den Summanden $(q/\hbar)\Phi$ unterscheidet, bewirkt das Magnetfeld im Wesentlichen eine Verschiebung der Kurve – aus der gestrichelten entsteht die durchgezogene. Keinen Einfluss auf die Kurve hat offenbar ein Magnetfluss Φ, dessen $(q/\hbar)\Phi$ ein ganzzahliges Vielfaches von 2π ist.

Wir sehen also, dass das Magnetfeld die Entwicklung der Wellenfunktion eines Elektrons auch dann beeinflussen kann, wenn dessen mögliche Bahnen auf Gebiete beschränkt sind, in denen dieses verschwindet. Das Ergebnis bleibt bestehen, wenn der $\vec{B}$-Faden mit einem unmagnetischen Mantel umgeben wird, in den die Elektronen nicht eindringen können. Unmöglich ist es also, das Feld $\vec{B}$ allein *lokal* für alle beobachtbaren Effekte verantwortlich zu machen. Beschränkt man sich auf $\vec{B}$ als wirkendes Feld, muss es Fernwirkungen geben. Keine aber, die sich mit Überlichtgeschwindigkeit ausbreiten. Denn lokale Beschreibungen durch Felder $\vec{A}$ *sind* möglich, und deren Wirkungen breiten sich wie die Felder $\vec{E}$ und $\vec{B}$ im Vakuum mit der Lichtgeschwindigkeit aus. Hiergegen spricht nicht, dass Umeichungen die Felder A_μ instantan über beliebig große Entfernungen verändern können. Denn Umeichungen wirken sich auf die auch quantenmechanisch einzig beobachtbaren Äquivalenzklassen von Feldern nicht aus.

Ein Dilemma? Gewiss für den Weg von der Metaphysik zur Physik. Denn welcher Philosoph hätte vorgedacht, dass der Ausschluss nicht lokaler Wirkungen die Beschreibung beobachtbarer Effekte allein durch beobachtbare Größen unmöglich machen könnte? Beobachtbar sind Äquivalenzklassen von Potenzialen, aber Wirkungen können durch sie lokal nicht beschrieben werden. Umbenennungen, wie sie bei Philosophen anzutreffen sind, von Äquivalenzklassen in »Präpotenziale« oder Ersetzungen des lokalen Raumes durch einen »Raum« von Wegschleifen, die Magnetfelder umgeben/nicht umgeben, helfen nicht weiter. Es ist, wie es ist, sodass die Metaphysik sinnvoll nur als Abkömmling der Physik auftreten kann, nicht als deren Präzeptor. Als Abkömmling aber verdient sie mehr Interesse der Physiker als sie nach, sagen wir Planck, Bohr, Einstein, Bohm, Bell, Heisenberg, Schrödinger und Mitstreitern derzeit auf sich zu ziehen vermag – wobei wohlbekannte Verdienste von Zeitgenossen wie Weinberg als weniger wirksam ausgelassen sind.

Lochbetrachtung

Wir kehren zur Abb. 3.20 zurück. Sie soll die Wirkung einer lokalen Lorentz-Transformation auf die Punkte des Raumes durch die Bahn einer Rakete veranschaulichen. Dabei setzt sie voraus, dass die Wirkung der Transformation mit ihren vom Ort und/oder von der Zeit abhängigen Parametern auf die Punkte des Raumes ohne weitere Voraussetzungen beobachtbar ist. Es sind diese Voraussetzungen, um die es in diesem Unterkapitel gehen soll.

Beginnen wir mit einer Erkenntnis, die Albert Einstein entgegen früheren Äußerungen, die er als »Lochbetrachtung« bezeichnet, und die wir weiter unten erörtern werden, seinem Freund Besso am 3. 1. 1916 brieflich so beschrieben hat[21]: »Anstelle der Lochbetrachtung tritt folgende Überlegung. *Real* ist physikalisch nichts als die Gesamtheit der raum-zeitlichen Punktkoinzidenzen. Wäre z. B. das physikalische Geschehen aufzubauen aus Bewegungen materieller Punkte allein, so wären die Begegnungen der Punkte, d. h. die Schnittpunkte ihrer Weltlinien das einzig Reale, d. h. prinzipiell Beobachtbare. Diese Schnittpunkte blieben natürlich bei allen Transformationen erhalten (und es kommen keine neuen hinzu), wenn nur gewisse Eindeutigkeitsbedingungen gewahrt bleiben. Es ist also das Natürlichste, von den Gesetzen zu verlangen, dass sie nicht *mehr* bestimmen als die Gesamtheit der zeit-räumlichen Koinzidenzen. Dies wird nach dem Gesagten bereits durch allgemein kovariante Gleichungen erreicht.«

Hiernach müssen wir den Prozess der Beobachtung der Rakete durch »Koinzidenzen« mit anderen materiellen Körpern einbeziehen, wenn wir von ihrer »Bahn« überhaupt sprechen wollen. Sinnlos wäre es, vorab Punkte im Raum (und, notabene, auch der Zeit; insgesamt also Ereignisse) festzulegen, und dann von einer Bahn der Rakete relativ zu ihnen zu sprechen. Wohl niemand, der zum ersten Mal mit dieser Behauptung konfrontiert wird, wird ihr leichthin folgen. Insofern geht es ihm wie Einstein, der bei dieser Auflösung des Rätsels seiner Lochbetrachtung erst nach einigem Hin und Her zwischen 1905 und 1916 angekommen ist. Sein früherer Versuch, so musste er erkennen, durch den Transport von Stäben und Uhren ein festes Koordinatensystem in Raum und Zeit zu errichten, war gescheitert. An ihre Stelle konnten nur Bestimmungen von Koordinaten treten, die sich im Einklang mit der Allgemeinen Relativitätstheorie befinden wie Koinzidenzen, die unabhängig von Koordinatentransformationen auftreten oder nicht auftreten.

Worum geht es? Um die Kovarianz der Gleichungen der Physik innerhalb der Allgemeinen Relativitätstheorie. Einsteins Spezielle Relativitätstheorie von 1905 zeichnet nicht-rotierende Bezugssysteme, die sich mit nach Betrag und Richtung konstanter Geschwindigkeit bewegen – die Inertialsysteme – vor allen anderen Bezugssystemen aus. Dadurch nämlich, dass die Gleichungen der Physik – alle Gleichungen! – in allen Inertialsystemen, die sich nur durch Betrag und Richtung ihrer Bewegung unterscheiden, dieselben sind sodass in jedem von ihnen alle Experimente gleich ablaufen. Einsteins Suche ab 1905 nach dem, was 1916 zur Allgemeinen Relativitätstheorie werden sollte, war von vornherein durch den Wunsch mitbestimmt, die Auszeichnung spezieller Bezugssysteme, die er als unnatürlich empfand, zu vermeiden. Allgemein kovariant heißen Gleichungen, die in *allen* Bezugssystemen dieselben, mit anderen Worten von der Wahl der Koordinaten x^μ für Orte und Zeiten unabhängig sind.

Um von der Wahl der Koordinaten unabhängige Gleichungen für die Metrik $g_{\mu\nu}$ und die Dichten $T_{\mu\nu}$ von Energie und Impuls der Materie zu haben, muss es möglich sein, diese Größen den von einem Wechsel des Koordinatensystems induzierten Wandel so zu unterwerfen, dass die Gleichungen ungeändert bleiben. Dasselbe gilt nach dem Prinzip der Allgemeinen Kovarianz für alle Beobachtungsgrößen der Physik: Die für sie geltenden Gleichungen müssen so gebaut sein – die Wirkungen der Schwerkraft so enthalten –, dass sie von der Wahl der Koordinaten unabhängig sind.

Nun kann jede Transformation der Koordinaten auch aktiv aufgefasst werden. Damit und dadurch verändern sie nach dem Vorbild der Abb. 3.20 Bahnen und Abläufe innerhalb der Mannigfaltigkeit der irgendwie gewählten Koordinaten x^μ. Bei allgemeiner Kovarianz der Naturgesetze – ihrer Symmetrie also gegenüber beliebigen Koordinatentransformationen – entstehen durch aktiv aufgefasste Transformationen aus Abläufen im Einklang mit ihnen andere, die das ebenfalls sind. Kein Problem insoweit mit der Erkennbarkeit von Orten und Zeiten x^μ, relativ zu denen Abläufe so (Abb. 3.20a)) oder so (Abb. 3.20b)) auftreten können.

Weiter nun zu einer physikalischen Situation, in der uns die Interpretation der Symmetrien von Naturgesetzen, dass sie Abläufe im Einklang mit den Gesetzen abändern können, nur die Wahl lässt, dass *entweder* die Unterschiede dieser Abläufe unbeobachtbar sind, *oder* Determinismus und allgemeine Kovarianz sich gegenseitig ausschließen. Gegeben sei nämlich ein Gebiet in der Raumzeit mit einem Loch in dem Sinne, dass in ihm die Dichten $T_{\mu\nu}$ von Energie und Impuls verschwinden; außerhalb des Loches können sie beliebig sein (Abb. 5.5). Auf dieses Gebilde wenden wir nun eine aktiv aufgefasste Koordinatentransformation an, die wir so wählen, dass sie außerhalb des Loches, seinen Rand eingeschlossen, überhaupt nichts bewirkt, innerhalb seiner aber von der Identität verschieden ist. Dann ändert sie innerhalb des Loches nach dem Vorbild der Abb. 3.20 sowohl die Koordinaten x^μ als auch die Metrik $g_{\mu\nu}$ ab. So nämlich, dass die allgemein kovarianten Einsteinschen Gleichungen (Gl. (4.15)) ungeändert bleiben. Folglich befinden sich sowohl der ursprüngliche, als auch der abgeänderte Ablauf im Einklang mit den einzigen, hier re-

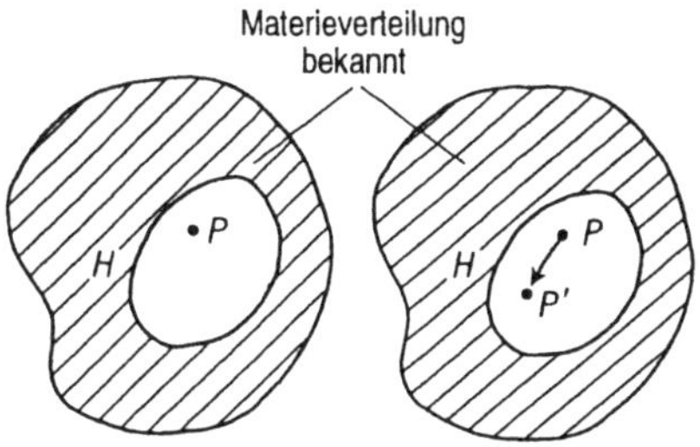

Abbildung 5.5: Nackt nennt man eine Mannigfaltigkeit von Punkten ohne Metrik. Der Kernpunkt der Lochbetrachtung Einsteins ist, dass der Punkt P einer nackten Mannigfaltigkeit nicht von einem anderen Punkt unterschieden werden kann. Ein »Ereignis« kann ein Punkt in der vierdimensionalen Raumzeit erst repräsentieren, wenn eine Metrik gegeben ist. Wie im Text beschrieben, ist die Wirkung einer Koordinatentransformation, die sich von der Identität nur in einem von Materie freien Loch unterscheidet, nicht beobachtbar.

levanten Naturgesetzen, den Einsteinschen Gleichungen (Gl. 4.15)), die durch die Transformation ja nicht verändert werden.

Wenn die beiden Abläufe unterschieden werden können, legen folglich die vereinigten Rand- und Anfangsbedingungen außerhalb des Loches nicht fest, was innerhalb seiner geschieht. Ade also zu Determinismus und Kausalität als Eigenschaften der Einsteinschen Gleichungen? Diesen Schluss haben weder Einstein noch seine Interpreten gezogen. Indem wir ihnen aus Überzeugung folgen, bleiben zwei Möglichkeiten: Aufgabe entweder der allgemeinen Kovarianz oder der Vermutung, dass zwei Abläufe, von denen einer aus dem anderen durch eine beliebige, aktiv aufgefasste Transformation der x^μ entsteht, unterschieden werden können. Einstein hat aus guten Gründen, denen wir uns zuwenden werden, zunächst der ersten Alternative zugeneigt, sich dann aber für die zweite entschieden. Dies mit den besten Gründen, worin alle Interpreten der Lochbetrachtung – ein Renner in der philosophischen Literatur; in der physikalischen wird sie nahezu niemals erwähnt[22] – übereinstimmen; allerdings mit verschiedenen Ergänzungen, die unser Thema nicht sein können. Einstein will alles Beobachtbare – sein Beispiel sind Koinzidenzen – mit der Transformation sozusagen mitziehen, sodass alles, was im Sinne einer Koordinatentransformation dasselbe ist, das auch physikalisch ist.

Hiernach können Abläufe, die – wie wir für die Abb. 3.20 zum Zweck der Illustration unterstellt haben – durch eine Transformation der Koordinaten auseinander hervorgehen, nicht unterschieden werden. Wie für die A_μ ausgeführt, sind also nicht die $g_{\mu\nu}$ beobachtbar und damit real, sondern erst ihre Äquivalenzklassen sind das, die jeweils jene $g_{\mu\nu}$ zusammenfassen, die sich nur durch Koordinatentransformationen unterscheiden. Es sind folglich diese Äquivalenzklassen, und nicht die $g_{\mu\nu}$ selbst, die mit den Gravitationsfeldern identifiziert werden können. Wie sich die elektrischen und magnetischen Felder $\vec{E}$ und $\vec{B}$ durch Ableitungen aus den A_μ ergeben, so die $G_{\mu\nu}$ aus den $g_{\mu\nu}$. Hier wie dort sind es, vereinfacht gesegt, Integrationskonstante, die statt auf die vorgegebenen Stammfunktionen Rückschlüsse nur auf ihre Äquivalenzklassen erlauben. Zu vermuten ist, dass $G_{\mu\nu}$ in Analogie zu A_μ zur lokalen Beschreibung von Quanteneffekten der Gravitation erforderlich sein wird.

Analoges muss offenbar auch für die durch die Koordinaten x^μ beschriebenen Orte und Zeiten gelten. Da sie, einmal willkürlich gewählt, durch die aktiv aufgefassten Koordinatentransformationen abgeändert werden, können sie keine innerhalb der Allgemeinen Relativitätstheorie beobachtbaren Größen – keine Observablen – sein. Beobachtbar sind, allgemeiner gesprochen, nur kovariante Größen –, was sich nicht kovariant sagen lässt, lässt sich überhaupt nicht sagen. Folglich vermeiden »moderne« Formulierungen der Allgemeinen Relativitätstheorie die Koordinaten x^μ ganz und gar und sprechen statt ihrer von differenzierbaren Mannigfaltigkeiten, in die beobachtbare Orte und Zeiten im Einklang mit der allgemeinen Kovarianz einzuführen sind. Dem schließen wir uns nicht an und beginnen unsere Beschreibung, wie Orte und Zeiten im Prinzip als beobachtbare Größen eingeführt werden können, mit einer Lösung $g_{\mu\nu}(x)$ der Einsteinschen Gleichungen. Deren Äquivalenzklassen sind, wie beschrieben, physikalisch real, sodass alles aus ihnen konstruierbare ebenfalls physikalisch real ist. Dementsprechend sollte es möglich sein, aus den $g_{\mu\nu}$ vier Funktionen zu konstruieren, die für die eine Zeit und die drei Orte als Observable stehen, indem sie diese in Äquivalenzklassen unterteilen. So nämlich, dass zu der Äquivalenzklasse eines x^μ diejenigen x^μ gehören, für welche die Werte aller vier Funktionen übereinstimmen. Diese Äquivalenzklassen stehen dann für die Orte und Zeiten, insoweit sie im Einklang mit der allgemeinen Kovarianz beobachtbar sind – und können als Ausgangspunkt der noch unbekannten Quantenmechanik der Gravitation dienen.

Die allgemeine Kovarianz impliziert also, dass das physikalisch Reale nicht in den Orten x^μ besteht, sondern in den Gravitationsfeldern, den Äquivalenzklassen der $g_{\mu\nu}$. »Ohne Metrik kein Nichts« ist die treffliche Formulierung[23] dieses Rollentausches von John Stachel, der wohl zuerst auf die Bedeutung der Einsteinschen Lochbetrachtung aufmerksam gemacht hat. Hören wir Hermann Weyl in seinem in [76] ab S. 337 abgedruckten Essay des Jahres 1931: »Was so mächtige Wirkungen tut wie die metrische Struktur der Welt, kann nicht eine starre, ein für allemal feste geometrische Beschaffenheit der Welt sein, sondern ist selbst etwas Reales, das Wirkungen auf die Materie nicht nur übt, sondern auch von ihr erleidet.«

Einstein hatte, wie gesagt, gute Gründe, die allgemeine Kovarianz in seiner ersten Lochbetrachtung zu verwerfen. Da diese Gründe für unser Thema, den Leeren Raum, bedeutungsvoll sind, sollen sie hier ausgebreitet werden. Es geht um die Lokalisierbarkeit physikalischer Größen, insbesondere Energie und Impuls, bei allgemeiner Kovarianz in gekrümmten Räumen.[24] Können, anders gefragt, Energie und Impuls sowie deren Ströme in gekrümmten Räumen im Einklang mit der allgemeinen Kovarianz Dichten besitzen, sodass davon gesprochen werden kann, dass und wie diese sich, beispielsweise bei der Ausbreitung von Schwingungen des Gravitationsfeldes, den Gravitationswellen, durch den Raum bewegen? Dies ist, wie wir sehen werden, aufgrund der allgemeinen Kovarianz ausgeschlossen.

Beginnen wir aber mit dem symmetrischen Energie-Impuls-Tensor der Materie $T_{\mu\nu}$ in der Speziellen Relativitätstheorie, also ohne Berücksichtigung von Raumkrümmung, Gravitation und allgemeiner Kovarianz. Dann gilt:

$$\frac{\partial}{\partial x^0} T_{00}(x) - \sum_{n=1}^{3} \frac{\partial}{\partial x^n} T_{0n}(x) = 0. \tag{5.31}$$

Wir werden sogleich sehen, dass diese Gleichung die Lokalisierbarkeit der Energie und ihre Erhaltung impliziert. Denn Integration über ein beliebig, aber fest gewähltes Volumen Ω ergibt:

$$\frac{\partial}{\partial x^0} \int\limits_{\Omega} dV T_{00}(x) = \int\limits_{\Omega} dV \sum_{n=1}^{3} \frac{\partial}{\partial x^n} T_{0n}(x) = \int\limits_{O(\Omega)} \sum_{n=1}^{3} df^n T_{0n}(x). \tag{5.32}$$

Hier bedeutet $O(\Omega)$ die Oberfläche des Volumens Ω, und zur Umwandlung des Volumen- in ein Oberflächenintegral wurde der Gaußsche Satz benutzt. Indem wir T_{00} mit der Energiedichte, T_{0n} mit der Energiestromdichte – dasselbe wie die Impulsdichte – in die Richtung x^n identifizieren, können wir diese Gleichung so in Worte fassen: Die Änderung der Energie im Volumen Ω pro Zeiteinheit stimmt mit der Bilanz des durch die Oberfläche $O(\Omega)$ des Volumens strömenden Energie überein. Wählt man als Ω den ganzen dreidimensionalen Raum, ist $\int\limits_{\Omega} dV T_{00}(x)$ die Gesamtenergie. Sie ist erhalten, wenn durch die unendlich ferne Oberfläche $O(\Omega)$ keine Energie fließt. Für die lokale Erhaltung des Impulses, welche ebenfalls aus der Gl. (5.31) folgt, gilt Analoges.

Nun ist die Gl. (5.31) nicht allgemein kovariant und die aus ihr nach den Regeln der Kovarianz abzuleitende Gleichung, die wir unterdrücken, erlaubt keine Interpretation als lokaler Erhaltungssatz von Energie und Impuls. Das ist verständlich, weil auch die Gravitationsfelder, deren Beiträge $T_{\mu\nu}$ ja nicht umfasst, Energie und Impuls tragen, die sich in Energie und Impuls der Materie umwandeln können – und genauso umgekehrt. Schwerer wiegt, dass *keine* allgemein kovariante Gleichung existiert, die es erlaubte, auf eine lokale Erhaltung und damit Verteilung von Energie und Impuls im Raum zu schließen. Verzichtet man auf allgemeine Kovarianz, existieren hingegen verschiedene Ausdrücke, die der Energie und auch dem Impuls Dichten zuweisen, die bei verschiedenen Ausdrücken verschieden herauskommen, von denen aber keine mit intuitiven Erwartungen übereinstimmt, wo sich etwa bei der Ausbreitung einer Gravitationswelle Energie und Impuls im Laufe der Zeit befinden sollten.

Dimensionen

Die wohl fortgeschrittenste Theorie von Raum und Zeit, die Superstringtheorie, die spekulativ die Allgemeine Relativitätstheorie mit der Quantenmechanik vereinigt, kommt nicht mit den drei Dimensionen des Raumes und der einen der Zeit aus. Formuliert wird sie in einem höher dimensionalen Raum mit – sagen wir – acht räumlichen Dimensionen und einer zeitlichen. Diese liegen bei der Planckschen Energiedichte im frühen Universum offen da, schrumpfen aber – der Fachausdruck ist »kompaktifiziert« – bei abnehmender Temperatur und Energiedichte zu unseren wohl bekannten drei plus eins, sodass jeder vermeintliche Punkt in unserem dreidimensionalen Raum weitere Dimensionen birgt. Dies so, dass die zusätzlichen Dimensionen Kugeln mit den Abmessungen der Planck-Länge in hochdimensionalen Räumen bilden. Wieder offen zugänglich sollen die weiteren Dimensionen werden, wenn es gelingt, an Beschleunigern Energiedichten zu erreichen, die der Planckschen nahe kommen. Aber auch Messungen der Gravitation bei Abständen unterhalb des Millimeterbereiches könnten deren Anwesenheit durch Abweichungen von dem Newtonschen Gravitationsgesetz nahe legen. Denn die Gravitation, so die Theorie, wirkt als einzige Kraft in die zusätzlichen Dimensionen hinein und wird dadurch bei kleinen Abständen in den zugänglichen schwächer. Da es aber bisher keine detaillierten experimentellen Hinweise auf die Gültigkeit der Superstringtheorie gibt, wird hier nur kurz auf die von ihr eröffnete theoretische, für unser Thema höchstbedeutsame Möglichkeit hingewiesen, dass jeder Punkt im dreidimensionalen Raum für fünf oder gar mehr unsichtbare Dimensionen steht.

Äther

Als Medium, dessen elektromagnetische Wellen zu ihrer Ausbreitung bedürfen, hat Albert Einstein den Äther in seiner Speziellen Relativitätstheorie von 1905 abgeschafft. Indem als Konsequenz der Theorie auch die Gleichungen der Elektrodynamik im Vakuum von der Geschwindigkeit ihres Anwenders unabhängig sind, kann überhaupt keinem mechanisch und/oder elektrodynamisch wirksamen Medium im Leeren Raum eine Geschwindigkeit zugeschrieben werden. Tatsächlich musste Einstein erkennen, dass der hierdurch eingeschränkte Äther (auch) in seiner Allgemeinen Relativitätstheorie fröhliche Urständ feiert: Abgeschafft hatte er in Wahrheit nur dessen nach Betrag und Richtung konstante Geschwindigkeit. Für die Mechanik hatte dies bereits Newton geleistet, obwohl er es anders gewollt hatte. Genauer war Newtons Verhältnis zu der Vorstellung eines Äthers ambivalent. Für Einstein war, wie bereits erwähnt, der absolute Raum, den Newton sich vorstellte, ein »Äther der Mechanik«, ein »dem wissenschaftlichen Verstande« widerstrebendes Ungetüm, das durch Widerstand gegen Beschleunigung »wirkt, auf das aber nicht eingewirkt werden kann.« Newton wollte bei dem absoluten Raum vermöge eines ruhenden Äthers ankommen, den er sich dünner und dünner dachte –, ohne zu realisieren, dass er nach dessen Abschaffung im Grenzfall nicht mehr sinnvoll von einer Geschwindigkeit dem Raum gegenüber würde sprechen können. Newton näherte sich nämlich, wie bereits Galilei der Vorstellung des leeren Raumes, der ihm auch als Leerer galt, durch Extrapolation an. In seiner unvollendet hinterlassenen Schrift [47] *Über die Gravitation* ... sagt er es auf S. 73 so: »Da nun Wasser der Bewegung von Geschossen weniger widersteht als Quecksilber, und Luft noch viel weniger als Wasser, und ätherische Räume noch weniger als luftige, so lasst uns schließlich die ganze Kraft der Bewegung eines Geschosses zu widerstehen, aufheben, und fürwahr, wir würden die körperliche Natur gänzlich aufheben. [...] Aus dem oben Gesagten ist zu beachten, dass es leere Räume in der Natur gibt.« Ohne »irgendeine Kraft, der Bewegung eines Geschosses zu widerstehen,« kann die Ruhe kein vor anderen ausgezeichneter Bewegungszustand sein. Das weiß der Newton der *Prinzipia* [48], der darum ringt, dem Bewegungszustand des leeren Raumes einen absoluten Sinn zu geben. Albert Einstein formuliert 1919 seine Einsicht, dass er in der Speziellen Relativitätstheorie statt des Äthers nur dessen Geschwindigkeit abgeschafft hat, in einem Brief[25] an H. A. Lorentz so: »Es wäre richtiger gewesen, wenn ich in meinen früheren Publikationen mich darauf beschränkt hätte, die Nicht-Realität der Äther*geschwindigkeit* zu betonen, statt die Nicht-Existenz des Äthers überhaupt zu vertreten. Denn ich sehe ein, dass man mit dem Worte Äther nichts anderes sagt, als dass der Raum als Träger physikalischer Qualitäten aufgefasst werden muss.«

Äther – das ist für uns, im Einklang mit der Wortwahl Einsteins, dasselbe wie der Raum in seinem Zustand niedrigster Energie. So umfassend, dass wir ihn grundlegend und eindeutig charakterisieren könnten, sind unsere Kenntnisse nicht. Das könnten wir nur einer TOE entnehmen, die uns zwischen dem zu unterscheiden gestattet, was es aufgrund ihrer geben muss und dem, was es im Einklang mit ihr geben kann, aber nicht muss – mit anderen Worten: Was können wir einem Raum unter Verminderung seiner Energie entnehmen und was nicht. Dies ist die immer noch ungelöste Frage nach dem Äther. Da uns zudem statt des Raumes insgesamt und für alle Zeiten nur endliche Gebiete und Zeitintervalle zugänglich sind, können unsere Erfahrungen zwar für das Ganze typisch sein, müssen das aber nicht. Es ist diese Gemengelage, die es uns nur gestattet, eine tentativ-pragmatische Liste von dem aufzustellen, dessen Bekanntschaft wir als Eigenschaften des Äthers gemacht haben.

Hier ist die Liste. Erstens bevölkern den Leeren Raum aufgrund quantenmechanischer Schwankungen Felder mit ihren virtuellen Teilchen. Zweitens skalare Felder $\Phi(x)$ ohne Index, die wir klassisch verstehen wollen, die aber genau genommen (und im Gegensatz zu den Unterstellungen einer ihre Posten klar unterteilenden Liste!) ebenfalls den quantenmechanischen Schwankungen unterliegen. Zu nennen sind vor allem die Higgs-Felder, zu denen auch ein Quintessence-Feld und/oder eine Kosmologische Konstante gerechnet werden müssten. Drittens Felder mit Indizes wie das elektromagnetische Feld $A_\mu(x)$, von denen nur Äquivalenzklassen beobachtbar sind. Als Prototyp ausführlich diskutiert haben wir das Vektorpotenzial $\vec{A}$. Die Photonen, die $A_\mu(x)$ beschreibt, sind dem ersten Posten hinzuzurechnen. Uns ging es weiterhin um die Rolle des Feldes als, wie es gelehrtere Schriften ausdrücken, »affine Verbindung«. Darunter ist zu verstehen, dass, wie beschrieben, elektrische Ladungen q, die sich durch ein $\vec{A}$-Feld bewegen, aufgrund seiner eine Phase erwerben, die von ihrem Weg abhängt. Besonders interessant sind hierbei geschlossene Wege. Auf ihnen erwirbt die Ladung unter der Voraussetzung insgesamt eine Phase, dass ihr Weg einen magnetischen Fluss umschließt. Obwohl die Ladung sich nur in einem Gebiet bewegt hat, in dem das magnetische Feld verschwindet, kann die Änderung ihrer Phase vermöge der Quantenmechanik im Zweilochexperiment (Abb. 5.4) beobachtet werden (und wurde das). Viertens zu nennen sind die Eigenschaften des Raumes selbst aufgrund der Allgemeinen Relativitätstheorie. Hier kann deren noch unbekannte quantenmechanische Formulierung nicht einbezogen werden, obschon sie das sachlich müsste, sodass wir über klassische Aspekte und deren wahrscheinliche quantenmechanische Erweiterungen nicht hinauskommen können. Wir haben gesehen, dass Orte und Zeiten keine primären Größen sind. Primär ist die Metrik – und genauer sind es ihre Äquivalenzklassen –, und erst sie legt die Orte und

Zeiten als beobachtbare, abgeleitete Größen fest. Unmöglich ist es, eindeutig zu sagen, wo sich Energie und Impuls des Schwerefeldes jeweils befinden. Als Quellen (zusammen mit Randbedingungen, die wir unterdrückt haben) der Gravitation beeinflussen sie die Metrik und werden durch sie beeinflusst. Die Quantenmechanik wird der Metrik bzw. dem Gravitationsfeld Teilchen zuzuordnen haben, die zwischen Massen wie Photonen zwischen Ladungen als Überträger gegenseitiger Einflüsse wirken. Denn dass es eine größtmögliche Geschwindigkeit, die Lichtgeschwindigkeit, gibt, schließt instantane Fernwirkungen aus, sodass es möglich sein muss, Einflüsse unterwegs zu orten, wodurch feldtheoretische Formulierungen erzwungen werden. Dass die Ortung von Energie und Impuls während ihrer Übertragung in der nicht-quantenmechanischen Allgemeinen Relativitätstheorie auf Schwierigkeiten stößt, wurde erwähnt. Ob und wie Massen im Namen des späten Einstein als Abkömmlinge des Gravitationsfeldes interpretiert werden können, wissen wir nicht. Bemerkenswert ist Einsteins Abkehr nach 1917 von Machschen Vorstellungen, die zunächst auch die seinen waren, und die er im Januar 1916 in einem Brief[26] an Karl Schwarzschild so beschrieben hat: »Die Trägheit ist eben nach meiner Theorie im letzten Grunde eine Wechselwirkung der Massen, nicht eine Wirkung, bei welcher außer der ins Auge gefassten Masse der ›Raum‹ als solcher beteiligt ist. Das Wesentliche meiner Theorie ist gerade, dass dem Raum als solchem keine selbstständigen Eigenschaften gegeben werden.« Dabei ist er, wie beschrieben, nicht stehengeblieben. Seltsam aber, dass diametral verschiedene Vorstellungen mit denselben Gleichungen verknüpft werden können. Schlussendlich impliziert die Auffassung der Allgemeinen Relativitätstheorie als Eichtheorie, dass in Analogie zu den A_μ auch die $g_{\mu\nu}$ als affine Verbindungen aufgefasst werden müssen.

Ist das alles? Wir wissen es nicht. Aufgrund umfassenderer Theorien als dem Standardmodell der Elementarteilchentheorie und der Allgemeinen Relativitätstheorie können wir Fragen stellen, aber nicht beantworten wie die, ob in jedem Punkt des Raumes acht oder gar mehr winzigste Kugeln verborgen sind. Dimensionen des Raumes – mit ihnen endet unsere vorläufige Liste.

Zum Schluss

Endgültiges über den Raum, der so Leer ist wie mit den Naturgesetzen vereinbar, wird sich erst sagen lassen, wenn wir über eine experimentell im Detail überprüfte vereinigte Theorie von Allgemeiner Relativität und Quantenmechanik verfügen. Denn die von der Quantenmechanik geforderten Schwankungen von Energie und Impuls müssen nicht nur für Objekte in Raum und Zeit gelten, sondern auch für Raum und Zeit selbst. Um das einzusehen, brauchen wir uns nur zu vergegenwärtigen, dass die Krümmungen von Raum und Zeit von der Energieverteilung abhängen und folglich mit ihr fluktuieren. Also liefern auch sie, wie bereits die Elementarteilchen und ihre Felder, Beiträge zur effektiven Kosmologischen Konstanten, wobei eine noch unbekannte tief liegende Symmetrie Verknüpfungen zwischen den einzelnen Beiträgen herstellen muss. Wir haben nämlich gesehen, dass bereits die Beträge der einzeln berechenbaren Beiträge der Elementarteilchen zur effektiven Kosmologischen Konstanten den Betrag von deren experimentell höchstens erlaubtem Wert um Größenordnungen übersteigen. Also müssen sich alle Beiträge, die tatsächlich beide Vorzeichen besitzen, und zu denen auch Einsteins eigentliche Kosmologische Konstante gehört, insgesamt nahezu aufheben. Gar zu seltsam wäre es nun, wenn diese Aufhebung auf nichts als einem grandiosen Zufall beruhte.

Einsteins eigentliche Kosmologische Konstante bleibt als Rest, wenn die Beiträge aller Teilchen herausgerechnet wurden. Sie hängt von dem möglichen Inhalt des Universums in keiner Weise ab, weil sie sozusagen mit dem Universum geboren wurde: Wie die Lichtgeschwindigkeit c, das Wirkungsquantum $\hbar$ und die Gravitationskonstante G ist Einsteins eigentliche Kosmologische Konstante eine Naturkonstante in dem Sinn, dass sie bereits in den Naturgesetzen auftritt. Denkbar ist natürlich, dass zwischen den uns unabhängig erscheinenden Beiträgen zur effektiven Kosmologischen Konstante gesetzmäßige Beziehungen bestehen. Die Aufdeckung solcher Beziehung zwischen den in Einzelgesetzen auftretenden Größen wie den Massen der Elementarteilchen oder gar deren Berechnung aus wenigen Grundgrößen, gehört seit je zu dem Heiligen Gral der Physik.

Von der Wissenschaftlichen Revolution des 17. Jahrhunderts bis in das 20. Jahrhundert hinein, hat die Ablehnung der zuvor herrschenden Auffassung, dass es keinen leeren Raum geben könne, zu dem Aufschwung der Naturwissenschaften, insbesondere der Physik, wesentlich beigetragen. Nichts sprach in diesem Zeitraum dagegen, dass sich Atome und Himmelskörper im leeren Raum ohne Antrieb bewegen, und auch die Felder und Wellen konnten nach einem kleinen Zwischenspiel als eigenständige Objekte aufgefasst werden, die – wie Atome und Himmelskörper – anwesend, aber auch abwesend sein können, und kein Substrat wie den Äther zu ihrer Anwesenheit benötigen. Vor der Allgemeinen Relativitätstheorie und der Quantenmechanik war kein realer physikalischer Effekt bekannt, der zu seiner Erklärung dessen bedurft hätte, dass die Natur des Raumes die Anwesenheit von irgend etwas erfordert. Das alles ist ab 1900 von dem Kopf auf die Füße gestellt worden: Die Philosophen, die allüberall Fülle einforderten, sind durch die heutige Physik bestätigt worden. Es wäre aber falsch, ihnen Einsichten zuzuschreiben, die sie nicht besitzen konnten – Vorahnung also statt Vorurteil. Wenn sich eines Tages herausstellen sollte, dass es nicht zufällig, sondern auf die eine oder andere Weise notwendig so ist, wie es ist, kann diese Notwendigkeit sicher nicht durch philosophische, in Unkenntnis der relevanten Physik gefasste Gedanken begründet werden. Gespannt können wir sein, wie sich die Natur des Raumes, der so Leer ist wie mit den Naturgesetzen vereinbar, in der großen Theorie der Zukunft, die Quantenmechanik und Gravitation vereinigt, darbieten wird.

6
Mathematische Anhänge

Wellenfunktionen und Unschärferelationen

In einer Dimension ist der (uneigentliche) Eigenzustand des Impulsoperators p zum Eigenwert p_0 in der Impulsdarstellung die δ-Funktion $\delta(p - p_0)$ des Impulses, die des Ortsoperators q zum Eigenwert x_0 genauso in der Ortsdarstellung die δ-Funktion $\delta(x - x_0)$. Befindet sich das Teilchen in einem dieser Zustände, ergeben im Einklang mit der Unschärferelation Messungen des jeweils anderen Operators alle Werte zwischen $-\infty$ und ∞ mit derselben Wahrscheinlichkeit. Zustände, in denen, ebenfalls im Einklang mit der Unschärferelation, keiner der beiden Operatoren einen bestimmten Wert besitzt, können mithilfe der Fourier-Transformation leicht konstruiert werden. Wir unterdrücken dies, und wenden uns einem Teilchen im Potenzial $U(q)$ (siehe Gl. (3.16)) des Harmonischen Oszillator zu; die zugehörige kinetische Energie $T(p)$ in Gl. (3.18) stimmt mit der eines freien Teilchens überein. In Zuständen, in denen p (q) einen bestimmten Wert besitzt, gilt dasselbe offenbar auch für $T(p)$ ($U(q)$), während Messungen von $U(q)$ ($T(p)$) einen beliebigen positiven Wert ergeben können.

Die Wellenfunktion $\psi_0(x)$ des Zustandes niedrigster Gesamtenergie, also die Eigenfunktion von $H = T + U$ zum Eigenwert $\hbar\omega/2$, ist in der Ortsdarstellung

$$\psi_0(x) = (x_0\sqrt{\pi})^{-1/2} e^{-(x/x_0)^2/2},$$

worin $x_0 = \sqrt{\hbar/m\omega}$ definiert wurde. Die zugehörigen Wahrscheinlichkeitsdichten $\rho_0(x)$ und $\tilde{\rho}_0(p)$ im Ortsraum und Impulsraum sind

$$\rho_0(x) \equiv \psi_0(x)^* \psi_0(x) = \frac{1}{x_0\sqrt{\pi}} e^{-(x/x_0)^2} \qquad (6.1)$$

und

$$\tilde{\rho}_0(p) \equiv \tilde{\psi}_0(p)^* \tilde{\psi}_0(p) = \frac{1}{p_0\sqrt{\pi}} e^{-(p/p_0)^2}. \qquad (6.2)$$

Wir haben $p_0 = \hbar/x_0$ definiert und – etwas inkonsequent – zur Bezeichnung der Impulsvariablen dasselbe Symbol p wie für den Impulsoperator verwendet. Zur Berechnung von $\tilde{\rho}_0(p)$ wird zunächst die Wellenfunktion im Impulsraum $\tilde{\psi}_0(p)$ durch Fourier-Transformation von $\psi_0(x)$ berechnet. Beide Wahrscheinlichkeitsdichten sind auf die Gesamtwahrscheinlichkeit 1 normierte Gauß-Funktionen. Die Breite einer Gauß-Funktion ist definiert als der Abstand des Maximums der Kurve von einem der Wendepunkte rechts oder links. Eine kleine Rechnung ergibt für die Breiten von $\rho_0(x)$ und $\tilde{\rho}_0(p)$ die Ergebnisse $x_0/\sqrt{2}$ sowie $p_0/\sqrt{2}$.

Im durch $\psi_0(x)$ oder, äquivalent, durch $\tilde{\psi}_0(p)$ beschriebenen Grundzustand des Oszillators verschwindet offenbar sowohl der Erwartungswert $\langle q \rangle_0$ des Orts- als auch der Erwartungswert $\langle p \rangle_0$ des Impulsoperators. Das bedeutet aber nicht, dass alle Einzelmessungen von Ort oder Impuls im Grundzustand des Oszillators null ergeben. Darüber, um wie viel einzelne Messungen um ihren Mittelwert streuen, gibt bei einer Gauß-Verteilung deren Breite Auskunft. An die Stelle dieses Maßes der Streuung einer Variablen[27] Ω tritt bei einer allgemeineren Verteilung die »Wurzel aus der Varianz«. Dabei ist die Varianz durch $\langle (\Omega - \langle \Omega \rangle)^2 \rangle$ definiert.

Jetzt geht es um die Varianzen

$$\sigma^2 = \langle (q - \langle q \rangle_0)^2 \rangle_0 \qquad (6.3)$$

und

$$\tilde{\sigma}^2 = \langle (p - \langle p \rangle_0)^2 \rangle_0 \qquad (6.4)$$

der Verteilungen der Ergebnisse von Orts- und Impulsmessungen im Grundzustand eines Harmonischen Oszillators. Weil die Erwartungswerte von q und p in diesem Zustand verschwinden, verbleibt zur Bestimmung von σ^2 nur die Rechenaufgabe

$$\sigma^2 = \langle (q - \langle q \rangle_0)^2 \rangle_0 = \langle q^2 \rangle_0 = \int_{-\infty}^{\infty} dx \rho(x) x^2 = {x_0}^2/2.$$

Also ist das σ einer Gauß-Verteilung mit deren Breite identisch. Aus dem Obigen berechnet sich der Erwartungswert der potenziellen Energie $U(q) = m\omega^2 q^2/2$ im Grundzustand des Oszillators zu $\langle U(q)\rangle_0 = m\omega^2\sigma^2/2 = m\omega^2{x_0}^2/4 = \hbar\omega/4$. Genauso erhalten wir durch Verwendung von $\tilde{\rho}_0(p)$ an Stelle von $\rho_0(x)$ die Resultate $\tilde{\sigma} = p_0/\sqrt{2}$ und $\langle T(p)\rangle_0 = \frac{\tilde{\sigma}^2}{2m} = \frac{{p_0}^2}{4m} = \hbar\omega/4$. Zusammen ergeben die Mittelwerte von $T(p)$ und $U(q)$ folglich den Wert, und damit auch Mittelwert, von $H(p,q) = T(p) + U(q)$, nämlich $\hbar\omega/2$. Natürlich schwanken auch die Werte von Einzelmessungen von $T(p)$ und $U(q)$ um Mittelwerte, und es wäre ein Leichtes, die zugehörigen Schwankungen zu berechnen. Das unterdrücken wir, und wenden uns stattdessen der Unschärferelation von Impuls und Ort zu. Wenn wir versuchsweise deren Schwankungen Δp und Δq durch die Breiten σ und $\tilde{\sigma}$ ihrer Verteilungen quantifizieren, erhalten wir für sie eine gegenüber dem Obigen modifizierte Unschärferelation. Immer gilt

$$\tilde{\sigma}\sigma \geq \hbar/2,$$

sodass die weiter oben angeschriebene Unschärferelation aus der Identifikation $\Delta p = \tilde{\sigma}\sqrt{2}$ zusammen mit $\Delta q = \sigma\sqrt{2}$ folgt. Für den Grundzustand des Harmonischen Oszillators gilt $\tilde{\sigma}\sigma = \hbar/2$.

Der Casimir-Effekt bei schwingenden Saiten

Der Casimir-Effekt beruht bei beliebigen Geometrien von Kavitäten auf den Energieunterschieden der Nullpunktsschwingungen elektromagnetischer Felder, die durch Randbedingungen verursacht werden. Selbst aber bei der einfachsten aller Geometrien, der von zwei parallelen leitenden Platten kann durch Energieargumente nur schwer ohne Rechnung begründet werden, dass die Platten einander anziehen. Denn dieses Ergebnis hängt energetisch gesehen von zwei gegenläufigen Effekten ab. Werden die Platten voneinander entfernt, wird einerseits energiearmer Innenraum auf Kosten des energiereicheren Außenraumes vermehrt, sodass hierdurch die Energie abgesenkt werden müsste (wobei kein qualitatives Argument einbeziehen kann, dass der Außenraum unendlich ist). Andererseits wird durch Vergrößern des Plattenabstandes L die spezifische Energie des Innenraumes erhöht, da ein größeres L mehr Wellenlängen im Innern ermöglicht; die spezifische Energie des Außenraumes, da sowieso unendlich, bleibt gleich (was *vor* dem Grenzübergang $R \to \infty$ bei der Rechnung für die Saite weiter unten nicht so ist). Es ist also ohne

Rechnung schwer bis unmöglich, durch Energieargumente bei der richtigen Konklusion anzukommen, dass die Platten sich anziehen.

Anschaulich unabweisbar ist das richtige Vorzeichen des Effektes hingegen bei der Argumentation des Textes über den Rückstoß, den die Nullpunktsstrahlung bei ihrer Reflexion durch die Platten auf diese ausübt. Ich will das Argument, das nur auf dem Unterschied der Intensität der Strahlung innen und außen beruht, hier nicht wiederholen. Doch die Leichtigkeit der Ableitung trügt, kann sie doch zu dem falschen Schluss verleiten, dass die Casimir-Kraft bei beliebigen Kavitäten von außen nach innen gerichtet sein müsse. Dass quantitative Rechnungen einfacher von der skalaren Energiedichte statt von der vektoriellen Impulsdichte ausgehen, versteht sich wohl von selbst.

Quantitativ beruht der Casimir-Effekt in jedem Fall auf einem komplizierten Zusammenspiel von Innenraum und Außenraum, deren unendliche Energiedichten so voneinander abzuziehen sind, dass als Resultat *die* endliche Casimir-Kraft übrig bleibt. Die Einzahl des *die* beruht auf dem physikalischen Argument, dass Ergebnisse für endliche messbare Größen nicht davon abhängen können, wie sie über Zwischenstufen, in denen nicht messbare unendliche auftreten, abgeleitet wurden. Wir wollen es hierbei belassen; mathematische Untersuchungen der Eindeutigkeit derartiger »Regularisierungs«- und »Renormierungs«-Verfahren übersteigen bei weitem den Horizont dieses Buches. Jedenfalls führen mehrere grundverschiedene Verfahren in der Physik der Elementarteilchen zu denselben, experimentell erfolgreich überprüften Ergebnissen.

Von besonderem Interesse für die Physik sind hypothetische Situationen, in denen die Anwendung allgemeingültiger Methoden zu widersprüchlichen Ergebnissen führt. Ein historisch wichtiges Beispiel bildet die Vorstellung eines Körpers – eines Schwarzen Loches –, der Strahlung zwar absorbiert, aber nicht abgibt, sodass ihm keine Temperatur zugeschrieben werden kann. Hier sorgt die Quantenmechanik mit ihrem Tunneleffekt für Konsistenz, indem sie es Schwarzen Löchern ermöglicht, Wärmestrahlung auch abzugeben; Stichwort Hawking-Strahlung.

Genauso inkonsistent wäre es, die Existenz eines Raumgebietes zu unterstellen, in dem keine quantenmechanischen Fluktuationen auftreten. Nehmen wir nämlich einen Innenraum, der von parallelen leitenden Platten begrenzt wird, in dem die Nullpunktschwankungen des elektromagnetischen Feldes richtig auftreten, und versetzen wir ihn in Gedanken in einen Außenraum ohne diese Schwankungen. Wir wollen außerdem unendliche Größen so behandeln, als seien sie endliche. In dieser hypothetischen Situation müsste der Rückstoß der von innen an die Wände brandenden Wellen, da ohne Gegenkraft aus dem leeren Außenraum, die Platten auseinander treiben. Andererseits würde bei Annäherung der Platten Innenraum mit einer Energiedichte, die auf jeden Fall *größer* ist als die des leeren Außenraumes mit der hypothetischen Energiedichte null, durch eben diesen Außenraum ersetzt, sodass die Platten einander anziehen müssten. Dasselbe Resultat ergibt übrigens auch das für den negativen Druck eines Raumes mit positivem Λ im Zusammenhang mit der Abb. 4.12 verwendete Argument; jetzt dadurch verstärkt, dass, wie bereits erläutert, mit dem hinzugefügten Raum auch die Energie*dichte* des Innenraumes anwächst. Ein Widerspruch also, den wir am einfachsten dadurch auflösen, dass wir zur richtigen Physik zurückkehren und dem Außenraum seine Nullpunktsenergie zuerkennen.

Um also das Auftreten des Casimir-Effektes für elektromagnetische Felder durch Schwingungen eingespannter Saiten zu veranschaulichen, müssen wir die Saite zwischen ihren Einspannungspunkten als Teil einer nach rechts und links unendlichen Saite auffassen, die als ganze an Punkten P_0 und L_L im Abstand L eingespannt ist (Abb. 6.1). Eine erste Unendlichkeit der Energie, die wir beherrschen müssen, beruht auf den beliebig vielen, beliebig hohen Frequenzen – kurzen Wellenlängen –, die bereits bei endlicher Saitenlänge zwischen Einspannung auftreten. Auf eine zweite Unendlichkeit führt die unendliche Länge der Saiten des Außenraumes. Um mit ihr umgehen zu können, begrenzen wir vorerst, wie in der Abbildung dargestellt, auch diese Saiten durch Einspannungspunkte mit der Erwartung, dass der Grenzübergang $R \to \infty$ das physikalisch richtige Ergebnis liefern wird.

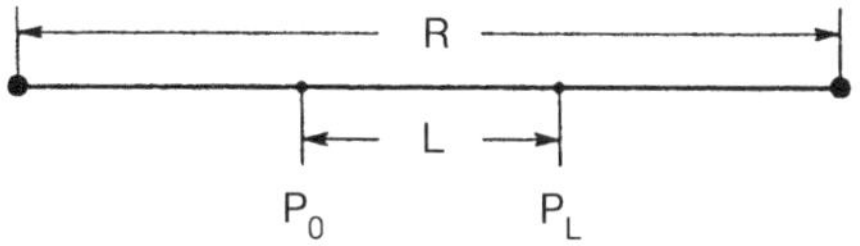

Abbildung 6.1: Eine lange, vierfach eingespannte Saite an den Enden im Abstand R sowie an den Punkten P_0 und P_L.

Vor allem aber müssen wir die Summe $E(X) = \sum_{n=1}^{\infty}(\hbar/2)(n\pi v/X)$ der Nullpunktsenergien von Eigenschwingungen einer Saite mit der Länge X zwischen ihren Einspannungspunkten endlich machen. Dies tun wir durch Einführen eines Abschneidefaktors $e^{-\epsilon n/X}$, wobei $\epsilon > 0$ angenommen wird und der Grenzübergang $\epsilon \to 0$, der den Abschneidefaktor zu 1 macht, am Ende durchgeführt werden soll. So entsteht

$$E_\epsilon(X) = \sum_{n=1}^{\infty} \frac{\hbar}{2} \frac{n\pi v}{X} e^{-\epsilon n/X} \tag{6.5}$$

aus $E(X)$. Es ist leicht, das endliche $E_\epsilon(X)$ zu berechnen,

$$\begin{aligned} E_\varepsilon(X) &= -\frac{\hbar}{2}\pi v \frac{\partial}{\partial \varepsilon} \sum_{n=1}^{\infty} \mathrm{e}^{-\epsilon_n/X} = -\frac{\hbar}{2}\pi v \frac{\partial}{\partial \varepsilon} \sum_{n=1}^{\infty} (\mathrm{e}^{-\varepsilon/X})^n \\ &= -\frac{\hbar}{2}\pi v \frac{\partial}{\partial \varepsilon} \left(\frac{1}{1 - \mathrm{e}^{-\varepsilon/X}} - 1 \right) = \frac{\hbar}{2}\pi v \frac{\partial}{\partial \varepsilon} \frac{1}{\mathrm{e}^{-\varepsilon/X} - 1}. \end{aligned} \tag{6.6}$$

Verwendet wurde die Summenformel für die unendliche geometrische Reihe.

Als System mit Außenraum und Innenraum (die Saite zwischen P_0 und P_L) spannen wir die Saite so ein, wie es die Abb. 6.1 zeigt. Der vorerst endliche Außenraum soll durch den Grenzübergang $R \to \infty$ bei festem L zu zwei unendlichen Halbgeraden werden. Bei (noch) endlichen ϵ und R ist die Energie des Gesamtsystems offenbar

$$E_\epsilon(L, R) = E_\epsilon(L) + 2E_\epsilon(R - L/2), \tag{6.7}$$

sodass

$$K = -\frac{\partial}{\partial L} E_\epsilon(L, R) \tag{6.8}$$

die Casimir-Kraft ist, mit der sich die Einspannungspunkte P_0 und P_L bei dem Arrangement der Abb. 6.1 gegenseitig anziehen. (Ohne die Saiten im Außenraum würden sich die Punkte wegen des Rückstoßes, der durch die Reflexion der Wellen an den Einspannungspunkten entsteht, abstoßen.)

Ein endliches Resultat für K werden wir durch *zwei* Grenzübergänge erhalten: erst $R \to \infty$, dann $\epsilon \to 0$. Genauer wollen wollen wir R erst sehr groß machen und dann die Energie gemäß Gl. (6.6) nach ϵ differenzieren:

$$E_\varepsilon(L,R) = \frac{\hbar}{2}\pi v \frac{\partial}{\partial\varepsilon}\left(\frac{1}{e^{-\varepsilon/L}-1} + 2\frac{1}{e^{-\varepsilon/(R-L/2)}-1}\right). \qquad (6.9)$$

Die Formel

$$\frac{1}{e^x-1} = \frac{1}{x}\sum_{s=0}^{\infty}\frac{\beta_s}{s!}x^s, \qquad (6.10)$$

worin die β_s die Bernoullischen Zahlen $\beta_0 = 1$, $\beta_1 = -1/2$, $\beta_3 = 0$, $\beta_4 = -1/30$ und weiter abnehmend sind, ergibt das für Durchführung des Grenzübergangs besonders geeignete Resultat

$$\begin{aligned}
&E_\varepsilon(L,R)\\
&= -\frac{\hbar}{2}\pi v\frac{\partial}{\partial\varepsilon}\left\{\frac{L}{\varepsilon}\left[\beta_0 + \beta_1\frac{L}{\varepsilon} + \frac{\beta_2}{2}\left(\frac{\varepsilon}{L}\right)^2 + \frac{\beta_4}{24}\left(\frac{\varepsilon}{L}\right)^4 + \dots\right]\right.\\
&\quad + 2\frac{R-L/2}{\varepsilon}\left[\beta_0 + \beta_1\frac{\varepsilon}{R-L/2} + \frac{\beta_2}{2}\left(\frac{\varepsilon}{R-L/2}\right)^2\right.\\
&\qquad\left.\left. + \frac{\beta_4}{24}\left(\frac{\varepsilon}{R-L/2}\right)^4 + \dots\right]\right\}\\
&= -\frac{\hbar}{2}\pi v\frac{\partial}{\partial\varepsilon}\left\{\frac{2R}{\varepsilon}\beta_0 + 3\beta_1 + \epsilon\frac{\beta_2}{2}\left(\frac{1}{L} + \frac{1}{R-L/2}\right)\right.\\
&\qquad\left. + \varepsilon^3\frac{\beta_4}{24}\left(\frac{1}{L^3} + \frac{1}{(R-L/2)^3}\right) + \dots\right\}. \qquad (6.11)
\end{aligned}$$

Der Term mit β_0 hängt von L nicht ab, trägt also zu der Kraft, die sich ja durch Differenzieren nach L ergibt, nicht bei: Er wird zwar bei dem Grenzübergang $\epsilon \to 0$ unendlich, kann aber, weil von L unabhängig, nur mithelfen, den Nullpunkt »unendlich« der Energie relativ zu anderen unendlichen Energien festzulegen. Die anderen Terme mit Ausnahme von

$$E_\epsilon(L,R)|_{R=\infty,\epsilon=0} = -(\hbar\pi v/4)(\beta_2/L) = -\hbar\pi v/24L \qquad (6.12)$$

verschwinden bei dem Grenzübergang $\epsilon \to 0$ zusammen mit $R \to \infty$. Mit wachsendem L nimmt die Energie also zu. Die resultierende Kraft

$$K = -\hbar\pi v/(24L^2) \qquad (6.13)$$

auf die Einspannungspunkte P_0 und P_L der Saite ist anziehend – wie die Casimir-Kraft zwischen elektrisch leitenden Platten in demselben Abstand L, mit der unser Resultat mit Ausnahme von numerischen, durch drei Dimensionen statt einer bedingten Unterschieden und der Lichtgeschwindigkeit c statt v übereinstimmt.

Anmerkungen

1 Genauer muss das nur für Prozesse *im* Universum gelten; ich komme auf dieses aktuelle, sich in dauerndem Fluss befindliche Thema weiter unten zurück. Wenn *das Universum selbst* expandiert oder kollabiert, kann seine Gesamtenergie sich ändern. Expandiert das Universum insbesondere (Anmerkung 2) aufgrund eines positiven Λ beschleunigt, besitzt der neu gewonnene Raum dieselbe Vakuumenergie*dichte* wie der, von dem er abstammt, während die manifeste Gesamtenergie ungeändert bleibt, also mehr und mehr ausgedünnt wird. Seltsam bis unbegreiflich ist in dem Fall, dass *gerade jetzt* innerhalb der »unendlichen« Geschichte des Universums die Dichten beider Energien vergleichbar groß sind. Möglicherweise verliert auch die auf dieser Seite erwähnte »lokale Erhaltung der Energie« in Ansehung der Allgemeinen Relativitätstheorie ihren Sinn, da diese es nicht in allen Fällen erlaubt, von Energie*dichte* überhaupt zu sprechen (z. B. Penrose in [60]).

2 Beobachtungen der letzten Jahre, auf die ausführlich zurückzukommen sein wird, haben gezeigt, dass das Universum *beschleunigt* expandiert und flach ist. Das bedeutet, dass die Gesamtenergie des Universums zur Zeit zusätzlich zu der manifesten Energie der Himmelskörper, Gase, Staub, Strahlung und Dunkler Materie – kurz der Elementarteilchen und Felder – eine vergleichbar große Energie enthält, die auch dann vorhanden wäre, wenn die manifeste Energie ganz fehlen würde – das Universum also so wenig Energie besäße, wie mit den Naturgesetzen vereinbar. Eine Möglichkeit hierfür würde eine positive Kosmologische Konstante Λ, die Einstein eingeführt und verworfen hat, eröffnen; eine andere ein das Universum durchsetzendes Feld, für das sich der Name Quintessence (englisch nach dem 5. Element des Aristoteles, Quintessenz) einbürgert. Sekundenbruchteile nach dem Urknall hat laut gegenwärtigem Verständnis ein Feld namens Inflaton, das zugleich das Higgs-Feld der elektroschwachen Symmetriebrechung sein kann, ein rasches Aufblähen des Universums bewirkt.

3 Mit der Überschrift dieses Abschnitts beginnt das Gedicht »Die zwei Parallelen« des deutschen Poeten Christian Morgenstern (1871–1914). In ihm hat er den Verdacht, dass sich zwei Geraden, die ihren Weg augenscheinlich als Parallele beginnen, irgendwo im Ungefähren doch noch schneiden könnten, so formuliert ([45]):

Es gingen zwei Parallelen
ins Endlose hinaus,
zwei kerzengerade Seelen
und aus solidem Haus.

Sie wollten sich nicht schneiden
bis an ihr seliges Grab:
Das war nun mal der beiden
geheimer Stolz und Stab.

Doch als sie zehn Lichtjahre
gewandert neben sich hin,
da wards dem einsamen Paare
nicht irdisch mehr zu Sinn.

War'n sie noch Parallelen?
Sie wusstens selber nicht, –
sie flossen nur wie zwei Seelen
zusammen durch ewiges Licht.

Das ewige Licht durchdrang sie,
da wurden sie eins in ihm;
die Ewigkeit verschlang sie
als wie zwei Seraphim.

4 Indem wir, wie es bei der Veranschaulichung von Objekten der Quantenmechanik üblich und unumgänglich ist, mehrere Teilchen in denselben dreidimensionalen Raum einbetten, nehmen wir eine genau genommen unzulässige Vereinfachung vor. Tatsächlich kommen jedem Teilchen der Quantenmechanik seine eigenen drei Koordinaten zu, sodass N Teilchen in einem $3 \cdot N$-dimensionalen »Konfigurationsraum« residieren. Als unzulässig erweist sich diese Vereinfachung spätestens bei Effekten, zu denen mehrere Teilchen beitragen. Genau genommen ist aber auch die Vorstellung einer Erfüllung/Nichterfüllung desselben Raumes durch mehrere Teilchen unzulässig. Wie das Phänomen der Verschränkung von Zuständen zweier weit voneinander entfernter Teilchen zu einem einheitlichen Gesamtzustand zeigt, berechtigen große Entfernungen von Teilchen nicht ohne weiteres dazu, sie sich als mehrere Teilchen in demselben Raum vorzustellen.
5 Unsere Berechnung folgt [75].
6 Weil die Stärke der Schwachen Wechselwirkung mit der Energie anwächst, ist diese Voraussetzung nötig.
7 Siehe S. 79. Eine Darstellung auf etwa dem Niveau dieses Artikels ist [9], eine auf professionellem Niveau [44].
8 Was tatsächlich beobachtet wird, hängt auch von der inneren Struktur des Protons ab. Hierauf gehe ich nicht ein.
9 Das »normale« magnetische Moment eines Teilchens ist eine einfache Funktion seines Spins s, seiner Masse M und seiner Ladung q, nämlich $\frac{sq}{M}$, also $\frac{q}{2M}$ für Teilchen mit Spin $\frac{1}{2}$ wie das Elektron und das μ.
10 Die quantenmechanischen Schwingungen von Molekülen mit spiegelsymmetrischen Potenzialen in ihrem Grundzustand gehören bereits deshalb nicht hierher, weil sie die Spiegelsymmetrie der Naturgesetze nicht brechen, sondern aus ihnen folgen. Wie bereits gesagt, sind die quantenmechanischen Effekte im Vergleich mit den hier in Rede stehenden feldtheoretischen im Allgemeinen sehr klein und werden nicht betrachtet. Präzise professionelle Vergleiche der Theorie mit dem Experiment beziehen sie selbstverständlich ein.
11 Diejenigen Symmetrietransformationen der Naturgesetze eines Systems, die keinen Grundzustand abändern, bilden im mathematischen Sinn eine invariante Untergruppe der Gruppe der Symmetrietransformationen selbst; die Gruppe der Transformationen der Grundzustände ist zur Faktorgruppe der gesamten Gruppe nach dieser Untergruppe isomorph.
12 Dieser Abschnitt folgt teilweise [32].
13 Es hat sich eingebürgert, die räumliche und zeitliche Homogenität unter der Bezeichnung Lorentz-Invarianz oder Lorentz-Symmetrie mitzuverstehen. Übrigens impliziert Drehsymmetrie um mehr als einen Punkt Verschiebungssymmetrie.
14 Von der Drehung der Erde sehen wir ab.
15 Abschätzung des Betrages des von dem Higgs-Feld der Elektroschwachen Symmetriebrechung stammenden Beitrages liefert einen Wert, der um den Faktor 10^{46} größer ist als die experimentelle Obergrenze. Seine Anwesenheit würde die Lichtausbreitung im Zentimeterbereich merklich beeinflussen (z. B. [17], S. 416).
16 Wenn das gegenwärtige Universum in einem Minimum der Energie gefangen ist, das ein Potenzialwall von einem tieferen trennt, kann in der Tat eine hinreichend große Energiekonzentration das Universum lokal über den Wall hinüber heben und dadurch einen universumweiten Übergang in das tiefere Minimum auslösen. Das wäre die größte überhaupt denkbare Katastrophe, die bisher aber nirgends in dem Teil des Universums, von dem wir bisher Kunde haben konnten, ausgelöst wurde. Bedenken, dass sie von Zusammenstößen von Teilchen in Beschleunigern ausgehen könnte, sind insbesondere im Zusammenhang mit dem Experimentierprogramm des Beschleunigers RHIC am Brookhaven National Laboratory (BNL) in der Nähe von New

York laut geworden. Eine Expertengruppe, die der damalige Direktor des BNL John Marburger (heute, im Herbst 2003, Wissenschaftsberater des amerikanischen Präsidenten George W. Bush) zur Abschätzung der Gefahr einberufen hatte, die von dem geplanten Beschleuniger ausgehen würde, ist einmütig zu dem schluss gekommen, dass von RHIC keine Gefahr ausgeht. Neben theoretischen Erwägungen, ist das wichtigste Argument, dass Zusammenstöße von Teilchen, die eine erheblich größere Energiekonzentration bewirken, fortwährend durch energiereiche Kosmische Strahlen im Weltall auftreten. Eine deutliche Stimme hierzu ist die des britischen Kosmologen Martin Rees ([54], S. 216–219 und [55], S. 110–124).

17 Eine ausführliche Diskussion der Realität von Naturgesetzen mit Literaturangaben ist [30].

18 Wir wählen in diesem Kapitel die Einheiten für Abstände und Zeiten so, dass die Lichtgeschwindigkeit c den Zahlenwert 1 besitzt.

19 Die Stellung des Index μ »oben« oder »unten« bei x^μ und A_μ sowie die zugehörige Wahl der Vorzeichen führen auf Gleichungen, die durch Transformationen der Speziellen Relativitätstheorie nicht geändert werden. Hierauf gehen wir nicht weiter ein.

20 Diese Formulierung soll Zwangsbedingungen ausschließen. Chaos, das in Ansehung der Gleichungen Newtons notwendig deterministisches Chaos ist, bildet offenbar kein Gegenbeispiel. Die Maxwellsche Theorie der $\vec{E}$- und $\vec{B}$-Felder ist auch dann noch deterministisch, wenn die Ladungs- und Stromdichten *nicht fest* vorgeschrieben sind. Da im Falle der Potenziale auch Funktionen $\phi(x)$ zugelassen sind, die in einem gewissen Zeitintervall, aber nicht für alle Zeiten verschwinden, können die Potenziale $A_\mu(x)$ sogar für ein ganzes Zeitintervall vorgeschrieben werden, ohne dadurch für alle Zeiten festgelegt zu sein.

21 Einsteins Brief an Besso ist in [68], Band a, abgedruckt. Unsere Betrachtungen der Lochbetrachtung folgen vor allem [65], [64], [2], [14], [67], [6], [36] und (Text der Abb. 5.5) [15].

22 Durchsicht der Register meiner gut zwanzig Bücher über Allgemeine Relativitätstheorie hat nur einmal (in [15]) einen Hinweis auf die Lochbetrachtung ergeben. Hingegen wird sie in nahezu jedem neueren philosophischen oder wissenschaftstheoretischen Buch zur Raumzeit ausführlich erörtert (neben den bereits genannten z. B. [19] und [46]).

23 Zitiert nach [15], S. 234.

24 Diesem Thema ist der Essay in [51] gewidmet. Eine Lehrbuchdarstellung findet sich in Kap. 14 von [66].

25 Den Brief Einsteins vom 15. 11. 1919 zitieren wir nach [39], S. 189.

26 Der Brief an Karl Schwarzschild vom 9. 1. 1916 ist in [68], Teil A, abgedruckt.

27 In der Quantenmechanik interessieren außer den Erwartungswerten von Funktionen des Argumentes einer Verteilungsfunktion auch die von Operatoren im Raum der Wellenfunktionen, die nicht in solche Funktionen überführt werden können; ein Beispiel bildet der Operator pq. Dies muss uns aber nicht kümmern, weil alle hier zur Diskussion stehenden Erwartungswerte Summen von Funktionen sind, die nur von q oder nur von p abhängen. Diese können ohne weiteres entweder aus $\rho_0(x)$ oder aus $\tilde{\rho}_0(p)$ berechnet werden.

Literaturverzeichnis

1 Y. Aharonov and D. Bohm. *Phys. Rev.*, 115:485, 1959.

2 Julian B. Barbour. On general covariance and best matching. In: Craig Callender and Nick Huggett (Ed.), *Physics Meets Philosophy at the Planck Scale*. Cambridge University Press, Cambridge, 2001, S. 199

3 Julian Barbour and Herbert Pfister (eds). *Mach's Principle*. Birkhäuser, Basel, 1995.

4 Georg Büchner. *Dantons Tod. In: Werke und Briefe, S. 7*. Insel, Wiesbaden, 1958.

5 John S. Bell. *Speakable and Unspeakable in Quantum Mechanics*. Cambridge University Press, Cambridge, 1987.

6 Peter G. Bergmann. *The Riddle of Gravitation*. Scribners, New York, 1987.

7 M. Berry. *Kosmologie und Gravitation*. Teubner, Stuttgart, 1990.

8 Sipko L. Boersma. A maritime analogy of the casimir effect. *Am. J. Phys.*, 64:539, 1996.

9 Christoph Bruder. Die Kräfte aus dem Nichts. *Physik in unserer Zeit*, 28(4):145, 1997.

10 Wilhelm Capelle. *Die Vorsokratiker*. Kröner, Stuttgart, 1965.

11 Sean M. Carroll and William H. Press. The cosmological constant. *Ann. Rev. Astron. Astrophys.*, 30:499, 1992.

12 H. B. G. Casimir. On the attraction between two perfectly conducting plates. *Proc. Kon. Ned. Akad. Wetenschap*, 51:793, 1948.

13 R. G. Chambers. *Phys. Rev. Letters*, 5:3, 1960.

14 Joy Christian. Why the quantum must yield to gravity. In: Craig Callender and Nick Huggett (Ed.), *Physics Meets Philosophy at the Planck Scale*. Cambridge University Press, Cambridge, 2001, S. 305.

15 Ray d Inverno. *Einführung die Relativitätstheorie*. VCH, Weinheim, 1995.

16 Bryce DeWitt. Qft and space-time – formalism and reality. 1999. In: [36], S. 176.

17 John F. Donoghue, Eugene Golowich, and Barry R. Holstein. *Dynamics of the standard model*. Cambridge University Press, Cambridge, 1992.

18 Pierre Duhem. *Ziel und Struktur der physikalischen Theorien*. Felix Meiner, Hamburg, 1998.

19 John Earman. *World Enough and Space-Time*. MIT Press, Cambridge MA, 1989.

20 Albert Einstein. *Geometrie und Erfahrung*. Julius Springer, Berlin, 1921.

21 Albert Einstein. Über den Äther. *Schweizerische naturforschende Gesellschaft Verhandlungen*, page 85, 1924.

22 Albert Einstein, Boris Podolsky, and Nathan Rosen. Can quantummechanical description of physical reality be considered complete? *Phys. Rev.*, 47:313, 1935.

23 A. Tonumura et. al. *Phys. Rev. Letters*, 48:1448, 1982.

24 Leonhard Euler. *Briefe an eine deutsche Prinzessin*. Vieweg, Braunschweig, 1986.

25 R. P. Feynman, R. B. Leighton, and M. Sands. *Feynman Vorlesungen über Physik, Band 1*. Oldenbourg, München, 1991.

26 H. Genz and A. Sararu. Tischrechnerfilme zur Physik. *Physik und Didaktik*, 3:218, 1986.

27 Henning Genz. *Symmetrie – Bauplan der Natur.* Piper, München, 1992. Taschenbuchausgabe. Das Original ist 1987 ebenfalls bei Piper erschienen.

28 Henning Genz. *Gedankenexperimente.* Wiley-VCH, Weinheim, 1999.

29 Henning Genz. *Die Entdeckung des Nichts.* Rowohlt, Reinbek, 1999. Taschenbuchausgabe. Die Originalausgabe ist 1994 bei Carl Hanser, München, die englische Übersetzung 1998 bei Perseus Books, Reading, erschienen.

30 Henning Genz. *Wie die Naturgesetze Wirklichkeit schaffen – Über Physik und Realität.* Hanser, München, 2002. Taschenbuchausgabe 2004 bei Rowohlt, Reinbek.

31 Henning Genz. *Elementarteilchen.* S. Fischer, Frankfurt, 2003.

32 Henning Genz and Roger Decker. *Symmetrie und Symmetriebrechung in der Physik.* Vieweg, Braunschweig, 1991.

33 Werner Heisenberg. *Schritte über Grenzen.* Piper, München, 1984.

34 H. Hertz. *Untersuchungen über die Ausbreitung der elektrischen Kraft.* Leipzig, 1892.

35 Heinrich Hertz. *Die Constitution der Materie.* Springer, Berlin, 1999.

36 Tian Yu Cao (Hrsg.). *Conceptual Foundations of Quantum Field Theory.* Cambridge University Press, Cambridge, 1999.

37 Max Jammer. *Das Problem des Raumes.* Wissenschaftliche Buchgemeinschaft, Darmstadt, 1980.

38 Daniel Kleppner. With apologies to casimir. *Physics Today,* (10):9, Oktober 1990.

39 Ludwik Kostro. *Einstein and the Ether.* Apeiron, Montreal, 2000.

40 Wilfried Kuhn and Janez Strnad. *Quantenfeldtheorie – Photonen und ihre Deutung.* Vieweg, Braunschweig, 1995.

41 S. K. Lamoreaux. Demonstration of the casimir force in the 0.6 to 6μm range. *Phys. Rev. Lett.,* 78:5, 1997.

42 S. K. Lamoreaux. Resource letter cf-1: Casimir force. *Am. J. Phys.*, 67(10):850, October 1999.

43 Dierck-Ekkehard Liebscher. *Kosmologie.* Johann Ambrosius Barth, Leipzig, 1994.

44 Peter W. Milonni. *The Quantum Vacuum – An Introduction to Quantum Electrodynamics.* Academic Press, San Diego, 1994.

45 Christian Morgenstern. *Gedichte, Verse, Sprüche.* Lechner, Genf, 1994.

46 Graham Nerlich. *What Spacetime Explains.* Cambridge University Press, Cambridge, 1994.

47 Isaac Newton. *Über die Gravitation …* Vittorio Klostermann, Frankfurt/Main, 1988.

48 Isaac Newton. *Mathematische Prinzipien der Naturlehre.* de Gruyter, Berlin, 1999.

49 John Norton. Mach's principle before Einstein. In: [3], S. 6.

50 A. Pais. *Raffiniert ist der Herrgott …* Vieweg, Braunschweig, 1986.

51 R. Penrose. The mass of the classical vacuum. In: [60], S. 21.

52 Asher Peres. *Quantum Theory: Concepts and Methods.* Kluwer Academic Publishers, Dordrecht, 1995.

53 Henri Poincaré. *Wissenschaft und Hypothese.* Xenomos, Berlin, 2003.

54 Martin Rees. *Before the Beginning.* Simon and Schuster, London, 1997. Die deutsche Übersetzung *Eine Geschichte des Universums* ist 1998 bei S. Fischer, München, erschienen.

55 Martin Rees. *Our Final Hour.* Basic Books, New York, 2003. Die deutsche Übersetzung *Unsere letzte Stunde* ist 2003 bei C. H. Beck, München, erschienen.

56 Bernhard Riemann. *Über die Hypothesen, welche der Geometrie zugrunde liegen.* Wissenschaftliche Buchgesellschaf, Darmstadt, 1959; Nachdruck der Ausgabe von 1867.

57 Adam G. Riess. Universal peekaboo. *Nature*, 401:219, September 1999.

58 J. J. Sakurai. *Modern Quantum Mechanics – Revised Edition*. Addison Wesley, Reading, 1994.

59 Shmuel Sambursky. *Das physikalische Weltbild der Antike*. Artemis, Zürich/Stuttgart, 1965.

60 Simon Saunders and Harvey R. Brown (Hrsg.). *The Philosophy of Vacuum*. Clarendon Press, Oxford, 1991.

61 Volkmar Schüller. *Der Leibniz-Clarke Briefwechsel*. Akademie Verlag, Berlin, 1991.

62 D. W. Sciama. The vacuum state of a quantum field. 1991. In: [60], S. 137.

63 M. J. Sparnaay. Measurement of the attractive force between flat plates. *Physica*, 24:751, 1958.

64 John Stachel. Einstein's search for general covariance, 1912–1915. In: Don Howard and John Stachel (Hrsg.), *Einstein and the History of General Relativity*. Birkhäuser, Basel, 1989, S. 63.

65 John Stachel. The meaning of general covariance: The hole story. In: John Earman et. al. (Hrsg.), *Philosophical Problems of the Internal and External Worlds*. Universitätsverlag Konstanz, Konstanz, 1993, S. 129.

66 H. Stephani. *Allgemeine Relativitätstheorie*. Deutscher Verlag der Wissenschaften, Berlin, 1991.

67 Roberto Torretti. *The Philosophy of Physics*. Cambridge University Press, Cambridge UK, 1999.

68 Robert Schulmann u. a. (Hrsg.). *The Collected Papers of Albert Einstein – Vol. 8*. Princeton University, Princeton, 1998.

69 Rüdiger Vaas. Das erste Licht *und* Phantom-Energie zerreißt das Weltall. *bild der Wissenschaft*, (8):44–57, August 2003.

70 Steven Weinberg. *Gravitation and Cosmology*. John Wiley, New York, 1972.

71 Steven Weinberg. *Die ersten drei Minuten*. Piper, München, 1977.

72 Steven Weinberg. The cosmological constant problem. *Rev. Mod. Phys.*, 61(1):1, 1989.

73 Steven Weinberg. *Der Traum von der Einheit des Universums*. C. Bertelsmann, München, 1993.

74 Steven Weinberg. *The Quantum Theory of Fields – I*. Cambridge University Press, Cambridge, 1995.

75 Steven Weinberg. *The discovery of subatomic particles; revised edition*. Cambridge University Press, Cambridge UK, 2003.

76 Hermann Weyl. *Gesammelte Abhandlungen – III. Herausgegeben von K. Chandrasekharan*. Springer, Berlin, 1968.

77 Hermann Weyl. *Philosophie der Mathematik und Naturwissenschaft*. Oldenbourg, München, 2000.

78 Frank Wilczek. The persistance of ether. *Physics Today*, (1):11, Januar 1999.

79 Kenneth G. Wilson. Die Renormierungsgruppe. *Spektrum der Wissenschaft*, (10), Oktober 1979.

Verzeichnis der Personen und der nach ihnen benannten Begriffe